“十四五”国家重点出版物
出版规划项目

固体废物处理与资源化技术进展丛书

Technology and Engineering Application
of Dry Anaerobic Digestion of Food Waste

厨余垃圾
干式厌氧消化技术与工程应用

上海市政工程设计研究总院（集团）有限公司　组织编写

王艳明　主编　　　刘自兴　曹伟华　邹锦林　副主编

化学工业出版社
·北京·

内容简介

本书以厨余垃圾干式厌氧消化技术与工程应用为主线，基于国内外先进的主流处理工艺及装备的工程实践，系统总结了厨余垃圾干式厌氧资源化处理工程的规划设计、工艺技术及关键设备选型，以及系统调试与运维等环节要点，旨在为有效推动厨余垃圾干式厌氧资源化处理设施的设计与建设提供理论指导、技术支撑和案例借鉴。

本书具有较强的技术应用性和可操作性，可供从事固体废物处理处置及资源化应用等的工程技术人员、科研人员与管理人员参考，也可供高等学校环境科学与工程、市政工程及相关专业师生参阅。

图书在版编目（CIP）数据

厨余垃圾干式厌氧消化技术与工程应用 / 上海市政工程设计研究总院（集团）有限公司组织编写 ； 王艳明主编 ； 刘自兴，曹伟华，邹锦林副主编. -- 北京 ： 化学工业出版社，2025. 9. --（固体废物处理与资源化技术进展丛书）. -- ISBN 978-7-122-48311-9

Ⅰ. X705

中国国家版本馆 CIP 数据核字第 2025HN9447 号

责任编辑：刘兴春　杜　熠
文字编辑：刘　莎　师明远
责任校对：李露洁
装帧设计：王晓宇

出版发行：化学工业出版社
（北京市东城区青年湖南街 13 号　邮政编码 100011）
印　　装：北京盛通数码印刷有限公司
787mm×1092mm　1/16　印张 $16\frac{1}{2}$　彩插 3　字数 342 千字
2025 年 10 月北京第 1 版第 1 次印刷

购书咨询：010-64518888
售后服务：010-64518899
网　　址：http://www.cip.com.cn
凡购买本书，如有缺损质量问题，本社销售中心负责调换。

定　　价：138.00 元

固体废物处理与资源化技术进展丛书
编委会

主　　任： 戴晓虎

副 主 任： 赵由才　王凯军　任连海　岳东北

其他委员（按姓氏笔画排序）：

王　琪　王兴润　王艳明　闫大海　宇　鹏　苏红玉

李秀金　吴　剑　邹德勋　张　辰　陆文静　岳钦艳

周　涛　袁月祥　钱光人　徐　亚　郭　强　曹伟华

鲁嘉欣　楼紫阳　颜湘华

《厨余垃圾干式厌氧消化技术与工程应用》
编写人员名单

主　　编： 王艳明

副 主 编： 刘自兴　曹伟华　邹锦林

编　　者（按照姓氏笔画排序）：

王艳明　刘自兴　邹锦林　张昊昊　费　青　黄安寿

曹伟华　谢　奎

前言

近年来，垃圾分类成为新时尚，开展垃圾分类是国家生态文明建设和环境保护的重要举措。随着各地垃圾分类工作的深入推进，厨余垃圾分类收运后面临的分质处置迫在眉睫。上海、重庆、杭州、南京、厦门等作为国内首批试点垃圾分类的城市，率先在厨余垃圾资源化方面开展探索和工程实践，积累了一定的运营经验，并取得了较好的综合效益，相关经验也在全国范围内逐渐推广。“十四五”期间乃至今后更长时间，厨余垃圾深度资源化仍将具有广阔的应用前景。近些年来，我国各大城市相应建设了一批厨余垃圾干式厌氧资源化利用项目，总体而言，各地垃圾分类水平参差不齐、厨余垃圾组成及特点差异明显，厨余垃圾资源化技术应用取得长足的进步，且干式厌氧消化正逐步成为厨余垃圾资源化主流工艺技术，但国内各类干式厌氧技术的工程应用尚不成熟。为此，厨余垃圾干式厌氧资源化处理设施的设计与建设水平急需总结和提升。

为促进厨余垃圾干式厌氧资源化技术的健康发展，本书基于国内外先进的主流处理工艺及装备的工程实践，结合不同地区厨余垃圾资源化处理项目的典型案例，系统总结了厨余垃圾干式厌氧资源化处理工程的规划设计工艺技术和关键设备选型，以及系统调试与运维等环节要点，以期为类似项目的设计、建设与运行提供参考，为提升行业建设水平和从业人员知识技术能力提供助力。因此，本书不仅具有一定的科学技术总结价值，而且具有显著的实用价值。

本书是上海市政工程设计研究总院（集团）有限公司近年来开展厨余垃圾干式厌氧资源化工程设计实践成果的总结，是总院全体固体废物处理专业设计人员共同创新的成果。上海市政工程设计研究总院（集团）有限公司是国内最早从事厨余垃圾干式厌氧处理工程设计咨询的设计院之一，近年来承担了众多具有代表性的项目。本书列入的典型项目各具特点，例如：Strabag 技术案例——青岛市小涧西生化处理厂改扩建暨青岛厨余垃圾处理工程；Kompogas 技术案例——南京江北废弃物综合处置中心一期工程；Dranco 技术案例——重庆洛碛餐厨垃圾处理厂；TTV 技术案例——上海生物能源再利用项目一期；SMEDI 技术案例——上海生物能源再利用项目二期；等等。笔者深刻感受到厨余垃圾干式厌氧资源化处理工程设计是专业性和综合性很强的技术工作，在日益强调智能、低碳、安全、环保的今天，如何选取先进、高效、安全、稳定的工艺技术，需要在取得大量实践经验的基础上不断总结、不断发展。

本书由王艳明担任主编，刘自兴、曹伟华、邹锦林担任副主编。全书具体编写分工如下：第 1 章、第 2 章由王艳明、刘自兴编写，第 3 章由张昊昊、谢奎、刘自兴编写，

第 4 章由王艳明、刘自兴、曹伟华编写，第 5 章由黄安寿、费青编写，第 6 章由黄安寿、刘自兴编写，第 7 章由黄安寿、曹伟华编写，第 8 章由王艳明、邹锦林编写，第 9 章由谢奎、邹锦林、曹伟华、张昊昊编写。全书最后由王艳明统稿并定稿。

本书编写过程中得到全国厨余垃圾干式厌氧资源化处理相关同行的支持和配合，在此表示衷心感谢。

限于编者水平及编写时间，厨余垃圾干式厌氧资源化技术日新月异，同时编者在文字表述方面也难免有不足之处，敬请读者批评指正。

王艳明

2024 年 10 月于上海

目录

第 4 章

厨余垃圾预处理工艺 70

第 5 章

干式厌氧关键工艺设备 89

第7章 干式厌氧工程常见问题及措施 165

第8章 干式厌氧工程工艺指南 174

第 9 章 干式厌氧消化工程典型案例 182

第1章 概述

- 背景
- 厨余垃圾处置现状
- 主体工艺及其应用

1.1 背景

党的十八大以来，国家对生态文明建设日益重视，尤其是对城市固体废物的治理要求愈发严格。2017 年 3 月，国家发展和改革委员会、住房和城乡建设部联合发布了《生活垃圾分类制度实施方案》（以下简称《方案》），我国生活垃圾分类从此进入“强制时代”，从过去的自愿参与到法律法规条款下的强制执行，垃圾分类正稳步深入推进。

《方案》中提出 2020 年底省辖市、省会城市和计划单列市等重点城市的城区范围内先行实施生活垃圾强制分类。表 1-1 列出了部分城市垃圾分类政策及工作开展情况，其中北京、厦门、广州及上海代表了 2019 年以前开展相关行动的地区，青岛、苏州及深圳为 2020 年开始施行垃圾分类的重点城市。住房和城乡建设部于 2020 年 12 月召开新闻通

表 1-1　中国部分城市生活垃圾分类相关政策及工作进展

地区	名称	时间	垃圾分类工作进展
厦门	《厦门经济特区生活垃圾分类管理办法》	2017.8.25 通过 2017.9.10 施行	截至 2023 年 7 月，厦门每年生活垃圾日均产量增长率由 12%降至 3%以下，人日均垃圾产量从原来的 1.3kg 减少到约 0.95kg，“减量化”成效显著。 垃圾处理以焚烧发电为主，实现原生生活垃圾“零填埋”。 生活垃圾回收利用率达到 50%以上
广州	《广州市生活垃圾分类管理条例》	2017.12.27 通过 2018.7.1 施行	2021～2023 年，广州市生活垃圾共计减量 123.23 万吨
上海	《上海市生活垃圾管理条例》	2019.1.31 通过 2019.7.1 施行	2023 年以来，全市生活垃圾分类实效以及市民行为习惯持续巩固，湿垃圾分类量达到 9443t/d，可回收物分类量达到 7698t/d，有害垃圾分类量达到 2t/d，全市生活垃圾回收利用率达到 43%
青岛	《青岛市生活垃圾分类管理办法》	2019.11.18 通过 2020.1.6 施行	截至 2023 年，全市城乡分类投放设施全部覆盖，其中市区设置垃圾分类投放点 2.3 万余处。全市在运行的生活垃圾焚烧处理设施 6 座（设计处理能力 8700t/d），厨余垃圾处理设施 37 座（设计处理能力 1390t/d），全域原生生活垃圾维持零填埋，生活垃圾回收利用率 38%
北京	《北京市生活垃圾管理条例》	2011.11.18 通过 2012.3.1 施行 2019.11.27 修正 2020.5.1 正式施行	截至 2023 年 4 月，生活垃圾清运量为每日 2.07 万吨，全市生活垃圾日处理能力达到 3.2 万吨，满足各品类垃圾处理需求
苏州	《苏州市生活垃圾分类管理条例》	2019.10.25 通过 2020.6.1 施行	截至 2023 年底，全市 5354 个“三定一督”分类小区、2492 个公共机构、8881 个公共场所、134 座大型终端、339 座就地处置点等基础设施信息入库建档，切实“摸清家底”，全市源头计量小区覆盖率达 66.06%
深圳	《深圳市生活垃圾分类管理条例》	2019.12.31 通过 2020.9.1 施行	截至 2023 年 8 月，可回收物回收量增长 50.3%，有害垃圾回收量增长 49.1%，厨余垃圾回收量增长 200%，其他垃圾处置量下降 7.9%。全市生活垃圾回收利用率和资源化利用率分别达 48.8%和 87.7%

气会表示，我国当前生活垃圾分类工作取得了阶段性进展，46 个重点城市生活垃圾分类覆盖 7700 多万个家庭，居民小区覆盖率达 86.6%，其他地级城市生活垃圾分类工作已全面启动。2024 年 11 月，《中共中央　国务院关于加快经济社会发展全面绿色转型的意见》中提到“推进生活垃圾分类，提升资源化利用率”，从资源利用的角度给垃圾分类工作赋予了新的发展目标。

2020 年 4 月 29 日第二次修订通过的《中华人民共和国固体废物污染环境防治法》提出设立生活垃圾分类制度，明确政府推动、全民参与、城乡统筹、因地制宜、简便易行的原则。

2021 年国家发展改革委、住房和城乡建设部发布《“十四五”城镇生活垃圾分类和处理设施发展规划》，要求加快推进生活垃圾分类和处理设施建设，指出提升全社会生活垃圾分类和处理水平，是改善城镇生态环境、保障人民健康的有效举措，对推动生态文明建设实现新进步、社会文明程度得到新提高具有重要意义。到 2025 年年底，直辖市、省会城市和计划单列市等 46 个重点城市生活垃圾分类和处理能力将进一步提升，全国城市生活垃圾资源化利用率达到 60%左右。

随着国家宏观政策的要求和各大城市垃圾分类工作的持续推进，生活垃圾分类工作成为了近年来的社会热点，相应地垃圾分类后的厨余垃圾出路问题亟须解决。

2019 年 12 月 1 日，国家市场监督管理总局发布了《生活垃圾分类标志》（GB/T 19095—2019），明确了生活垃圾的可回收物、有害垃圾、厨余垃圾和其他垃圾四大类。其中厨余垃圾是餐厨垃圾、家庭厨余垃圾和其他厨余垃圾的总称。餐厨垃圾是餐馆、饭店、单位食堂等的饮食剩余物以及备厨的果蔬、肉食、油脂、面点等加工过程中的废弃物；家庭厨余垃圾指家庭日常生活中丢弃的果蔬及食物下脚料、剩菜剩饭、瓜果皮等易腐有机垃圾；其他厨余垃圾指农贸市场等产生的除家庭厨余垃圾外的易腐有机垃圾。

除单独说明，本书中所述的厨余垃圾均为家庭厨余垃圾及其他厨余垃圾。

1.2 厨余垃圾处置现状

1.2.1 国内厨余垃圾产量变化情况

国内众多城市已经制定了相关的法律条例并开展了垃圾分类行动，以北京、上海等城市为代表的大型城市在垃圾分类工作中已取得了重要进展。在国家政策大力引导下，以居民小区为主要来源的厨余垃圾产量快速增长。得益于垃圾分类、收集、运输、处理体系的重构，我国部分城市的厨余垃圾产量和质量均有明显的变化。自此，有效解决垃圾分类后的厨余垃圾资源化出路迫在眉睫。

1.2.1.1 北京

2020 年 5 月 1 日，北京市垃圾分类工作在新修订的《北京市生活垃圾管理条例》指导下全面施行。截至 2020 年年底，北京市家庭厨余垃圾分出量大幅提升，从新条例实施前的 309t/d 增长至 4248t/d，增长了 12.7 倍，厨余垃圾分出率达到 21.78%；其他垃圾减量明显，为 1.53×10^4t/d，同比下降 35%。

截至 2021 年 4 月，《北京市生活垃圾管理条例》实施 1 年，厨余垃圾产量达到 5673t/d，家庭厨余分出量为 3878t/d，比该条例实施前增长了 11.6 倍，家庭厨余垃圾分出率从条例实施前的 1.41%提高并稳定在 20%左右，生活垃圾回收利用率达到 37.5%。

1.2.1.2 上海

截至 2020 年 6 月，上海市居住区市民自觉正确参与垃圾分类投放达到 95%，全市可回收物回收量为 6813.69t/d，同比增长 71.09%；湿垃圾分出量为 9632.13t/d，同比增长 38.25%；干垃圾处置量为 15518.25t/d，同比下降 19.75%。全市居民区分类达标率从条例实施前的 15%提高到 90%以上。

2022 年 6 月，上海市生态环境局发布了《二〇二一年上海市固体废物污染环境防治信息公告》，公布了 2021 年上海市的固体废物产生数据（表 1-2）。根据公告：2021 年，上海市生活垃圾清运量为 1194.7 万吨，其中干垃圾 548.4 万吨，湿垃圾 383.1 万吨（含餐厨垃圾 117.1 万吨），可回收物 263.0 万吨，有害垃圾 811 吨。

表 1-2 上海市垃圾四分类产量一览表

序号	垃圾类型	总量/万吨	人均产量[（kg/（人·d）]	占比/%
1	干垃圾	548.4	0.60	46
2	湿垃圾	383.1	0.42	32
3	可回收物	263.0	0.29	22
4	有害垃圾	0.0811	0.0001	0.01
5	生活垃圾清运量	1194.7	1.31	100

根据 2021 年上海市国民经济和社会发展统计公报公布，上海市常住人口为 2489.43 万人。以此为依据按人均来折算，上海市人均生活垃圾产生量为 479.9kg/a，折合每人每天产生 1.31kg 生活垃圾；人均干垃圾产量为 220.3kg/a，折合每人每天产生 0.60kg 干垃圾；人均湿垃圾产量为 153.9kg/a，折合每人每天产生 0.42kg 湿垃圾。

1.2.1.3　深圳

截至 2021 年 9 月 1 日，《深圳市生活垃圾分类管理条例》实施 1 周年，深圳生活垃圾产量约为 3.23×10^4t/d，全市生活垃圾分流分类回收量达到 0.96×10^4t/d，其他垃圾产量为 1.54×10^4t/d，市场化再生资源量达到 0.73×10^4t/d，可回收物日均分类回收量增长 34.3%；有害垃圾日均分类回收量增长 28.2%；厨余垃圾日均分类回收量增长 90.4%；其他垃圾日均处置量下降 6.1%。截至 2021 年 9 月，深圳市生活垃圾回收利用率已达到 45%。

1.2.1.4　国内厨余垃圾品质变化情况

以上海市浦东新区为例，观察上海市实施分类政策前后垃圾品质的变化情况（2019 年 7 月正式实施）。

如图 1-1 所示（书后另见彩图），从垃圾组成大类分析，《上海市生活垃圾管理条例》（以下简称《条例》）实施前，生活垃圾物理组成以厨余类为主，其次是橡塑类、纸类，分别占垃圾总量的 53.31%、22.06%、12.17%，并含有少量木竹类、纺织类、玻璃类等成分。《条例》实施后，干垃圾物理组成以橡塑类（污损的塑料袋、塑料制品、一次性塑料饭盒等）为主，其次是纸类（污染纸张、餐巾纸、卫生间用纸、湿巾、纸尿裤等）和少量厨余类，分别占 44.36%、27.46%、12.98%。根据《生活垃圾采样和分析方法》（CJ/T 313—2009）规定，生活垃圾中“厨余类”指各种动、植物类食品（包括各种水果）的残余物，湿垃圾中厨余类含量达到 99%。

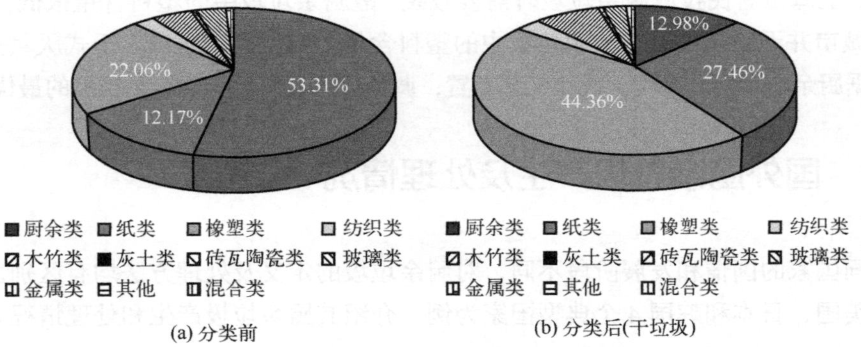

(a) 分类前　　(b) 分类后(干垃圾)

图 1-1　上海市分类前后生活垃圾/干垃圾组分变化

从厨余垃圾理化性质分析，垃圾分类后生活垃圾的容重、含水率等物理性质发生了显著变化（图 1-2）。《条例》实施前，生活垃圾的容重、含水率分别为 $151kg/m^3$、56.96%，低位发热量约为1580kcal/kg（1kcal＝4.184kJ）。《条例》实施后，相比于混合投放，干垃圾容重、含水率均下降了约40%，其低位发热量则增到3210kcal/kg；湿垃圾主要为厨余类，相比于混合投放，其容重增加约247%，含水率增加约37%。干垃圾、湿垃圾容重之比约为1：6，含水率之比约为9：20。相较于餐厨垃圾，厨余垃圾中油脂、盐（氯化钠）含量更低，这主要是生活习惯和垃圾组成不同造成的。家庭烹饪过程中所用的油和盐低于餐厅，直接降低了厨余垃圾中的盐分和油脂含量；此外，厨余垃圾中还存在较高比例的水果和蔬菜等废弃物，降低了垃圾整体的蛋白质、油脂和盐的含量。

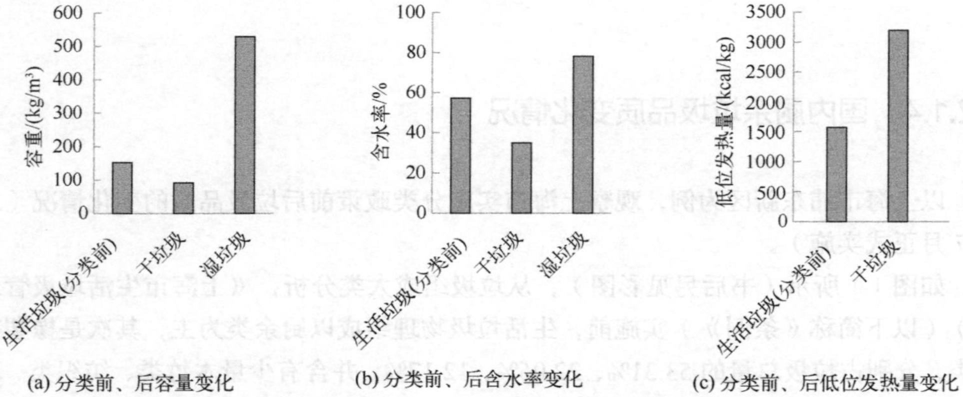

图1-2　上海市垃圾分类前后容重、含水率、低位发热量变化

垃圾分类后，厨余垃圾品质得到显著的提升，但不同城市厨余垃圾的物理组成和理化性质存在明显的差异，主要受南北差异、居民受教育程度、饮食文化、季节变化等因素影响。例如，夏季厨余垃圾中以西瓜为主的瓜果类含量较高，导致厨余垃圾整体含水率上升；上海市居民投放厨余垃圾时需要破袋，故厨余垃圾中的塑料含量很低，而北京、杭州等城市并无破袋要求，厨余垃圾中的塑料含量相应偏高。所以，干式厌氧技术的应用需根据厨余垃圾组成特性，优化工艺布置，调控运行参数，实现厨余垃圾的最优化处置。

1.2.2　国外厨余垃圾产生及处理情况

不同国家的国情和发展阶段不同，对厨余垃圾的定义及处理方法均有区别。下面以德国、美国、日本和韩国4个典型国家为例，介绍其厨余垃圾产生和处理情况。

1.2.2.1　德国

德国的厨余垃圾采用生物处理，堆肥与厌氧产沼并存。

德国自 20 世纪 90 年代初开始进行垃圾分类和资源化利用，根据垃圾桶颜色区分不同种类的垃圾（图 1-3，书后另见彩图）。废玻璃瓶、有毒废物、大件垃圾需要单独分类收运。

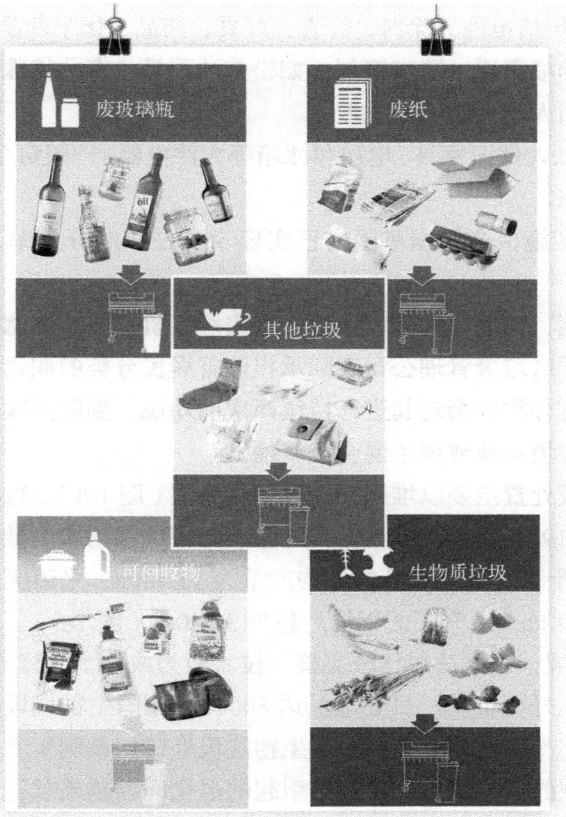

图 1-3 德国垃圾分类方式

① 生物质垃圾（棕色桶）：包括有机废物（如水果和蔬菜、蛋壳、未包装的食物残渣）、鱼皮和骨头，花园覆盖物、头发、树叶、茶和茶袋等；不包括香烟、灰烬、宠物粪便、旧纺织品、羊毛、奶酪制品的塑料包装、处理过的木材等。

② 废纸（蓝色桶）：包括报纸、杂志、海报、旧书等；不包括涂过蜡的纸包装物（如牛奶盒、鸡蛋盒和果汁饮料盒）、一次性餐具、照片、卫生纸等。

③ 可回收物（黄色桶）：包括包装上印有可回收标识的包装材料，如塑料袋、锡罐、铝盖、托盘、薄膜、塑料瓶、饮料和牛奶纸盒，以及其他塑料制品（如水桶）；回收前注意包装容器的清洗，并将包装容器上如牛奶盒盖、软木塞等组件拆除。

④ 其他垃圾（黑色桶）：包括油炸油、橡胶、脏的或是潮湿的纸张、使用过的卫生纸、手帕、破杯子和盘子、烟头、灰烬、照片、镜子或窗户玻璃碎片、玩具、尿布、辉光或卤素灯具等；不包括电子设备、LED 和节能灯具、电池、建筑垃圾等。

⑤ 废玻璃瓶：印有可退还标识的玻璃瓶可在超市指定地点退还，无可退还标识的玻璃瓶需分类至指定垃圾桶；根据玻璃颜色，一般分为绿色、白色两种，也可以细分为绿色、白色、棕色三种；注意瓶内要清理干净，瓶盖要分开处理。

⑥ 有毒废物：包括电池、涂料、灯管、灯具、药品、化学药品、废油污、农药、温度计废料、汽车保养喷雾罐、酸碱溶剂（如松节油）等；有些特殊垃圾要提前通知垃圾回收部门，会有专门人员定时定点收取。

⑦ 大件垃圾：如大件旧家具、电视和冰箱等大件电器，一般每个城市都有回收机构，须自行联系上门收取。

随着十几年的实施，全德国范围内已实现 50%左右的分类率，部分城市甚至达到 70%～80%。

以哥廷根市为例，其他垃圾的收运费比生物垃圾贵 1 倍，这意味着混合垃圾就要支付高昂的垃圾费。同时垃圾管理公司实际承担监督居民分类的职责，公司上门收集垃圾时，若发现居民没有分类则会对其进行持续两次的劝说，到第三次若还没有分类，公司就直接将绿色有机垃圾桶换成黑色混合垃圾桶。

德国生物质垃圾处置主要以堆肥和厌氧消化为主（图 1-4）。德国联邦堆肥质量协会（BGK）发布的《2019 年活动报告》显示，2018 年德国采用堆肥处理的生物质废物总量为 7.46×10^6t/a，每个工厂堆肥产品的年均产量为 13.40t/a；采用厌氧技术处理的生物质废物总量为 5.34×10^6t/a，沼气厂的年均产量为 31.40t/a（图 1-5）。其中厨余垃圾堆肥工艺经过近 30 年的发展，法律法规比较完善，技术较为成熟，已建成近 1000 个堆肥厂，规模最大的全机械式好氧堆肥厂日处理量达 800t/d。德国生物垃圾处置需要依据的法规包括《循环经济法》《生物垃圾条例》《生物垃圾处理厂条例》《肥料条例》等。

欧洲土壤有机质的减少以及土壤侵蚀引起的退化问题越来越普遍，生物质垃圾堆肥产品具有营养丰富、有机质含量高等特性，可用于改善土壤性质，是解决这些问题的有效途径。生物垃圾堆肥产品主要有两种：一种是与土壤混合使用的有机肥，采用厨余垃

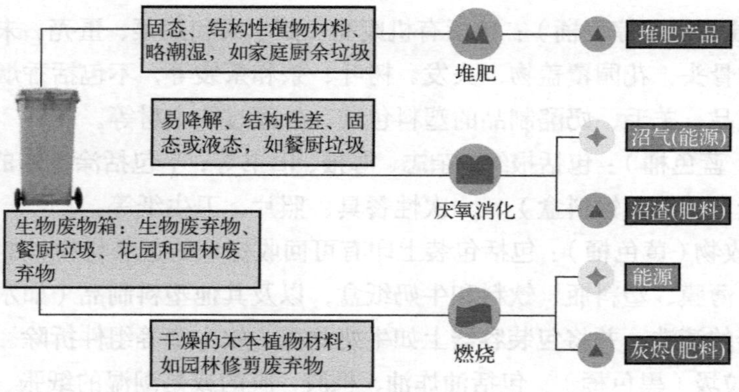

图 1-4　德国生物垃圾处理指南

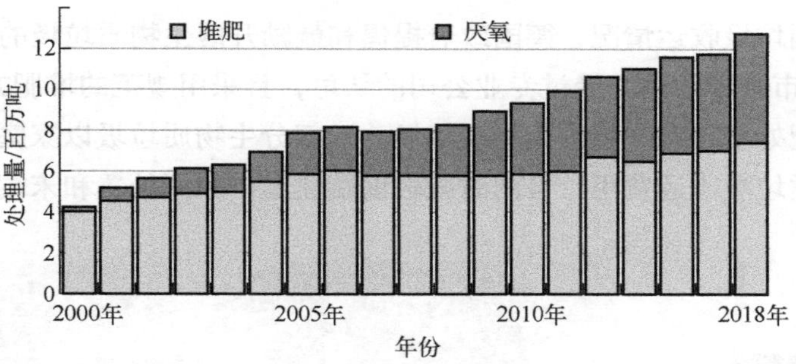

图 1-5 德国生物质废物处理情况

圾、园林垃圾等含氮高的原料堆肥生产；另一种相当于土壤改良剂，出厂前已经与土壤完全混合，可直接用于种植。2018 年，德国堆肥市场中（图 1-6，书后另见彩图），农用占市场份额的 58.4%，且需求量日益增加。

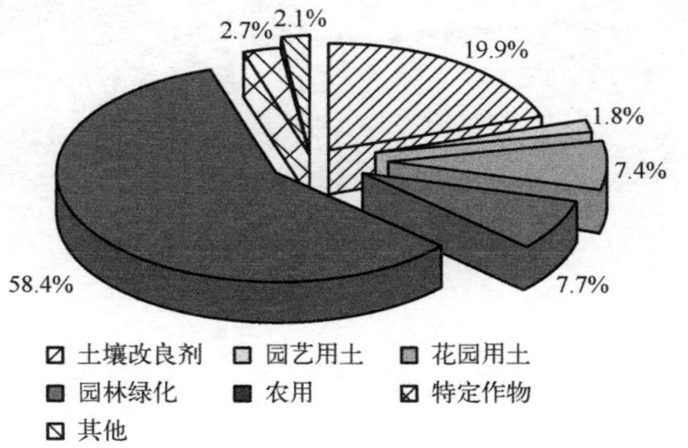

图 1-6 2018 年德国堆肥市场情况

堆肥产品质量与土壤环境风险息息相关，生物质垃圾堆肥产生的肥料需定期进行质量检测，检测内容包括肥料的来源、物理和生物特性、盐含量以及重金属含量，保证其品质满足《生物质垃圾条例》和《肥料条例》的要求。检测通过后产品才可获得图 1-7 所示的质量认证标签（RAL-GZ251），获得投放市场销售许可。

图 1-7 德国生物质垃圾再生产品质量认证标签

不同于我国垃圾收运情况，德国政府提倡和鼓励开展生物质垃圾的家庭堆肥（图 1-8）。以哥廷根市管理为例，经过专业公司的认可，且采用规范的堆肥方法和堆肥器具，居民可自行堆肥处置日常产生的生物质垃圾。这部分生物质垃圾以家庭为单位消纳后，无需缴纳生物质垃圾收运费用，可同时减轻前端收运、中间处置和末端消纳的压力。

图 1-8　德国家庭堆肥设施

1.2.2.2　美国

美国的厨余垃圾以填埋处置为主。

美国作为一个经济发达、幅员辽阔的大国，人均垃圾日产量约 2kg。据统计，2017 年美国仍有 50%以上的生活垃圾进入填埋场处置，资源回收和堆肥的利用率在 35%左右，这一数值远低于世界上大部分发达的工业化国家。从短期来看，美国地广人稀、资源丰富，能够满足生活垃圾大量填埋的需求，同时填埋处理也是成本较低的选择，但是从长期来看，大量的垃圾产生和资源消耗还是给国家带来了不小的压力。近年来，美国国家环境保护局（US EPA）开展了一系列计划来加强生活垃圾的源头管理和循环利用，以降低其环境影响，例如可持续性材料管理（sustainable materials management，SMM）要求加强处理设施建设，提高分类回收率，旨在降低食品垃圾和包装废物的最终处置率，减少其生命周期中的环境影响。

美国的生活垃圾主要包括有机垃圾、可回收垃圾、其他垃圾以及特殊垃圾四大类（图 1-9，书后另见彩图）。

1）有机垃圾（食物和堆肥）：包括所有的食物残渣、食物包装、批准的可堆肥产品、庭院废物、植物和未处理的木材，产生量约占美国生活垃圾的 30%，部分州已出台政策限制或禁止有机垃圾进入垃圾填埋场，鼓励将有机垃圾就地堆肥或集中堆肥处理。

2）可回收垃圾：包括可回收塑料容器（塑料瓶、塑料桶）、其他可回收塑料包装（直径>3in❶的塑料瓶盖、塑料饭盒）、纸张、纸板、玻璃瓶和罐子、金属制品等。注意可回收物的清洗。

3）其他垃圾：包括不可回收的塑料及纸张、泡沫、废油脂（单独包装，冷却后丢弃）、其他不可回收材料，通常直接进行填埋或焚烧处理。

4）特殊垃圾：包括大件家具、电子废物、有害垃圾等，通常运至处理设施进行进一步的拆解处理。

总体来说，美国在源头端对居民的约束相对较小，更多依赖处理设施前的分拣或拆解环节对垃圾进行进一步的处理。

图 1-9 美国垃圾分类方式

根据 US EPA 公布的评估报告（表 1-3），2018 年美国厨余垃圾总产生量约为 6.3132×10^7t，占生活垃圾的 21.6%，是美国第二大垃圾种类，仅次于纸张，占城镇固体废物总量的 14%。从整体上看，美国在处理厨余垃圾方面落后于欧洲国家和加拿大，填埋处置的厨余垃圾约占总量的 55.9%，在填埋场中占据最大的份额。据估算，2009 年，美国被填埋的厨余垃圾大约排放了 1.2×10^8t 甲烷。

❶ 1in=2.54cm。

表 1-3 2018 年美国厨余垃圾处理方式占比

处理方式	处理量/t	占比/%
填埋	35277543	55.9
焚烧	7552705	12.0
厌氧消化	5262857	8.3
捐赠	4787378	7.6
进入下水管网/污水处理	3743229	5.9
好氧堆肥	2592566	4.1
动物饲料	1814984	2.9
加工生物基材料/化学品	1841411	2.9
土地利用	259448	0.4
合计	63132121	100

1.2.2.3 日本

日本对生活垃圾进行精细分类，厨余垃圾以焚烧为主。

在日本，大多数地区并未将厨余垃圾进行单独分类收集，而是将其划分在可燃垃圾中焚烧处理（图 1-10，书后另见彩图）。

日本垃圾分类政策的提出最早出自 1976 年修订的《废物处理法》，在此前的一段时间内，日本处在经济快速发展的时期，大量的生产和消费导致垃圾排放量的急剧上升，大量垃圾被运往海边填埋甚至露天丢弃，引发了一系列环境和健康问题。随后，日本加大了垃圾处理设施的建设，但焚烧垃圾又引起了国民广泛的“邻避”运动，这让政府意识到单纯地加强末端治理并不能解决全国垃圾处理困境。在民众对垃圾问题具备深刻认识的背景下，20 世纪 80 年代，日本开始在全国推行垃圾分类，垃圾管理政策由单纯的废物处理转变成以“减量化、再使用、再循环”为核心的 3R 政策。21 世纪以来，日本将回收利用确立为废物管理的核心，垃圾管理初见成效，2001 年起全国生活垃圾产生总量和人均生活垃圾产生量均开始下降。2014 年日本人均生活垃圾产生量由 2000 年的 1.185kg/d 降至 0.947kg/d，人均生活垃圾最终处置量由 0.070kg/d 下降为 0.035kg/d，在生活垃圾减量化和资源化方面均卓有成效。

日本在生活垃圾管理上的一大特点是精细化水平很高。在法律法规方面，《环境基本法》《循环型社会促进基本法》两部基本法明确了垃圾处理和循环利用的基本原则，是各种环境法的基础；《废弃物处理法》《资源有效利用促进法》两部综合法分别对废物处理和回收利用的流程进行了规定；《容器包装循环利用法》《家电循环利用法》《食品循环利用法》等专项法详细规定了各类废物的回收利用渠道和各环节责任人；法律法

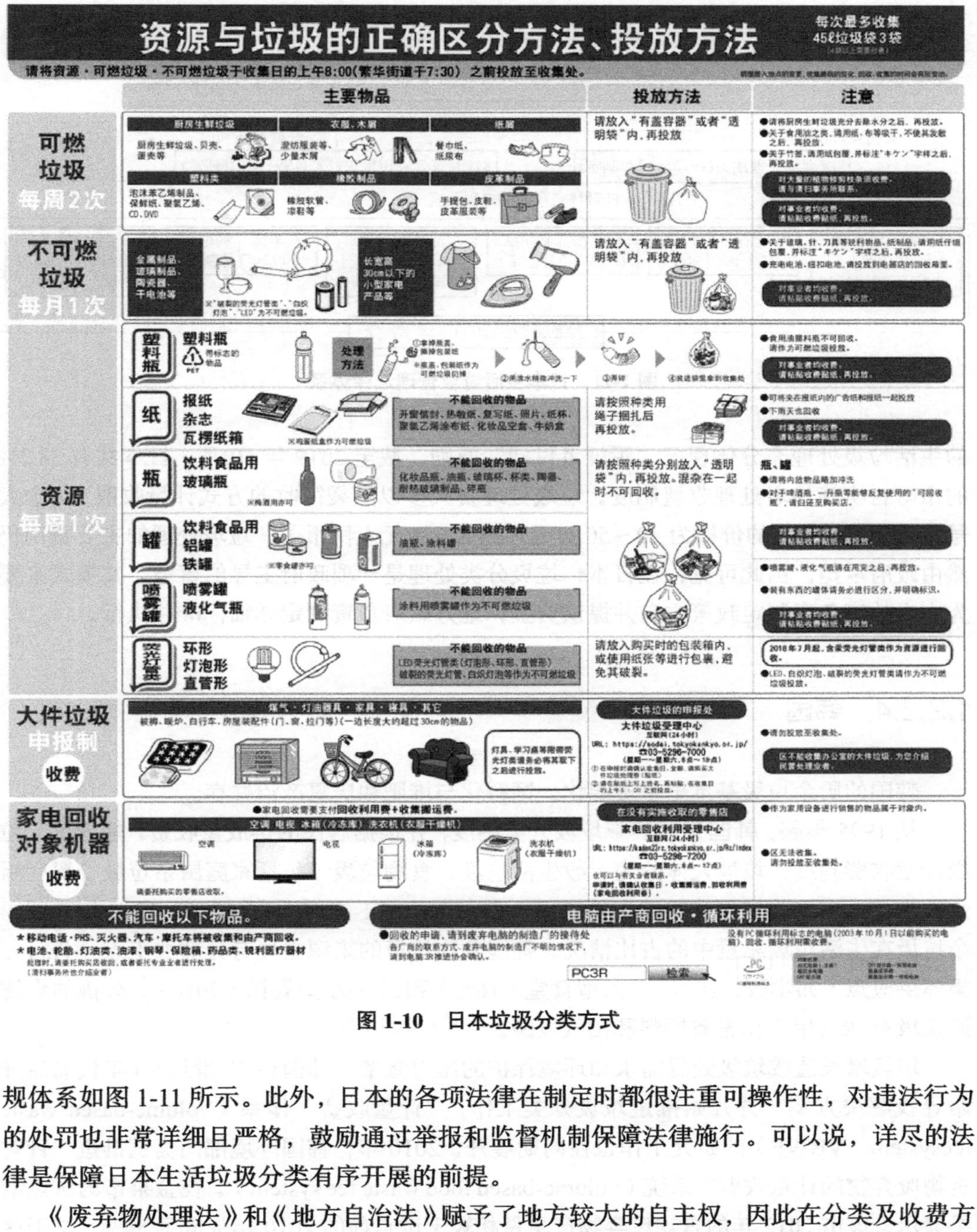

图 1-10　日本垃圾分类方式

规体系如图 1-11 所示。此外，日本的各项法律在制定时都很注重可操作性，对违法行为的处罚也非常详细且严格，鼓励通过举报和监督机制保障法律施行。可以说，详尽的法律是保障日本生活垃圾分类有序开展的前提。

《废弃物处理法》和《地方自治法》赋予了地方较大的自主权，因此在分类及收费方式方面，日本各地区根据其垃圾产生和处理设施建设情况因地制宜地制定了各地的分类政策。日本的生活垃圾总体上分为可燃垃圾、不可燃垃圾、资源物和大件垃圾 4 类。资源物则存在较多的细分类方式，例如东京的生活垃圾分为 15 类。针对不同种类的垃圾通常采用不同频次在不同时间点收集，家庭需要承担分类、清洗并装袋的责任。此外，日本

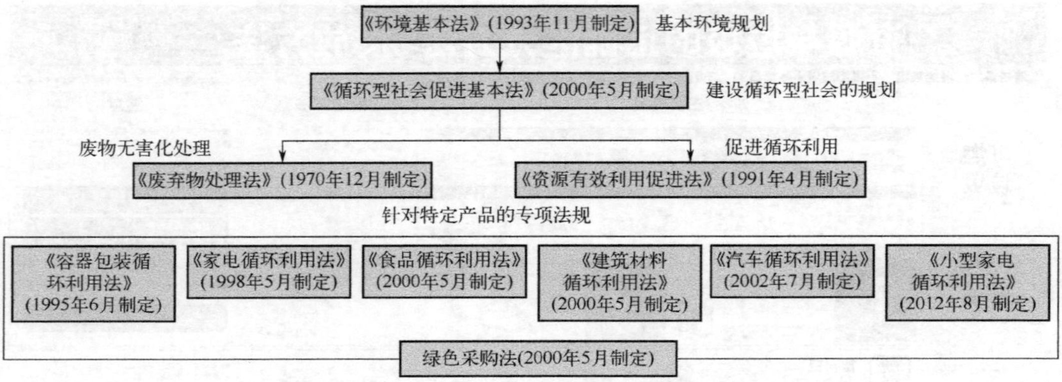

图 1-11　日本生活垃圾管理法律体系

的生活垃圾处理充分体现了“污染者付费”原则，截至 2019 年 10 月，日本共有 58.2%的市町村实施垃圾处理收费制度。垃圾处理费大多以随袋征收的方式计量收取，1 个大号垃圾袋（40 L）的价格为 40～50 日元（约合 2.7 元人民币），垃圾处理的主要费用仍然由政府承担。由此可见，在日本，垃圾分类处理是一项政府主导的事务，其模式主要为中央政府负责制定政策方向并提供资金，地方政府负责制定详细标准并执行。

1.2.2.4　韩国

韩国的厨余垃圾基本全量资源化，饲料化与堆肥和厌氧产沼并存。

从 1995 年起，韩国开始实施垃圾分类制度，并根据居民的排放量收费。根据这一垃圾计量收费制度，垃圾大体分为一般生活垃圾、食物垃圾（包括家庭厨余垃圾、餐厅厨余垃圾）、可回收垃圾和特殊大件垃圾 4 个大类。图 1-12 统计了 1996～2014 年韩国厨余垃圾在生活垃圾总量中的占比情况。韩国食物垃圾的来源主要有分散加工点（4%）、集体供应点（如学校，10%）、大型食堂（16%）和家庭/小型餐馆（70%），分拣的食物源垃圾有 96%用来作畜禽饲料和沼气发酵。

垃圾增长造成垃圾处置需求和环境保护的压力激增，韩国在 20 世纪 90 年代前后开始寻找解决方案，并开始推进垃圾分类工作，“计量收费”体系（volume-based waste feesystem，VBWF）的研究工作也在同期展开。2010 年，韩国环境部门尝试推进“针对食物废弃物的计量收费”系统（volume-based food waste fee system）。在金泉市的试点结果显示，该市 2012 年的食物废弃物产生量相较于试点前的 2010 年降低了 54%。基于这些试点项目的结果，韩国于 2013 年在全国范围内推进了这一食物废弃物计量收费系统，食物废弃物的减量和回收效果因此得以改善，家庭厨余量降低了 30%、餐厅厨余量降低了 40%，食物废弃物的回收率接近 100%。韩国的厨余垃圾管理主要经历了以下 3 个发展阶段（图 1-13）。

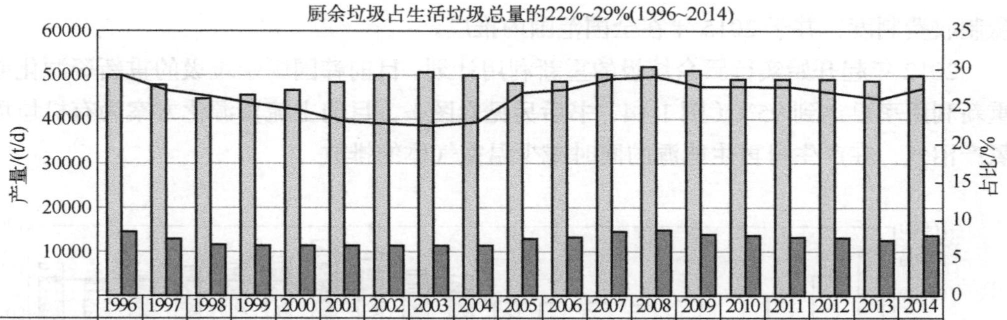

	1996	1997	1998	1999	2000	2001	2002	2003	2004	2005	2006	2007	2008	2009	2010	2011	2012	2013	2014
城市垃圾(A)/(t/d)	49925	47895	44583	45614	46438	48499	49902	50737	50007	48398	48844	50346	52072	50906	49159	48934	48990	48728	49917
厨余垃圾(B)/(t/d)	14532	13063	11798	11577	11434	11237	11397	11398	11464	12977	13372	14452	15142	14118	13671	13537	13209	12663	13697
厨余垃圾(B)/城市垃圾(A)值/%	29.11	27.27	26.46	25.38	24.62	23.17	22.84	22.47	22.92	26.81	27.38	28.7	29.08	27.73	27.81	27.66	26.96	25.99	27.44

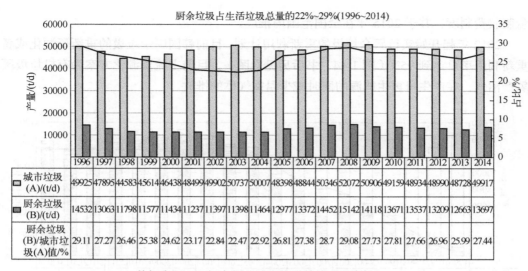

数据来源：垃圾产生和处理状况（韩国环境部）。

图 1-12　韩国厨余垃圾占生活垃圾总量百分比（1996～2014 年）

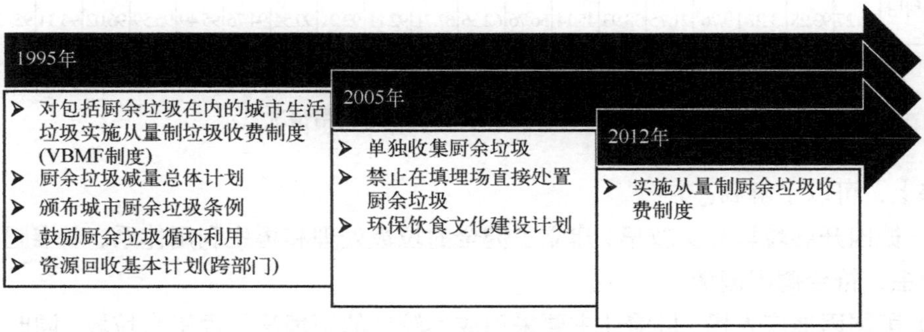

图 1-13　韩国厨余垃圾管理政策

（1）阶段 1：1994～2004 年

在从量制实施的初期效果显著，城市生活垃圾的产生量减少了近 14%。但在这期间，厨余垃圾是和其他生活垃圾一起放入计量袋中扔掉的，处理起来也会非常麻烦。因此自 1997 年起，政府要求产生厨余量多的商户将他们的厨余垃圾与其他类型的垃圾分开，单独收集。

（2）阶段 2：2005～2012 年

政府自 2005 年起，对所有住户的厨余垃圾进行分类回收。到 2012 年，厨余垃圾产生量减少了 15%。

（3）阶段 3：2012 年至今

在厨余垃圾分类回收的基础上，政府于 2012 年开始在 144 个地区试行厨余垃圾的从量制收费制度，并于 2015 年在全国范围内推广。

2012 年起开始实行厨余垃圾的重新利用计划，目前韩国厨余垃圾的重新资源化或者重新利用率已达到 95%（图 1-14，书后另见彩图）。目前主流资源化方案为有机垃圾厌氧产沼气，在产生可再生能源的同时减少温室气体的排放。

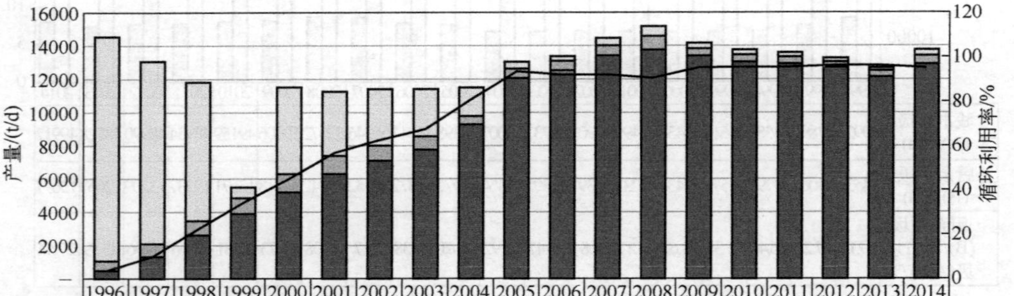

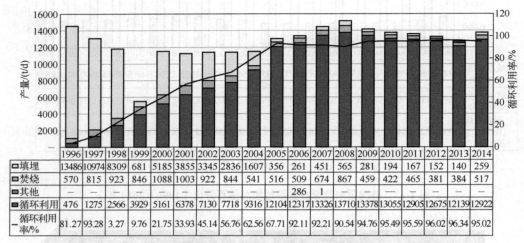

	1996	1997	1998	1999	2000	2001	2002	2003	2004	2005	2006	2007	2008	2009	2010	2011	2012	2013	2014
填埋	13486	10974	8309	681	5185	3855	3345	2836	1607	356	261	451	565	281	194	167	152	140	259
焚烧	570	815	923	846	1088	1003	922	844	541	516	509	674	867	459	422	465	381	384	517
其他	—	—	—	—	—	—	—	—	—	—	286	1	—	—	—	—	—	—	—
循环利用	476	1275	2566	3929	5161	6378	7130	7718	9316	12104	12317	13326	13710	13378	13055	12905	12675	12139	12922
循环利用率/%	81.27	93.28	3.27	9.76	21.75	33.93	45.14	56.76	62.56	67.71	92.11	92.21	90.54	94.76	95.49	95.59	96.02	96.34	95.02

数据来源：韩国垃圾数量和处理情况(韩国环境部)。

图 1-14　韩国厨余垃圾循环利用情况

综上，可以了解到：

① 德国开展垃圾分类较早，建立了健全的垃圾处理和再生利用体系，以堆肥和厌氧产沼为主，符合德国国情。

② 美国因地广人稀，目前还主要采用成本较低的填埋法处理厨余垃圾，同时也在逐步推广焚烧、厌氧、破碎后混入污水处理等方式。

③ 日本垃圾分类侧重对资源化物品的回收，厨余垃圾归于可燃类，以焚烧为主。

④ 韩国厨余垃圾的资源化率达到 95%，基本不进入填埋场和焚烧厂，目前已有的资料显示，韩国厨余垃圾以饲料化和堆肥为主，厌氧产沼方向也占据一定比例。

1.3 主体工艺及其应用

1.3.1 厨余垃圾总体特征分析

厨余垃圾具有含水率高、有机质含量高、含油量高和易腐烂等特点，若处理不及时则易产生恶臭，并会滋生病原体微生物，引发环境污染问题。我国厨余垃圾的组分构成、营养成分和元素组成特征与国外区别较大，主要由蔬菜、果皮、食物残渣、碎骨、蛋壳、贝类、果壳和果核等组成，含水量高，且含有大量糖类、蛋白质、脂质等有机物，具有较好的可生化降解性。

根据联合国粮食及农业组织（FAO）统计，全球约有1/3的食物被浪费在生产、流通和消费过程中，其中大部分都被当作厨余垃圾处理，每年的废物产生量高达13×10^8t。世界厨余垃圾的产量连年增长，有学者预测2005年至2025年，全球厨余垃圾产量将会增加44%，其中中国厨余垃圾的产量位居世界首位。2009～2019年中国城市生活垃圾和厨余垃圾产量连年增长，2019年中国城市生活垃圾和厨余垃圾产量分别为2.42×10^8t和1.21×10^8t，并且厨余垃圾在城市生活垃圾中占比高达50%～60%。2019年5月，中国开始在16个城市开展“无废城市”试点建设工作，厨余垃圾的资源化和无害化越来越被重视。2019年大力推行垃圾分类政策之后，中国厨余垃圾的分出量急剧增加。2020年6月，上海湿垃圾分出量达到9632t/d，同比增加38.50%。因此，中国厨余垃圾急需选择合理的无害化、资源化和规模化处理技术。

1.3.2 厨余垃圾资源化路径选择

根据《中国统计年鉴》，2019年我国城市生活垃圾填埋和焚烧处理占比分别为45.59%和50.47%，但两种方法都存在污染环境、资源回收效率低等众多问题。因此，越来越多的城市不鼓励采用填埋和焚烧来处理厨余垃圾，而资源化利用逐渐成为厨余垃圾最合理的处理方式。目前，我国厨余垃圾资源化处理的主流技术为厌氧消化（74.3%）、好氧堆肥（13.5%）和饲料化（12.2%），而昆虫饲养等资源化技术都因技术不成熟、成本较高以及缺乏大规模、稳定的工业应用能力而无法得到广泛推广。

《“十三五”全国城镇生活垃圾无害化处理设施建设规划》中规定，鼓励使用厨余垃圾生产油脂、沼气、有机肥、土壤改良剂和饲料添加剂等产品，可按照当地厨余垃圾的生产规模和性质来选择成熟可靠的肥料化、饲料化（饲料添加剂）和能源化等处理工艺。《“十四五”城镇生活垃圾分类和处理设施发展规划》中指出，中国将继续完善垃圾分类体系，并计划到2025年底实现全国城市生活垃圾60%左右的资源化率。鉴于动物饲料的同源污染问题，目前饲料化还存在较多未知风险而不能大规模推广应用，因此目前我国在厨余垃圾资源化处理工业领域的技术选择应多关注厌氧消化和好氧堆肥技术。

目前，我国最适合大规模工业应用的资源化处理技术为厌氧消化和好氧堆肥。通过表1-4显示的厌氧消化和好氧堆肥处理方案对比可知，厌氧消化和好氧堆肥均有良好的资源化属性，并且在技术、经济上可互相补充。

表1-4 厌氧消化与好氧堆肥技术比较

项目	厌氧消化	好氧堆肥
优点	处理量大，占地面积小，臭味可控，可获得清洁能源	降解速度较快，投资小，可获得腐殖质产品

续表

项目	厌氧消化	好氧堆肥
缺点	降解速度慢，系统稳定性差，投资成本高，沼液沼渣难处理	占地面积大，臭气和温室气体排放多，渗滤液污染，消耗能源多，堆肥产品市场有限
产品利用	甲烷燃料，压缩天然气（CNG），热电联产得到热能和电能，沼液/渣有机肥	腐殖质，土壤调理剂，热能
经济分析	资本投入多，运营成本低；总处理规模越大，单位处理量的资本运营成本越低	资本投入少，静态堆肥运行成本低，机械堆肥成本偏高，占地面积大
环境影响	产沼气过程中温室气体排放较少；沼渣沼液在存储或施入土壤时会释放温室气体和臭气；沼气替代化石燃料、沼液沼渣有机肥替代矿物肥料具有显著的碳减排效益	堆肥过程中产生温室气体和臭气，并且好氧堆肥的碳排放高于厌氧消化；堆肥腐殖质产品替代矿物肥料有显著的碳减排效益
发展趋势	自动化程度高，适合集中式、大型处理规模	膜覆盖式堆肥和堆肥机，适合分散式、中小型处理规模

与厌氧消化相比，好氧堆肥更关注缩短堆肥周期、提高产品腐质化程度、减少臭气和温室气体排放方面，适合中小规模厨余垃圾的源头减量和分散式处理。以往，我国对厨余垃圾堆肥生产的有机肥缺乏相应国家标准，缺乏销售和使用堆肥产物的有效市场，而2021年5月农业农村部颁布的《有机肥料》（NY/T 525—2021）将厨余垃圾和沼渣/沼液纳入生产商品有机肥的评估类原料，这极大地推动了厨余垃圾好氧堆肥市场的发展。与好氧堆肥相比，厌氧消化具有低碳排放、二次污染少、运行成本低、温室气体排放低和全球变暖潜能值低等优点，适用于厨余垃圾的集中式、大规模处理。

因此，大型城市厨余垃圾的集中处理适合采用厌氧消化方案，而机关单位、社区、菜市场等小型场所和偏远地区适合采用快速好氧堆肥机进行源头减量，农村地区刚适合采用低成本的覆盖膜式静态好氧堆肥。

结合目前我国厨余垃圾的特性、厨余垃圾处理项目的经济效益和环境效益、产业链的实际情况，末端集中厨余垃圾处理厂可采用图1-15所示的处理工艺路线：以生物柴油、电力、燃料、液体肥料、有机肥料/土壤调理剂为主要产品的组合处理手段。同时，在厌氧消化阶段可考虑加入园林垃圾等其他有机废物，以调节厨余垃圾碳氮比较低、易酸化等问题，实现城市有机废物的资源化利用。

1.3.3 厌氧消化工艺的选用

与发达国家相比，我国垃圾分类体系刚刚起步，经济较发达城市的垃圾分类工作推进力度较大，但从全国范围来看，推进垃圾分类工作是一个长期逐步改善的过程，构建厨余垃圾分类收集、分类转运、分类处置的低碳体系任重而道远，打通末端再生产品的循环利用渠道仍需长期探索。目前，国内厨余垃圾处置项目数量逐年增加。因此，在现

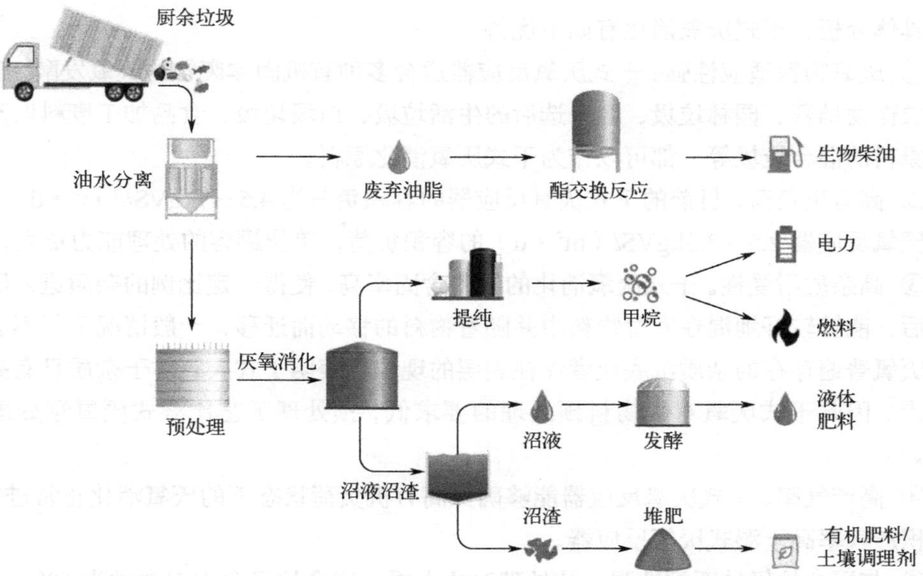

图 1-15 厨余垃圾全量深度资源化处理路径构想

有背景下寻找一条适应我国国情和发展阶段的厨余垃圾处理路线十分必要。

大中型厨余垃圾处理厂采用厌氧消化产沼工艺，一般不对外产生臭气，且沼气属于清洁能源，符合国家“双碳”政策的要求，所以采用以厌氧消化为主体的工艺路线是合适的。

1.3.4 干式厌氧与湿式厌氧的选用

厌氧消化按原料含固率可分为干式厌氧和湿式厌氧，具体区别见表 1-5。

表 1-5 湿式厌氧和干式厌氧消化技术比较

项目	湿式厌氧消化技术	干式厌氧消化技术
处理对象	城市有机废物	城市有机废物
厌氧温度	中温或高温	中温或高温
进料含固率/%	6～12	20～40
进罐物料粒径/mm	<8	40～60
厌氧运行负荷/[kg VS/（m^3·d）①]	2～3	5～10
沼气产率	60～80m^3/t 进罐物料	100～140m^3/t 进罐物料
运行难易程度	运行管理较简单	运行管理较复杂
发酵液产量	约为进罐物料的 90%	约为进罐物料的 85%
最终脱水沼液量	约为进罐物料的 97%	约为进罐物料的 50%

① VS 表示挥发性固体。

具体分析，干式厌氧消化有如下优势。

① 厌氧物料适应性强。干式厌氧反应器适合多种有机固体废物的厌氧发酵，畜禽粪污、农作物秸秆、园林垃圾、经分选后的生活垃圾、市场垃圾、食品加工废料以及各种有机原料的混合垃圾等，都可以作为干式厌氧消化原料。

② 高有机负荷。目前的干式厌氧反应器的容积负荷为 4.5 ~ 7kgVS/（m^3 • d），相比湿式厌氧反应器 2.5 ~ 3.3kgVS/（m^3 • d）的容积负荷，单位罐容的处理能力更大。

③ 高杂质耐受性。干式厌氧消化的原料含固率高，使得一定比例的杂质进入厌氧反应器后，能够较好地混在发酵物料中并随着物料的移动而迁移，一般情况下，不会出现湿式厌氧普遍存在的杂质沉底或者浮在表层的现象，表明干式厌氧对于杂质具有高耐受性特点，因此干式厌氧对于物料预处理的要求低，预处理工艺比湿式厌氧预处理工艺简单。

④ 高产气率。干式厌氧反应器能够确保高有机负荷状态下的厌氧消化正常进行，单位容积产气率高于湿式厌氧反应器。

⑤ 与厨余垃圾的匹配性强。从处理对象上看，厨余垃圾含水率常常为 60% ~ 80%，较为接近干式厌氧消化的含水率要求；含水率较低的厨余垃圾若采用湿式厌氧消化，则在预处理过程中需要添加较多的稀释水，会增大后端的处理规模，提高了项目总体成本。

根据上述分析可知，干式厌氧消化在产气率、容积负荷等方面具有一定优势，尤其在物料混杂性方面具有明显的优势，所以针对垃圾分类正处于过渡期的城市选择干式厌氧消化更能保证处理厂长期、稳定、低成本运行。

第2章 干式厌氧消化技术

- ▶ 干式厌氧消化技术分类
- ▶ 消化过程的影响因素
- ▶ 卧式厌氧系统
- ▶ 立式厌氧系统
- ▶ 车库型厌氧系统
- ▶ 不同干式厌氧系统工艺参数对比

2.1 干式厌氧消化技术分类

干式厌氧消化技术早在20世纪70年代末已被人们所认识，当时亦称为序批式厌氧消化技术，但直到20世纪80年代末也只有少数应用于生活垃圾分类处理的商业运行案例。2010年前后，干式厌氧消化技术因其预处理工艺简单、厌氧产沼效率高并且对石头、玻璃、木材等杂质具有更好的耐受性而受到欧盟成员国家的重视。过去20年里，干式厌氧消化技术得到快速发展，逐步出现卧式、立式和车库式等多种工艺技术。

干式厌氧消化技术按运行方式可分为连续式和间歇式，其中连续式干式厌氧消化技术按设备结构类型可以分为卧式厌氧和立式厌氧两种。卧式厌氧又可以按搅拌混合方式分为单轴搅拌和多轴搅拌两种类型，典型代表为 Strabag 多轴搅拌和 Kompogas 单轴搅拌；立式厌氧也可以分为罐外混合和罐内混合两种类型，典型代表为 Dranco 罐外混合和 Valorga 罐内混合，如图 2-1 所示。

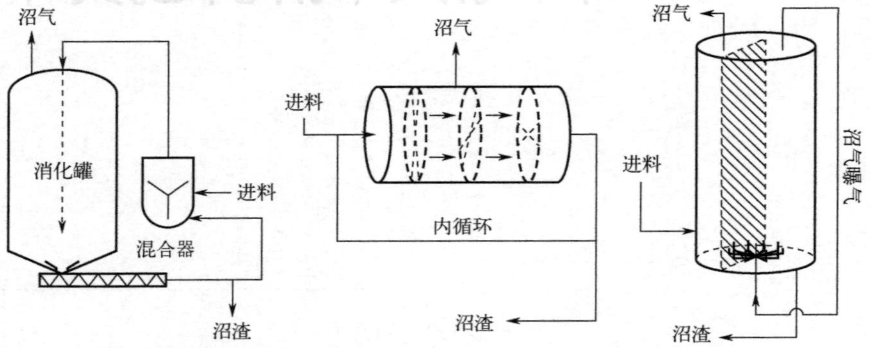

图 2-1 连续式干式厌氧消化技术

间歇式干式厌氧消化技术主要包括 Bioferm、BEKON 和 GICON 三种，主要采用车库型发酵槽协同湿式厌氧消化技术进行，如图 2-2 所示。

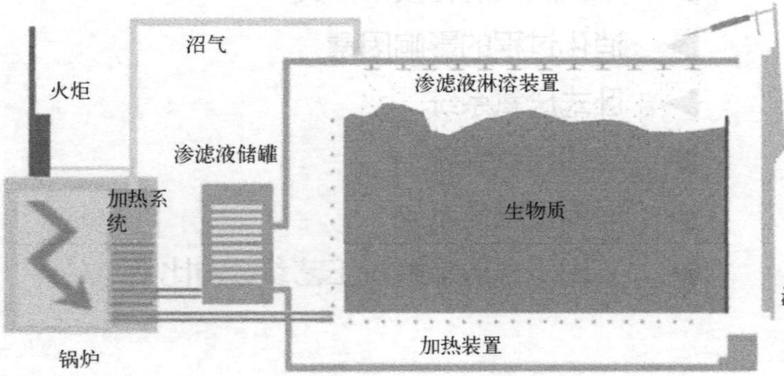

(a) Bioferm

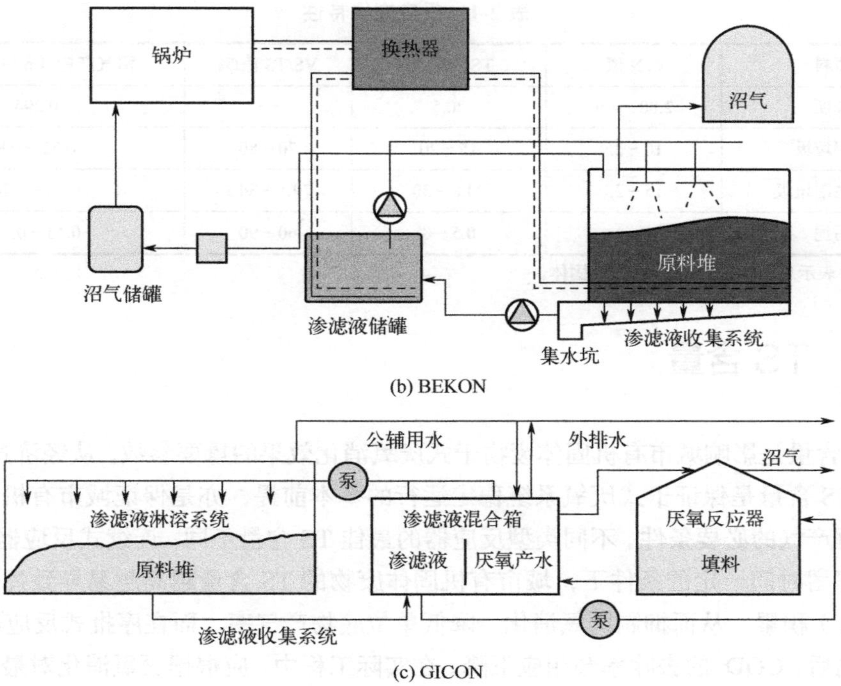

图 2-2　间歇式干式厌氧消化技术

2.2　消化过程的影响因素

干式厌氧消化技术处理城市有机固体废物是一个复杂的反应过程，包含多个不同的反应途径。研究干式厌氧消化过程中的限制因素对提高干式厌氧消化效率意义重大。

2.2.1　反应底物

反应底物是厌氧消化所用的物料，亦称为消化底物。干式厌氧消化以城市有机固体废物为反应底物，受区域、季节以及来源的影响，不同类型有机固体废物的物化组分、可生化性等存在差异，会对厌氧消化启动阶段的操作、反应底物停留时间、转换效率产生一定程度的影响。但是，干式厌氧消化对反应底物的物理性状要求较低，反应底物中含有 5%左右的石子、玻璃等惰性物质，不会影响消化过程。

干式厌氧消化的反应底物主要由城市生产生活产生的粪便、餐厨垃圾、有机生活垃圾、污泥等组成，各类有机固体废物的特性如表 2-1 所列。由表可以看出，各不同类型废弃物的沼气产率相差较大，主要是因为餐厨垃圾和有机生活垃圾的 C/N 值较大，单位挥发性物质产气量较污泥、粪便等低 C/N 值的有机固体废物要高。

表 2-1　反应底物特性

原料	C/N 值	TS 含量/%	VS/TS 值/%	沼气产量/（m^3/kg VS）
粪便	2.88～2.9	20.5	—	0.294
餐厨垃圾	10～25	15～20	70～80	0.32～0.8
有机生活垃圾	15～23	24.8～30	79.1～84.9	0.23～0.74
污泥	—	0.5～8	60～90	0.13～0.32

注：TS 表示总固体；VS 表示挥发性固体。

2.2.2　TS 含量

TS 含量是影响城市有机固体废物干式厌氧消化效果的重要参数。从经济角度分析，适宜的 TS 含量是保证干式厌氧系统稳定运行的基本前提，亦是保证城市有机固体废物高效降解产气的必要条件。不同类型反应器的最佳 TS 含量不同。连续式反应器中，在固体废物停留时间一定的条件下，城市有机固体废物的 TS 含量越高越易导致挥发性脂肪酸（VFA）积累，从而抑制厌氧消化，降低单位底物产气率。而在序批式反应器中，TS 含量提高后，COD 的去除率会相应下降。在实际工程中，应根据厌氧消化对最终产物的要求，结合反应器的构型，调整底物的 TS 含量。

2.2.3　pH 值和温度

研究表明，厌氧消化适宜在中性偏碱性环境下进行。根据工程实际经验，发现当城市有机固体废物厌氧消化的 pH 值范围为 7.5～8.5 时，厌氧消化系统可以稳定高效产气；而当 pH 值高于 8.5 或低于 7.5 时，厌氧消化系统产气效率较低；当 pH 值低于 6.5 时，厌氧消化系统几乎不产气。

在干式厌氧消化过程中，温度对有机物负荷和产气量有明显影响。较低的消化温度不利于微生物的生长，底物分解速率和产气量均较低；过高的消化温度也会产生相应的不利影响，如厌氧消化温度高于 65℃后微生物中的酶就会变性。根据微生物对温度的适应性，迄今大多数干式厌氧系统采用中温（35～40℃）或高温（50～60℃）两种厌氧工艺。在上述两个温度范围内，干式厌氧系统温度的每日微小波动（如 1～3℃）对厌氧工艺不会有明显影响，但如果每日的波动幅度过大（超过 5℃），微生物活力会下降，引起厌氧系统内酸累积和产气量下降等不利情况，严重的时候甚至停止产生沼气，同时伴随挥发酸积累、出料 pH 值下降、物料黏度和有机质含量升高。中温厌氧消化所需热量小，运行负荷较低，工艺运行稳定且运行管理要求较低；高温厌氧消化所需热量较高，运行负荷也相对更高，工艺运行管理要求较高。

2.2.4 C/N 值和金属离子

正常的厌氧消化需要保证适宜的 C/N 值，大多数文献中推荐的最佳 C/N 值范围为（20～30）：1。过高或过低的 C/N 值会造成反应器内的 VFA 或氨氮累积，高浓度的 VFA 和氨氮均会抑制产甲烷菌的活性，导致厌氧消化的失败。城市有机固体废物中，有机生活垃圾和餐厨垃圾均有较高的 C/N 值，但餐厨垃圾中含有大量水溶性有机质，容易发生 VFA 积累现象，不利于干式厌氧消化的顺利进行。

在干式厌氧消化的过程中，城市有机固体废物中一定量的金属离子有助于微生物的生长，如 Na^+有助于三磷酸腺苷的合成和还原型辅酶 I（NADH）的氧化，且 Na^+和 Ca^{2+}都是产甲烷菌生长繁殖的必需元素。然而，Na^+浓度超过 3500mg/L、Ca^{2+}浓度超过 2000mg/L 时都会对厌氧消化产生抑制作用。此外，重金属离子因具有易富集、不易降解的特性会对厌氧消化微生物产生影响。例如，牛粪厌氧消化过程中适量投加 Fe、Co、Ni 等微量金属元素可以提高沼气产气量以及 COD 去除率。

2.2.5 搅拌

在干式厌氧消化过程中，针对高 TS 含量的反应底物需进行一定程度的搅拌，可使得城市有机固体废物与微生物充分接触，促进反应器内均质化，防止局部酸化，维持稳定的反应温度，利于产气及时逸出。

目前，搅拌方式主要分为机械搅拌、水力搅拌和气动搅拌三种。现有厌氧消化装置中，超过 90%采用机械搅拌。在干式厌氧消化过程中，机械搅拌一般采用水平式、垂直式和斜轴式等大桨板搅拌；水力搅拌主要通过沼液循环，利用循环泵对反应器内底物进行充分混合；气动搅拌是利用产生的沼气，通过压缩机脉冲循环，从反应器底部射入进行搅拌。虽然一定速率的搅拌有利于厌氧消化的顺利进行，但在固体废物进行厌氧消化时，搅拌强度过高会影响厌氧微生物的代谢，降低干式厌氧消化的效率。

2.3 卧式厌氧系统

2.3.1 基本特征

卧式干式厌氧反应器也称推流式干式厌氧反应器，外形为长条形。根据厌氧反应器容积大小和搅拌形式的不同，常见的卧式厌氧反应器包括 Strabag 干式厌氧反应器、Kompogas 干式厌氧反应器。其中 Strabag 干式厌氧反应器内设置了若干根水平横置的搅拌器，为长方体形的水泥混凝土反应器；Kompogas 干式厌氧反应器内设置了水平纵向的单轴搅拌器，其外形有两种类型，分别是圆柱体，或下半部分为半圆柱体、上半部分为长方体。外形为圆柱体的 Kompogas 干式厌氧反应器，通常用钢板拼接而成，多用于中小型反应器；而下半部分为半圆柱体、上半部分为长方体的 Kompogas 干式厌氧反应器多用于大型反应器，下部的半圆柱体多为钢板拼接，上部侧边为混凝土浇筑而成。

2.3.2 结构特点

2.3.2.1 Strabag 干式厌氧反应器

Strabag 干式厌氧反应器采用螺旋输送机进料，沿水平推流方向横向均匀布置的搅拌装置可避免浮渣和污泥下沉的累积。罐体在入口段和出口段均须作顺接处理，出料方式为真空抽吸方式出料。

该工艺还设置了工艺水回流管道以调节反应器前端的含固率，如图 2-3 所示。

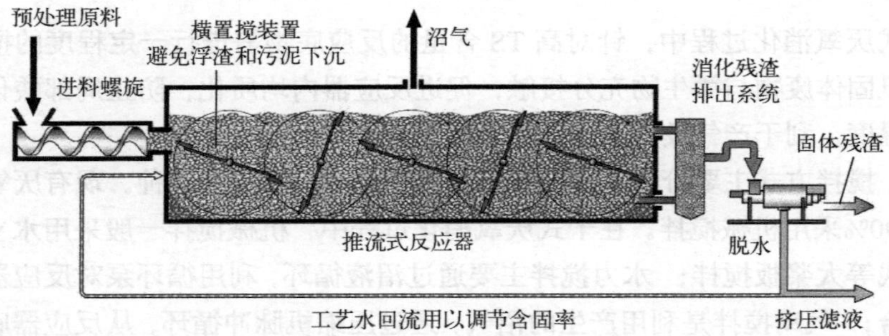

图 2-3 Strabag 干式厌氧反应器结构

罐体采用混凝土结构，罐体保温与罐内物料加热通过预埋的柔性盘管间接换热，采用分配器对各支路盘管进行配水，盘管的进水压力控制在 0.6～0.8MPa，温度控制在 60～80℃，盘管的布局如图 2-4 所示。该反应器外部设有保温层。

厌氧系统的进料采用有轴套管螺旋进料器进料，有轴螺旋前端直接伸入罐体并浸没于厌氧罐设计液位的中部，螺旋与套管之间设置耐磨衬条，这不仅能确保螺旋中心对正，亦可以避免进料器运行对套管的摩擦，有利于延长螺旋进料器的使用寿命。螺旋进料器外部采用螺栓锁紧方式与进料端预埋套管固定，方便进料器固定安装，同时也方便后续定期拆卸保养与维护。如图 2-5 所示。

Strabag 干式厌氧系统的物料采用多轴搅拌器纵向组合式搅拌实现水平推流物料混合，其中进料端搅拌器电机功率一般较其余搅拌器稍大，主轴采用通长布置的方钢，为了确保搅拌器施工安装精度，在罐体侧墙浇筑前就与预埋组件进行安装与固定，连同侧墙施工同步进行。相邻搅拌器在运行时存在一定的重叠区域。因此，反应器投用后相邻搅拌器严禁同时运行，并且应设置停机限位监控，确保搅拌器停机时始终保持垂直位置，如图 2-6 所示。

(a) 盘管布局　　(b) 热水分配

图 2-4　水泥混凝土反应器盘管布局及热水分配

(a)　　(b)

图 2-5　Strabag 干式厌氧反应器的进料螺旋

(a) 搅拌装置安装　　　　(b) 停机限位监控

图 2-6　搅拌装置安装与停机限位监控

Strabag 干式厌氧系统出料采用真空抽吸组合装置出料，包括：真空出料罐，容积约为 $3.5m^3$；真空泵，真空度为−0.1～−0.5bar（1bar＝10^5Pa）；空气压缩泵组，压力控制为 8.0bar。该套装置还配备了冲洗、排气和气动阀门，通过阀门切换和压力的联锁控制实现厌氧罐内消化物料的可靠外排，如图 2-7 所示。

(a)　　　　(b)

图 2-7　真空出料组合装置

Strabag 干式厌氧系统的安全保护采用机械式隔膜阀和爆破膜片两种方式对罐体结构超压和失压进行保护，如图 2-8 所示。当厌氧罐内压力出现超压（60±6）mbar（1mbar＝100Pa）或真空（−5±0.5）mbar 时，机械式隔膜阀就会启动，将反应器内部与大气连通；机械式隔膜阀底部腔体与厌氧罐通过法兰连接，由于厌氧罐体沼气含有大量水汽，为了避免腔体冷凝水对隔膜阀机械部件的粘连，通常还会设置电加热保温功能，且需要定期检查；为避免厌氧反应器出现沼气管路堵塞或机械式隔膜阀失效的极端情况，每座厌氧反应器设置 2 个爆破膜片，在反应器出现超压（100±20）mbar 时爆破膜片直接破裂与大气连通，以确保反应器结构安全。

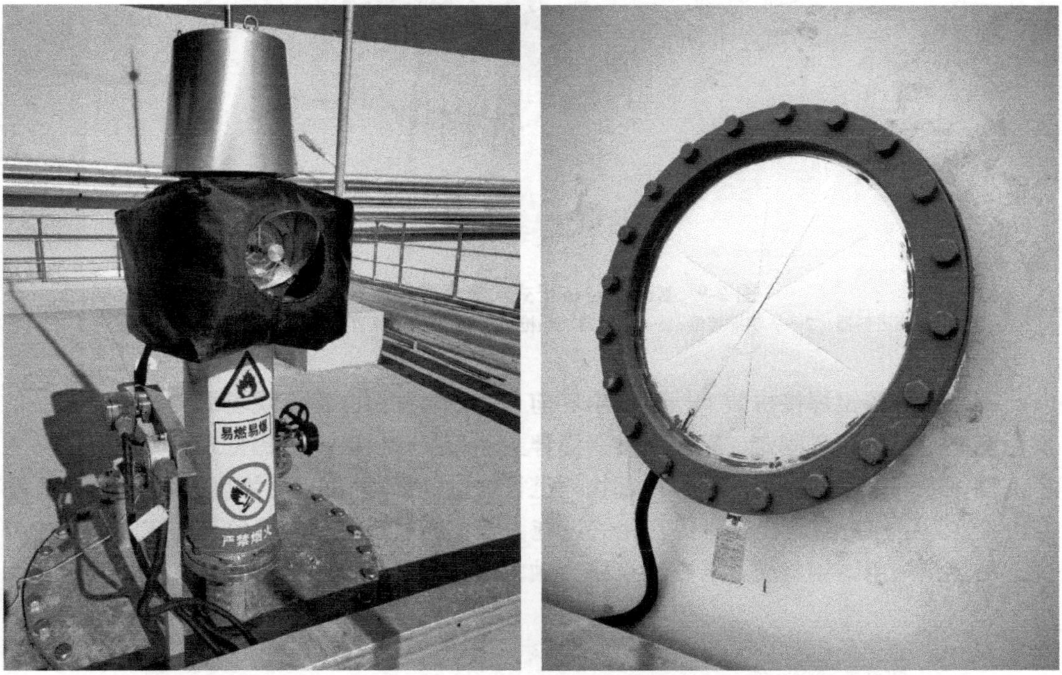

(a)　　　　　　　　　　(b)

图 2-8　反应器安全保护泄压装置

2.3.2.2　Kompogas 干式厌氧反应器

Kompogas 干式厌氧反应器为钢制圆柱体结构，罐体容积一般为 1400～2100m^3，内部尺寸长 38.3～44m，宽 8.5m，主流罐体容积为 1800m^3。反应器的搅拌系统采用单电机驱动，根据物料含固率和杂质特性分为两个规格，搅拌主轴为纵向水平布置，桨叶采用类似于螺旋型式均匀布置于搅拌主轴上，桨叶头部采用锥形铲斗型式；为避免搅拌区域出现沉淀，底部设计成圆弧型式。反应器内物料加热采用竖向贯穿罐体的加热枪间接加热，罐外采用绝热保温材料进行保温。进料方式采用螺杆挤压进料，设置水平纵向单轴搅拌器对罐内物料进行搅拌，出料方式为单缸柱塞泵出料。此外，系统还独立设置了内回流系统，在有机物料进料时将厌氧罐末端的沼液同步按比例回流至进料端。

Kompogas 干式厌氧反应器结构型式如图 2-9 所示。

图 2-9 Kompogas 干式厌氧反应器结构型式

1—螺旋进料器；2—主轴搅拌器；3—反应器加热枪；4—沼液内回流管；5—沼气火炬；6—沼气管道

罐体采用碳钢焊接拼装，一般在出厂前工厂分块预制，运至现场组装。组装顺序依次为底座定位、圈梁固定、罐体拼接、搅拌主轴和桨叶拼装、加热枪焊接固定。

罐体内部采用加热枪对罐体内部物料进行加热，罐体外部采用绝热保温材料保温（图 2-10），为了保护罐底换热管道和相关设施，整个厌氧罐主体外部包裹形成暖棚式的外壳。加热枪采用碳钢材质，与物料直接接触，因此加热效率非常高。

图 2-10 Kompogas 干式厌氧反应器保温外观

Kompogas 厌氧系统进料采用有轴套管螺旋进料器，其前端采用法兰紧固方式与厌氧罐预留的进料口连接，中间设置阀门，方便进料器的维护与更换。

Kompogas 厌氧系统采用单缸柱塞泵出料，出料口设置于罐底，同时出料端设置回混柱塞泵，回混出料口设置于罐体中部，这样可以避免底部惰性物回流到罐体前端。

Kompogas 厌氧系统的安全保护装置除采用爆破膜片外，另采用水封式正负压保护器替代机械式隔膜阀，通过厌氧罐体出现正压和负压时水箱中液位的不同，实现系统控制压力在−5～60mbar 之间，如图 2-11 所示。

图 2-11　水封式正负压安全保护泄压装置

2.3.2.3　TTV 隧道窑干式厌氧反应器

TTV 隧道窑干式厌氧反应器采用底部半圆弧与侧壁混凝土结构型式，罐体容积为 1400～2250m^3。反应器的搅拌系统采用单电机驱动，搅拌主轴为纵向水平布置，桨叶采用类似于螺旋型式均匀布置于搅拌主轴上，桨叶头部采用方形双面铲斗；为避免搅拌区域出现沉淀，底部设计成圆弧结构。反应器内物料加热采用夹套进料管道预热、进料端方管热水循环和底部侧壁的换热盘管间接加热三者组合的方式，罐外采用绝热保温材料进行保温。进料方式采用混料器配合单缸柱塞泵进料，采用水平纵向单轴搅拌器对罐内物料进行搅拌，出料方式为单缸柱塞泵出料。厌氧系统采用外部回流方式实现物料回流，回流管道与进料柱塞泵采用共用方式。

TTV 隧道窑干式厌氧反应器底部为半圆弧，侧壁为混凝土结构。罐体的半圆弧底部在工厂进行分块预制，然后再运至现场组装。整个罐体组装顺序依次为底座定位、底部圆弧形拼装、侧壁混凝土浇筑、搅拌主轴拼装、桨叶安装和内部加热方管安装。TTV 干式厌氧反应器实物如图 2-12 所示。

(a)

(b)

(c)

图 2-12　TTV 干式厌氧反应器实物

2.3.3 工艺特点

2.3.3.1 Strabag 干式厌氧反应器

Strabag 干式厌氧系统属典型水平推流式，对已有项目运行案例考察，系统正常运行工况下的有机容积负荷一般取 5～9kg VS/（m^3·d），水力停留时间不小于 22d，适用于处理家庭厨余垃圾、超市有机废物、园林和庭院垃圾。通常情况下，各类有机物料的粒径控制在 20～60mm 之间，有机物料在厌氧系统进料端的含固率应不小于 35%，随着有机物料的分解，物料经水平推流至厌氧罐末端时，其含固率将<20%，物料的黏度也会从 30000～60000mPa·s 降低至<5000mPa·s。此外，该系统配备沼液回流系统，即经过一级挤压脱水之后的沼液可以通过回流管道输送至厌氧罐前端，以调节厌氧系统内部含固率，如含固率较低则不进行沼液回流。

2.3.3.2　Kompogas 干式厌氧反应器

Kompogas 干式厌氧反应器是工程化应用最早的工艺之一（图 2-13，书后另见彩图），该工艺多采用 55℃的高温厌氧消化工艺，进料含固率在 20%～50%之间，粒径控制在 60mm 以下，平均粒径为 50mm，进料中允许惰性物质（包括轻质物如塑料）含量为 10%～20%，罐内浓度控制在 20%～30%，水力停留时间为 14～20d，有机容积负荷为 5～10kg VS/（m^3·d），极端情况下该工艺的罐内含固率不小于 15%。

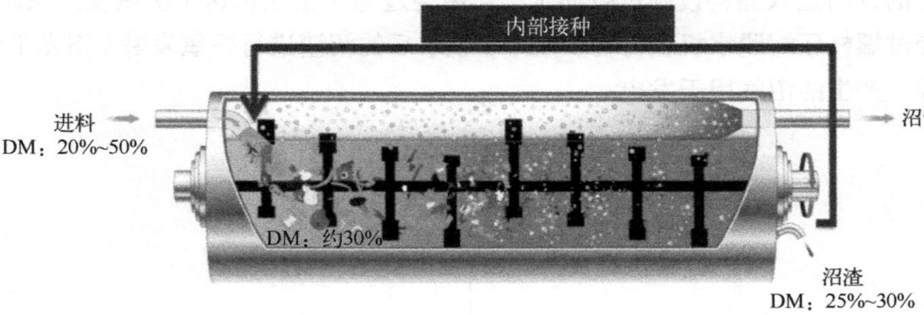

图 2-13　Kompogas 干式厌氧工艺物料流程

2.3.3.3　TTV 隧道窑干式厌氧反应器

TTV 隧道窑干式厌氧反应器与 Kompogas 干式厌氧反应器在罐体结构、进料方式、物料回流、加热方式 4 个方面有所不同。TTV 隧道窑干式厌氧反应器的罐体下部为半圆弧、上部为长方体结构，在相同的长宽比条件下 TTV 隧道窑干式厌氧反应器的有效容积更大；前者采用混料箱搭配柱塞泵进料，混料箱具有称重计量、混合搅拌和物料推送等功能，进料较为顺畅，统计计量更为合理；TTV 厌氧系统物料回流采用罐外回流方式，便于维护检修；加热方式方面，内部加热方管主要集中在进料端，外部采用夹套进料管和侧壁盘管辅助加热，确保厌氧反应器温度的稳定；工艺温度方面，中高温度都适应，进料含固率受混料箱工艺限制，一般控制在20%～35%范围内，物料中平均挥发性固体含量为70%，粒径控制在80mm以下，平均粒径为60mm，不可降解物料（粒径≥2mm）含量<10%，罐内浓度控制在20%～30%，水力停留时间为21d，有机容积负荷为5～10kg VS/（m^3·d）。

2.3.4 国内应用情况

2.3.4.1 案例一：厦门市生活垃圾分类处理厂工程

① 工艺类型：Strabag干式厌氧消化工艺。

② 处理规模：500t/d生活垃圾，其中厌氧系统进料量为150t/d。

③ 工艺简述：如图2-14所示，原始生活垃圾进入垃圾分拣线，经过破袋和人工预分拣后用滚筒筛进行筛分；筛上物经过弹跳、光电分选、磁选后将可回收物进行回收，其余垃圾进入焚烧炉进行焚烧处理；筛下物经人工分拣去除干扰物后，磁选、破碎，粒径55mm的物料进入储料设施进行沥水，然后经过螺旋输送机送至厌氧发酵系统；消化残余物经过螺杆压缩脱水机进行初步脱水，脱水后的沼渣进行好氧发酵（阳光干化棚）、污水外排；产生的沼气用于发电。

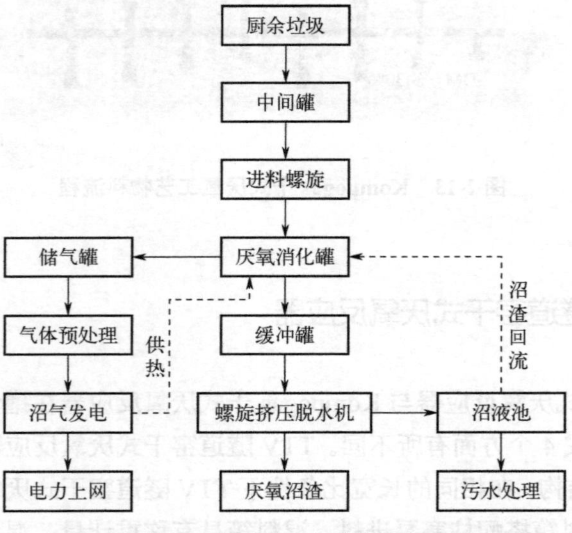

图2-14 厦门市生活垃圾分类处理厂工艺流程

④ 设计沼气产量：16500m^3/d，即688m^3/h。

⑤ 消化温度：55℃。

⑥ 设计容积负荷：6.63kg TS/（m^3·d）。

⑦ 设计水力停留时间：25d。

2.3.4.2　案例二：上海生物能源再利用项目（一期）

① 工艺类型：TTV 工艺（隧道窑）。

② 处理规模：200t/d 厨余垃圾。

③ 工艺简述：如图 2-15 所示，厨余垃圾通过车辆卸料至料坑内，由抓斗上料至给料机，经过粗破碎机的破碎及碟盘筛的筛分，分选后的有机垃圾进入厌氧消化罐，厌氧消化产生的沼气热电联产，消化残余物经脱水、干化后外运焚烧处置。

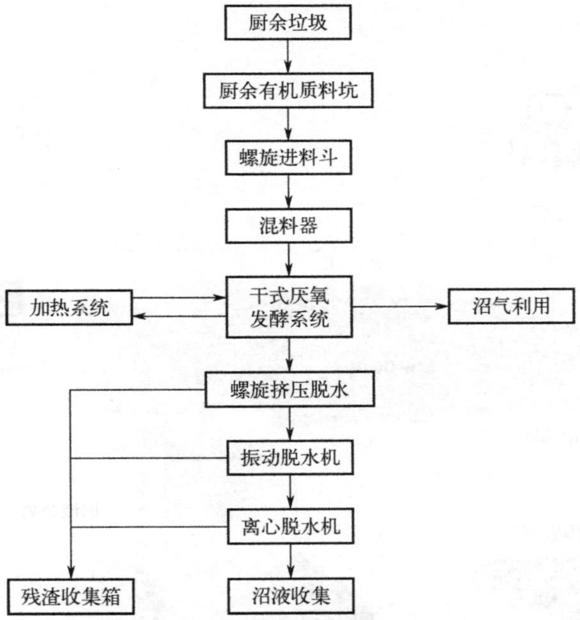

图 2-15　上海生物能源再利用项目工艺流程

④ 设计沼气产量：22375m^3/d。

⑤ 消化温度：55℃±1℃。

⑥ 设计容积负荷：5～10kg VS/（m^3·d）。

⑦ 设计水力停留时间：22.5d。

2.3.5 国外应用情况

2.3.5.1 案例一：瑞典 Kompogas 工艺

（1）工艺提供公司

瑞典 Axpo 公司。

（2）工艺处理对象

园林废物、生物质废物以及混合收集中的有机物、厨余垃圾等。

（3）工艺流程及厌氧设备

厌氧消化对象经过破碎、筛分和磁选后进入厌氧罐进行厌氧发酵，工艺流程和厌氧设备如图 2-16 所示。

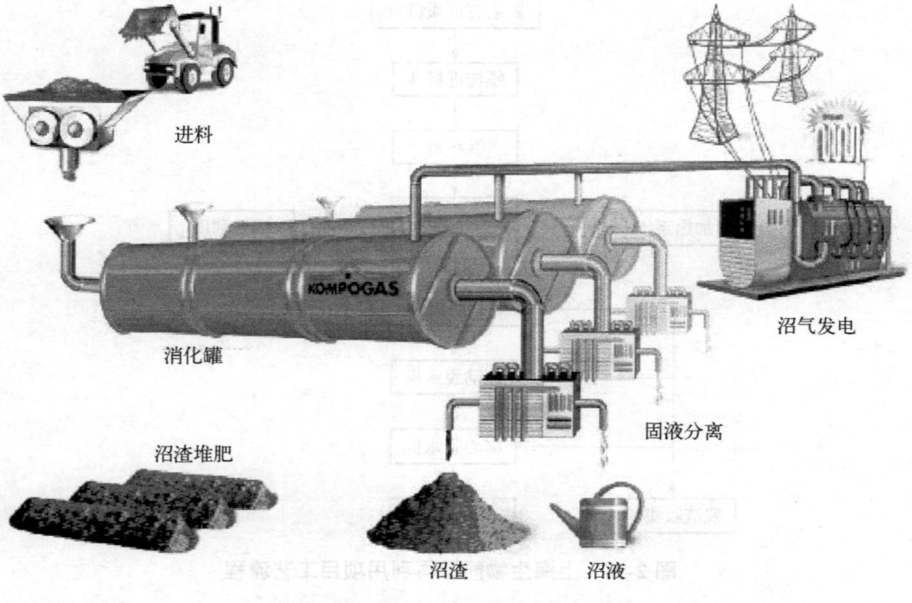

图 2-16 瑞典 Kompogas 工艺流程

（4）进料出料及罐内物料运移方式

通过转子泵连续进料；罐内通过一根长搅拌轴以 2～3r/min 的转速横向搅拌并推动物料，物料以水平柱塞流形式运移；出料为搅拌轴推到出料口，跌入出料槽，无轴螺杆提升输出；用泵排出消化残余物，约 1/3 的出料回流以供接种微生物。

（5）厌氧发酵参数

平均停留时间为 14d；有机垃圾经过预处理后总固体含量（TS）为 30%～45%，挥发性固体含量为（VS）55%～75%，粒径＜40mm，pH＝4.5～7，凯氏氮＜4g/kg，C/N 值＞18；然后进入水平的厌氧反应器进行高温消化（55℃），消化后的产物含水率高，应进行脱水，将压缩饼送到堆肥阶段进行好氧稳定化，脱出的水用于加湿进料或作为液态肥料。

（6）工艺创造业绩

世界范围已建成 75 余座应用 Kompogas 工艺的工厂。

2.3.5.2　案例二：奥地利 TTV 工艺（隧道窑）

（1）工艺提供公司

奥地利 TTV 公司。

（2）工艺处理对象

生活垃圾中的有机质部分，餐厨垃圾。

（3）工艺进料出料及罐内物料运移方式

通过柱塞泵连续进料；罐内采用纵向通长搅拌轴，横向搅拌混合物料，转速为 1/3r/min，物料以水平推流形式运移；出料口在发酵罐底部，利用柱塞泵出料，约 30%的出料回流以供接种微生物。

（4）厌氧发酵参数

进料尺寸＜8cm，温度约为 55℃，停留时间约为 20d，进料 TS 最佳含量为 33%，最低不小于 25%，出料 TS 含量约 20%（进料 TS 含量为 33%时），容积负荷约为 7kgTS/（m^3 • d），罐的有效容积为 1400～2250m^3。

（5）工艺创造业绩

世界范围已建成 12 余座应用 TTV 工艺的工厂，皆在欧洲。

2.3.5.3　案例三：Strabag 工艺

（1）工艺提供公司

Strabag 公司。

（2）工艺处理对象

生物质废物、污泥、粪便、城市生活垃圾（MSW）中的细组分、有机食品废物、农业废弃物、庭院废弃物。

（3）工艺流程及厌氧设备

厌氧消化对象经过破碎、筛分和磁选后进入厌氧罐进行厌氧发酵。工艺流程和厌氧设备如图 2-17 所示。

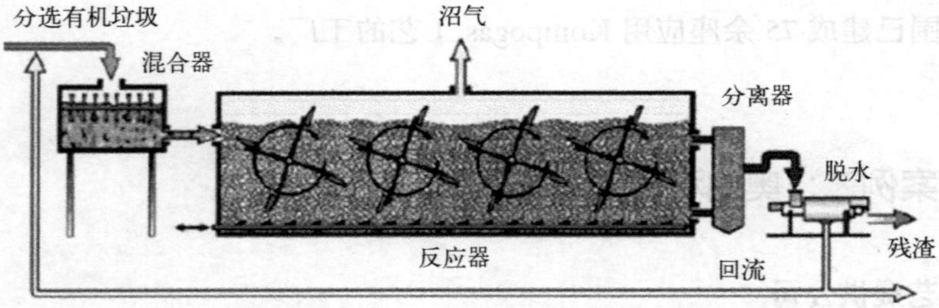

图 2-17　Strabag 工艺流程

（4）进料出料及罐内物料运移方式

通过螺旋输送机连续进料；罐内设有 5～8 个搅拌器，搅拌器慢速旋转，纵向搅拌并推动物料，物料以水平推流形式运移；出料被搅拌轴推到出料口（设上下 2 个），用真空泵配合真空罐抽出物料。

（5）厌氧发酵参数

进料尺寸＜6cm，温度约为 55℃，停留时间为 21～29d，进料 TS 含量为 20%～35%，罐内物料平均 TS 含量为 16%～27%，出料 TS 含量为 16%～20%，容积负荷为 7～10kg TS/（m^3·d），罐的有效容积为 1900m^3。

（6）工艺创造业绩

世界范围已建成 26 余座应用 Strabag 工艺的工厂，其中有 1 座应用在中国。

2.4　立式厌氧系统

2.4.1　基本特征

立式干式厌氧反应器根据混合方式的不同划分为罐外混合和罐内混合。常见的立式厌氧反应器包括 Dranco 干式厌氧反应器和 Valorga 干式厌氧反应器。Dranco 干式厌氧反应器通过罐外设置的混料箱装置实现原料与发酵底物的均匀混合，反应器多为钢板焊接拼装而成，上部为圆柱体结构，下部为锥体结构。Valorga 干式厌氧反应器通过罐内设置的沼气曝气头实现原料与发酵底物的均匀混合，反应器可钢制，也可以采用水泥混凝土结构。

2.4.2　结构特点

2.4.2.1　Dranco 干式厌氧反应器

Dranco 干式厌氧反应器（图 2-18）为碳钢材料拼装的圆柱形锥体结构，罐体容积为 1400～3960m^3，以 3150m^3 容积为主（有效容积为 2950m^3），罐体宽 15m、高 25m。厌氧反应器底部设置有混凝土泵及管道系统，通过泵送装置，将反应器底部的物料大比例回流至厌氧罐顶部，从而实现厌氧罐内物料的搅拌。出料方式采用有轴螺旋出料，物料加热采用蒸汽直喷方式保证反应器物料的温度稳定。

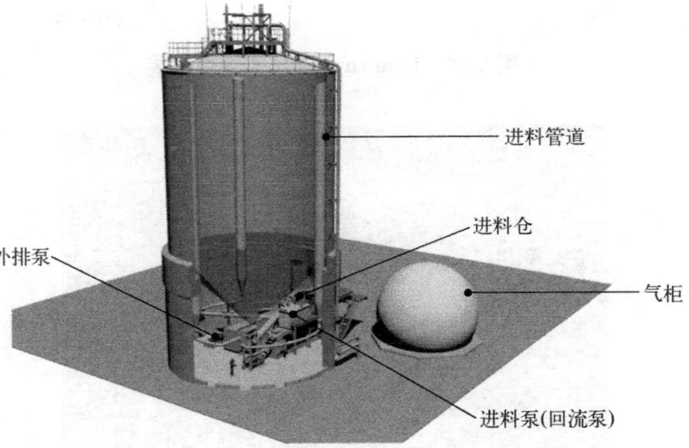

图 2-18　Dranco 干式厌氧反应器结构

Dranco 干式厌氧反应器采用现场预拼装形式建设，然后再通过整体吊装进行拼装和焊接，包括罐体拼装、底座焊接、下部锥底焊接、上部罐体吊装焊接，如图 2-19 所示。

Dranco 干式厌氧系统加热采用蒸汽直喷物料的方式，粒径<40mm 的新鲜物料进入混料单元与发酵沼液一起混合，通过气动阀调节蒸汽注入口自动对物料进行加热，将厌氧系统回流的物料温度控制在 35～40℃或者 50℃以上，最后泵送至厌氧罐顶。

进料系统通常采用大功率柱塞泵将物料输送至厌氧反应器内。由于物料含固率高，进入罐体内部的输送管道从 DN200 扩大到使得物料进入罐内后缓慢流入罐体，如图 2-20 所示。

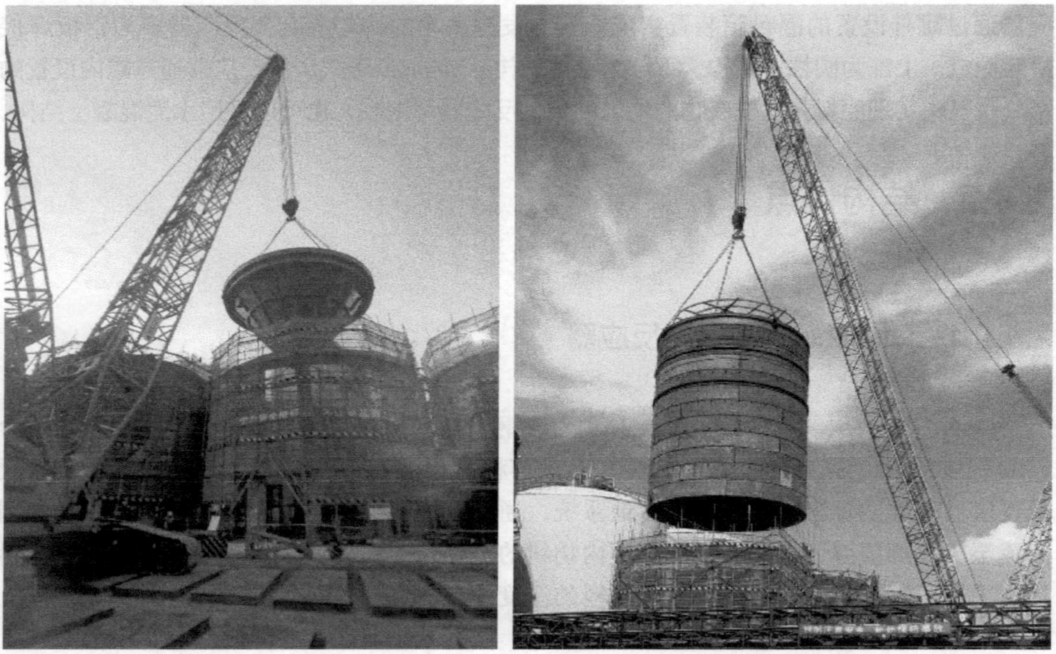

(a) 罐底　　　　(b) 罐体

图 2-19　Dranco 干式厌氧罐体拼装

图 2-20　物料混合箱蒸汽注入口

2.4.2.2　Valorga 干式厌氧反应器

Valorga 干式厌氧反应器一般为预制圆柱形混凝土罐体，最大体积可达 4500m^3。厌氧罐内部设计有垂直隔离墙，隔离墙一侧与罐体相连，另一侧用于罐内物料的流动输送。底部为平底结构，分别在隔离墙两侧开设进/出料口，如图 2-21 所示。

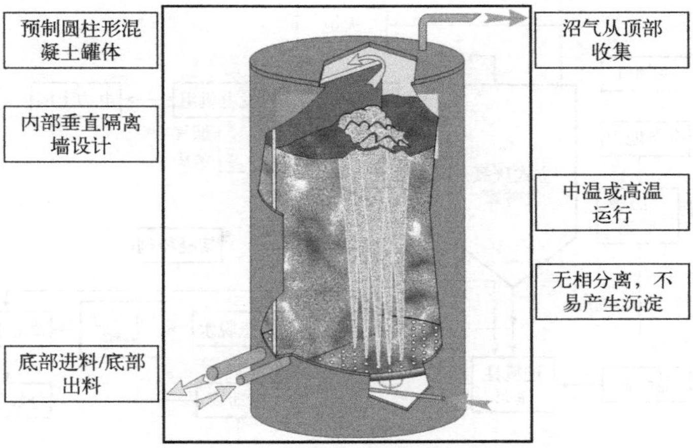

预制圆柱形混凝土罐体
内部垂直隔离墙设计
底部进料/底部出料
沼气从顶部收集
中温或高温运行
无相分离，不易产生沉淀

图 2-21　Valorga 厌氧设备

采用柱塞泵进料，物料从进料口输送至厌氧罐内，每天进料一次，一次进料数小时。采用螺旋输送或柱塞泵出料，物料在流体作用下从罐的进料侧流动至出料侧，出料端产生的沼液经压缩后，滤液回流至厌氧罐前的物料缓存罐，用于稀释物料。厌氧罐顶部设置有沼气收集系统，部分沼气被压缩至 5.0～8.0bar（1bar=10^5Pa），从罐体底部均匀射入厌氧罐，从而实现对厌氧罐内物料的搅拌。

2.4.3　工艺特点

2.4.3.1　Dranco 干式厌氧反应器

Dranco 干式厌氧工艺在国内已有应用，在国外已有近 30 个工程项目，分为中温（30～40℃）和高温（50～55℃）两种厌氧温度。该工艺最大的特点是新旧物料的大比例混合，确保了物料均匀混合，罐内物料从顶部到锥底，平均 2～4d 循环一次，有机物料在罐内的停留时间为 20～25d，进料含固率为 30%～50%，粒径控制在 40mm 以下，系统对有机物中的惰性物质（如塑料、纤维、细砂、贝壳等）没有特殊要求，但过多的惰性物质会增加系统能耗和设备磨损，故罐内含固率不应低于 17%，极端情况罐内含固率应不小于 15%。如图 2-22 所示。

2.4.3.2　Valorga 干式厌氧反应器

欧洲已建成 17 座应用 Valorga 工艺的工厂，亚洲已建成 2 座应用 Valorga 工艺的工

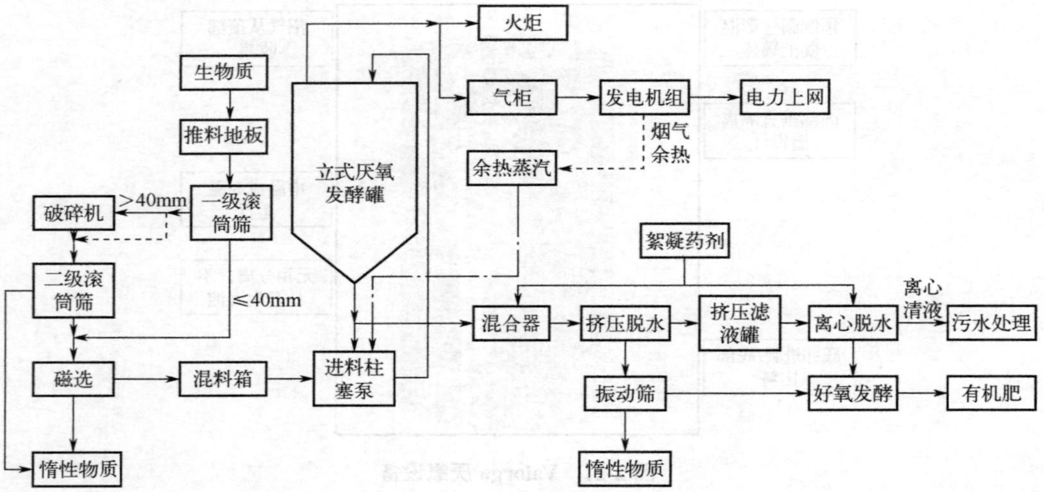

图 2-22　Dranco 干式厌氧反应器工艺流程

厂。有中温消化（35℃）、高温消化（55℃）两种运行模式，总固体浓度最高可达 55%～58%，消化时间为 15～30d，产气量约为 160m^3/t 原料，出料螺旋输送，经压缩后的滤液回流用于稀释物料。

具体工艺流程如图 2-23 所示。

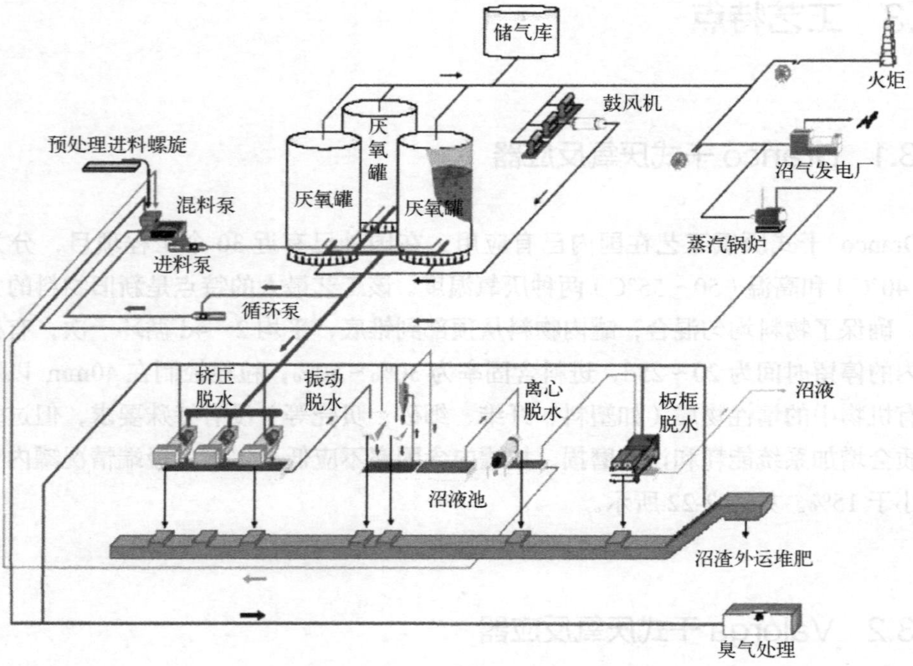

图 2-23　Valorga 工艺流程

2.4.4 国内应用情况

2.4.4.1 案例一：杭州市厨余垃圾资源化利用一期项目

① 工艺类型：立式干式厌氧消化工艺。

② 处理规模：200t/d 厨余垃圾。

③ 工艺简述：如图 2-24 所示，厨余垃圾经接收斗接料+板式给料机输送+人工手选+磁选+生物质分离器+塑料及纸张打包外卖的全量化预处理后，有机质输送至厌氧发酵产沼系统；沼气经湿法脱硫后，在满足本厂用热后的富余沼气送至填埋场沼气发电机组发电；沼渣采用二级旋流除砂+板框脱水工艺脱水后填埋，脱水后的污水经过混凝沉淀后通过管道输送至填埋场调蓄池。

④ 设计沼气产量：16000m^3/d。

⑤ 消化温度：53℃。

⑥ 设计容积负荷：4.3kg TS/（m^3・d）。

⑦ 设计停留时间：26d。

⑧ 设计回流比：8∶1（湿基比）。

2.4.4.2 案例二：北京董村有机垃圾处理厂

① 工艺类型：Valorga 干式厌氧消化工艺。

② 处理规模：处理小区分类有机垃圾量为 150t/d。

③ 工艺简述：如图 2-25 所示，生活垃圾经分选预处理后，有机垃圾进入厌氧发酵罐，厌氧消化产生的生物气供生物气发电机发电，并利用余热产生蒸汽供消化物料加热使用，发电产生的电能并网，消化残余物经脱水后送转运区。

④ 设计沼气产量：28500m^3/d。

⑤ 消化温度：55℃。

⑥ 设计容积负荷：7.5kg VS/（m^3・d）。

⑦ 设计停留时间：32d。

2.4.4.3 案例三：宁波首创厨余垃圾处理项目

① 工艺类型：Valorga 干式厌氧消化工艺。

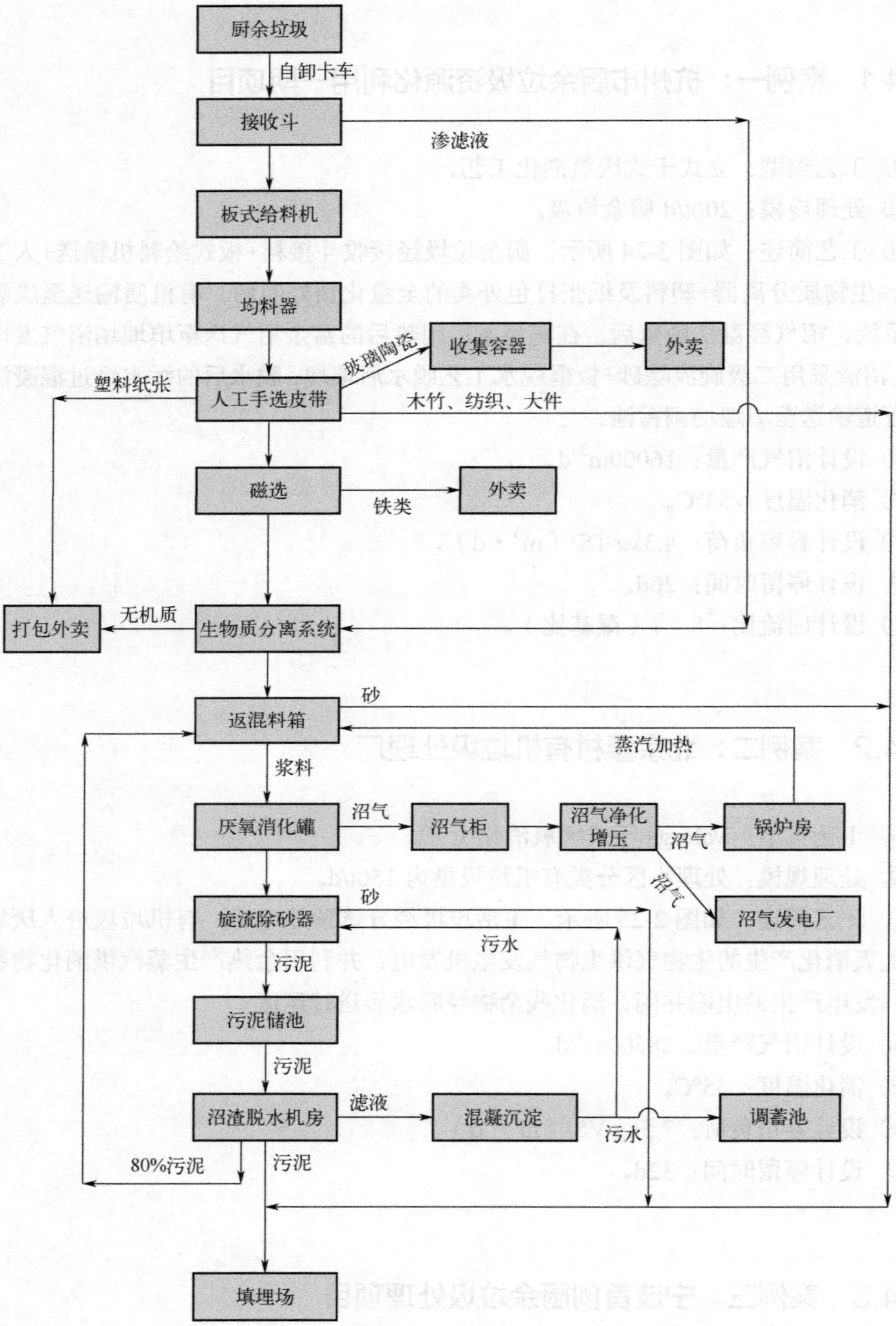

图 2-24　杭州市厨余垃圾资源化利用一期工程工艺流程

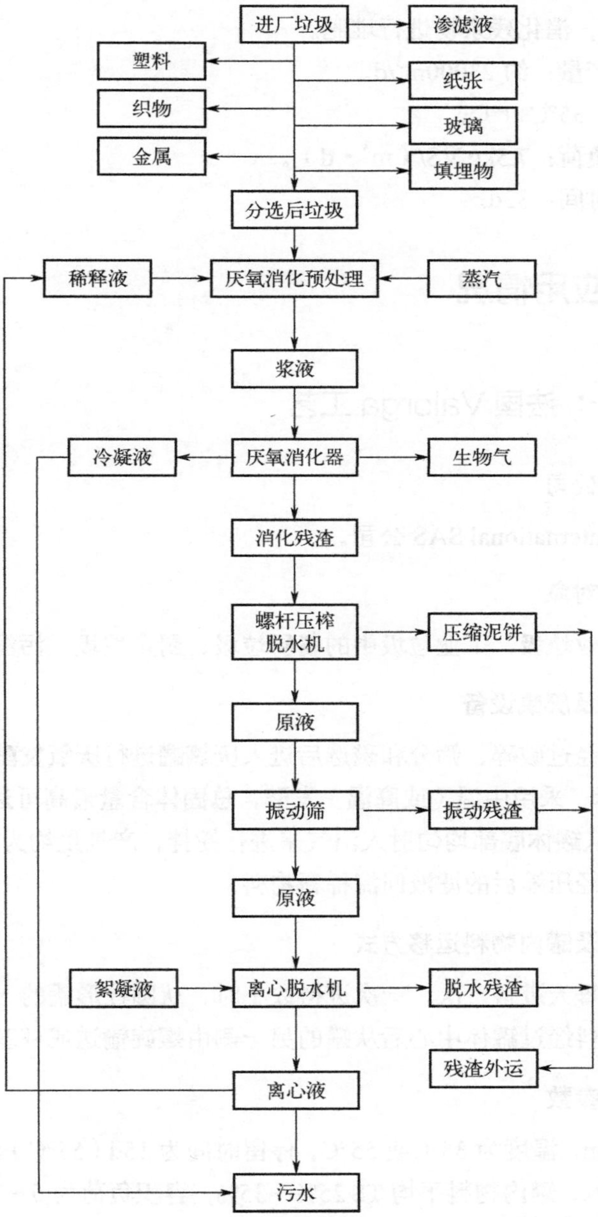

图 2-25　北京市董村有机垃圾处理厂工艺流程

② 处理规模：400t/d 厨余垃圾。

③ 工艺简述：厨余垃圾经滚筒筛和碟盘筛两级筛分后，筛下物通过弹跳皮带分选出硬物，有机质进入细破碎机控制粒径，最终的有机垃圾进入厌氧消化罐，厌氧消化产生的沼气提纯后并网，消化残余物进行堆肥。

④ 设计沼气产量：约 23000m^3/d。

⑤ 消化温度：35℃±1℃。

⑥ 设计容积负荷：7.5kg VS/（m^3·d）。

⑦ 设计停留时间：32d。

2.4.5 国外应用情况

2.4.5.1 案例一：法国 Valorga 工艺

（1）工艺提供公司

法国 Valorga International SAS 公司。

（2）工艺处理对象

生活垃圾，农业垃圾，工业垃圾中的餐厨垃圾、厨余垃圾、污泥等有机垃圾。

（3）工艺流程及厌氧设备

厌氧消化对象经过破碎、筛分和磁选后进入厌氧罐进行厌氧发酵，工艺流程和厌氧设备如图 2-23 所示，采用中温（或高温）发酵，总固体含量最高可达 55%～58%，发酵时间大约为 30d，从罐体底部均匀射入沼气来进行搅拌，产气量约为 158.5m^3/t 原料，出料采用螺旋输送，经压缩后的滤液回流稀释物料。

（4）进料出料及罐内物料运移方式

柱塞泵进料，每天进料一次，一次进料数小时，从圆柱形罐的一侧进入，压缩沼气为 5.0～8.0bar，物料经过罐体中心后从罐的另一侧由螺旋输送或柱塞泵出料。

（5）厌氧发酵参数

进料尺寸＜6cm，温度为 35℃或 55℃，停留时间为 15d（55℃）或 30d（35℃），进料 TS 含量约为 40%，罐内物料平均 TS 25%～35%，容积负荷为 6～11kg TS/（m^3·d），罐的有效容积为 4200m^3。

（6）工艺创造业绩

欧洲已建成 17 座应用 Valorga 工艺的工厂；亚洲已建成 2 座应用 Valorga 工艺的工厂，分别位于我国北京市和上海市。

2.4.5.2　案例二：比利时 Dranco 工艺

（1）工艺提供公司

比利时有机垃圾系统公司（Organic Waste Systems）。

（2）工艺处理对象

餐厨垃圾、园林绿化废弃物、厨余垃圾等有机垃圾。

（3）工艺流程及厌氧设备

厌氧消化对象经过破碎、筛分和磁选后进入厌氧罐进行厌氧发酵，工艺流程和厌氧设备如图 2-26 所示。

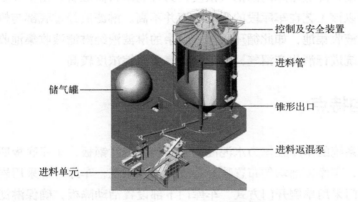

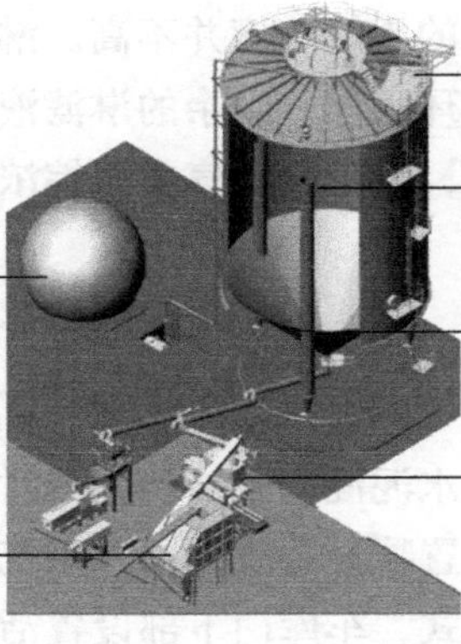

图 2-26　Dranco 工艺流程

（4）进料出料及罐内物料运移方式

进料与厌氧罐出料按一定比例混合后，用柱塞泵将物料运送至圆柱形消化器顶部，物料在厌氧消化器中垂直向下运移，消化罐在底部出料。因此，实际上物料单次在厌氧发酵罐中的停留时间约为 3d，但大物料回流使其重复在发酵罐中移动 6 ~ 7 次，从而使得总的停留时间约为 20d。

（5）厌氧发酵参数

进料尺寸＜4cm，温度为 35℃或 55℃，停留时间为 20d（55℃）或 30d（35℃），进料 TS 含量约为 32%，罐内物料平均 TS 含量为 20% ~ 35%，容积负荷为 5 ~ 10kg TS/（m^3 • d），罐的有效容积为 3275m^3。

（6）工艺创造业绩

欧洲已建成 16 座应用 Dranco 工艺的工厂；亚洲已建成 3 座应用 Dranco 工艺的工厂，其中我国重庆市有应用该工艺的工厂。

2.5 车库型厌氧系统

2.5.1 基本特征

车库型厌氧系统运行时，含固率高的有机垃圾经过分选预处理去除垃圾中的废塑料、砖石瓦块等杂质后破碎至合适粒径，然后由装载车装填进入水解车库；车库内配置有喷淋装置，主要用于喷淋水解有机垃圾。车库型厌氧系统通常是多个水解车库与一个湿式厌氧系统协同使用，多采用中温厌氧消化工艺。原料在车库内的停留时间为7～14d，车库底部还配备了空气鼓风系统，目的是在车库淋滤完成后，通过鼓入空气加速车库内物料中水分的蒸发，降低车库内的沼气浓度，为开仓清料做准备。由于需要打开车库进行交替出料，所以该工艺在车库段的甲烷浓度并不高。淋滤液经过底部与侧壁的滤网流出，汇集至淋滤液收集池，如此循环喷淋。剩余的淋滤液经淋滤液收集池收集后再泵送进入湿式厌氧系统进行消化产沼气，该部分沼气中甲烷浓度较高。

2.5.2 结构特点

车库型厌氧系统的车库腔体为水泥混凝土结构，内衬钢板；车库底板四周及中间设置淋滤液收集槽，车库顶部均匀布置喷淋系统、抽风系统；车库外部采用岩棉保温，彩钢板外包；车库门采用单侧开门方式，车库门下部设置活动隔板，确保淋滤液不外漏。

车库型厌氧系统如图2-27所示。

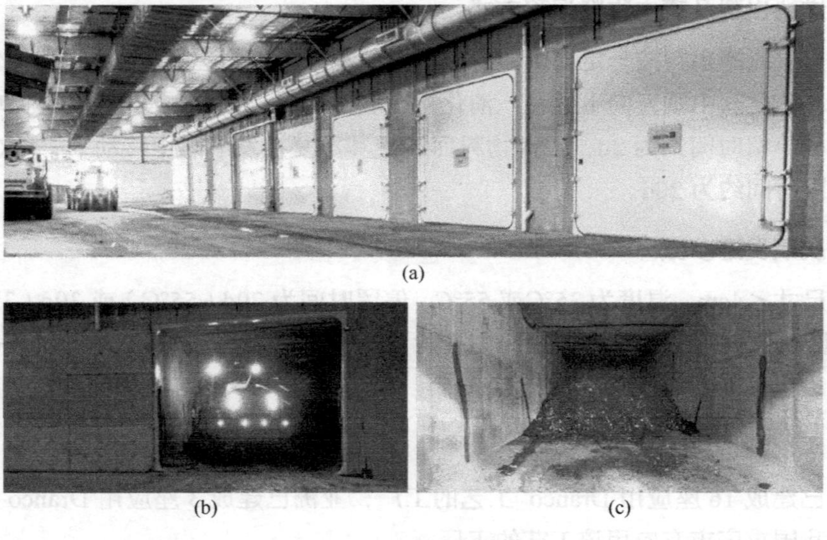

(a)

(b) (c)

图2-27 车库型厌氧系统

2.5.3　工艺特点

车库型厌氧系统的核心在于保证淋滤液循环喷淋系统稳定运行，即保持车库内垃圾体湿润的同时淋滤液顺畅流出，因此淋滤液循环喷淋系统通常设置有过滤、加热和循环的功能。车库型干式厌氧系统中物料的滤液经过滤格栅截留大部分悬浮固体后进入工艺水储罐，工艺水储罐内的滤液一部分通过凸轮转子泵送入厌氧消化系统生产沼气，另一部分作为循环淋滤水回流至车库对有机垃圾进行重复淋滤。

车库型干式厌氧系统的预处理较为简单，通常只需要破碎筛分，得到粒径<100mm的有机物质，进入车库的原料中应包含30%左右的结构物质，以保证在淋滤液循环喷淋过程中可以顺畅通过垃圾体；淋滤液含固率一般只有3%～5%；由于采用沼液回流，所以用水量少。系统设备主要为水泵、风机等，因此设备磨损小。淋滤系统是系统稳定运行的重要保证，因此淋滤液循环系统的除杂效率是系统运行的关键，通常格栅孔径<1mm。淋滤液储罐设有保温措施，循环淋滤液设有加热系统，确保淋滤水温度保持在38～42℃，与车库温度一致。车库型干式厌氧工艺流程如图2-28所示。

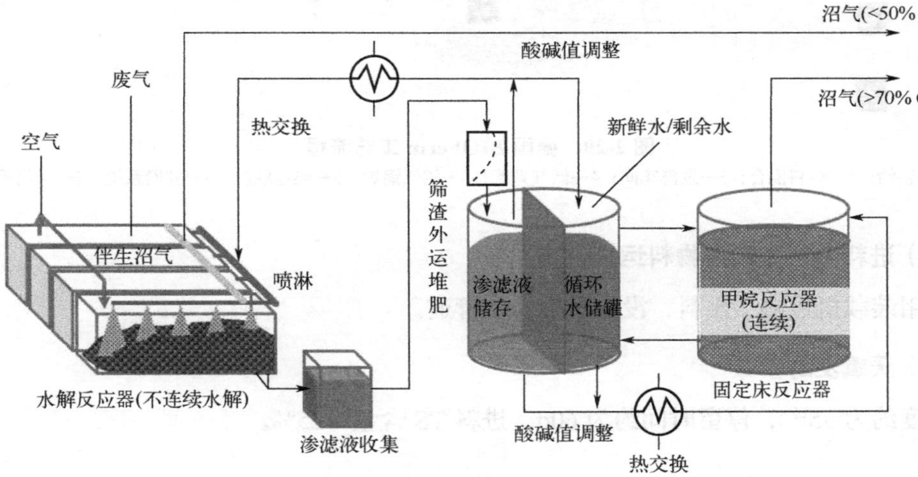

图 2-28　车库型干式厌氧工艺流程

2.5.4　应用情况

车库型干式厌氧技术及成套装备目前在国内鲜有应用，下面以德国BIOFerm工艺为例介绍国外工程应用案例。

(1) 工艺提供公司

德国BIOFerm公司。

（2）工艺处理对象

城市有机垃圾。

（3）工艺流程及厌氧设备

工艺流程和厌氧设备如图 2-29 所示，厌氧消化对象经过破碎、筛分和磁选后进入车库型发酵仓进行厌氧发酵；车库型发酵仓为地面式，采用钢筋混凝土结构，底板埋设供热管道；平均发酵时间为 2d，发酵淋滤液回收用作接种源喷洒到物料内以优化厌氧发酵过程，产生的沼气一般用来发电或提纯后进入天然气管网。

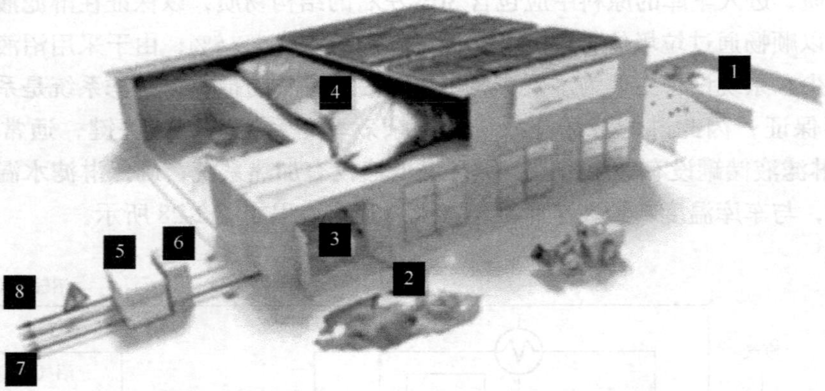

图 2-29　德国 BIOFerm 工艺流程

1—原料存储；2—原料混合；3—发酵车间；4—储气系统；5—沼气锅炉；6—热电联产；7—并网系统；8—供热系统

（4）进料出料及罐内物料运移方式

采用装载机进料、出料，没有搅拌器和管道。

（5）厌氧发酵参数

温度约为 35℃，停留时间约为 60d，进料 TS 含量 > 25%。

2.6 不同干式厌氧系统工艺参数对比

2.6.1 连续式工艺参数对比

连续式干式厌氧工艺的差异性主要表现在进出料方式、搅拌混合方式、取样方式 3 个方面，而在实际进料粒径、有机容积负荷、物料停留时间以及厌氧温度范围等方面的要求基本接近，有机物料的降解效率差异不大，具体如表 2-2 所列。进出料结构、混合方式的差异使得不同类型的干式厌氧在运行控制方面的要求亦不一样。

表 2-2　连续式干式厌氧工艺基本参数

指标类型	参数	
	立式	卧式
罐内固体浓度/%	20～35	23～28
水力停留时间/d	20～30	15～25
容积负荷/[kg VS/（m^3・d）]	5～15	5～10
物料粒径/mm	40～60，平均 45	40～60，平均 55
物料 VS 含量/%	60～85，平均 75	
反应器类型	圆锥体，顶部进料	圆柱体，端部进料
进罐生活垃圾单位沼气产量/（m^3/t）	100～150	100～130
物料混合方式	罐内物料回流与原料混合后泵送进罐	原料进罐后通过搅拌混合，辅助罐内物料回流混合
温度/℃	中温 36～40、高温 55～60	

2.6.1.1　进料方式

干式厌氧进料方式以有轴螺旋和柱塞泵为主；有轴螺旋进料粒径一般<60mm，含固率可以达到 50%；柱塞泵一般分为单缸和双缸两种类型，其进料粒径根据泵腔直径一般为 40mm 左右，含固率<35%。

进料螺旋的输送能力一般为 10～15m^3/h，压力通常较小，卧式罐体的进料螺旋通常安装在液位以下；单缸柱塞泵单位输送能力一般为 10～15m^3/h，单缸柱塞泵的抽、排过程均需要进行阀门的切换，因此其输送能力较小，但是相较于进料螺旋，其输送压力可以达到 40bar，适合较长距离的输送；双缸柱塞泵在单缸的基础上增加了活塞缸的切换机构，因此输送能力可以高达 400m^3/h，输送压力也可以达到 100bar，适合大量长距离的物料输送。三者的结构和优缺点见图 2-30 和表 2-3。

表 2-3　干式厌氧不同进料方式对比

进料方式	优点	缺点
螺旋进料	（1）价格便宜，构造简单，便于维护； （2）物料粒径、含固率范围宽	（1）物料输送的距离小，压力低； （2）物料的输送稳定性较差；输送量小，为 10～15m^3/h； （3）无法计量，通常会配套称重皮带输送机或物料称重机构
单缸柱塞泵进料	（1）维护较为便利； （2）物料粒径不能超过 80mm，含固率≤35%； （3）物料输送距离较长，压力较高	（1）价格相对较高，构造较复杂； （2）配套附属设施较多，如气动阀、混料/送料机构； （3）输送能力较小，10～15m^3/h

续表

进料方式	优点	缺点
双缸柱塞泵进料	（1）物料粒径 60mm，含固率≤35%； （2）物料输送距离长，压力高； （3）输送量大，可以达到 400m³/h	（1）价格昂贵，构造复杂，维护专业性要求高； （2）设施设备维护成本高，通常需要配套进料机构

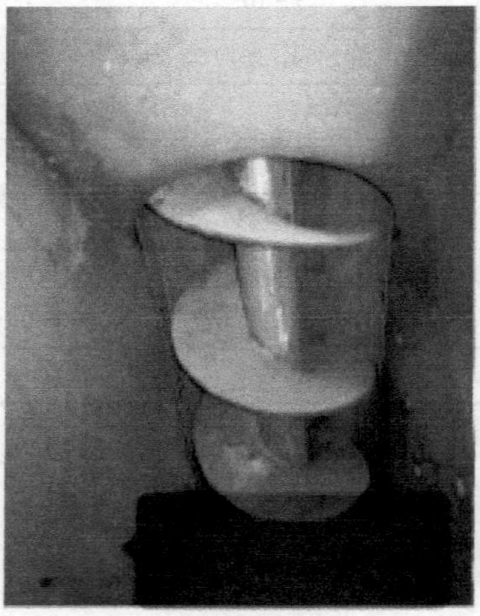

(a) 进料螺旋

(b) 进料单缸柱塞泵

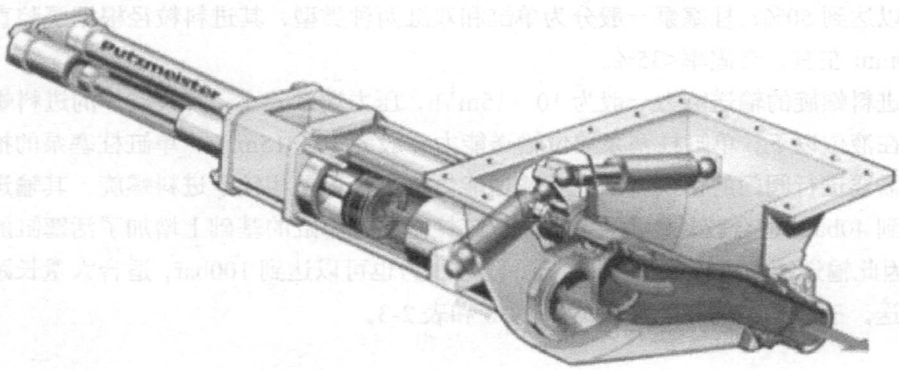

(c) 进料双缸柱塞泵

图 2-30　不同类型干式厌氧进料机构

2.6.1.2　出料方式

干式厌氧工艺的出料方式主要有真空罐出料和柱塞泵出料两种（图 2-31）。国内外干式厌氧系统设计的单罐处理能力通常都不超过 100t/d，出料设施与厌氧罐一一对应。真空罐出料系统主要由真空机站、空压机站、冲洗系统、阀门和仪表等部件组成。真空罐出料方式主要应用于 Strabag 工艺。如图 2-32 所示，在出料系统的控制方面，真空罐出料方式比柱塞泵出料方式要复杂，真空出料罐的形状通常为圆柱体，有效容积约为 $4m^3$；单缸柱塞泵的泵腔有效容积通常只有 $0.25m^3$，因此其单次出料能力比真空罐出料要小。具体相关参数如表 2-4 所列。

(a)真空罐出料　(b)柱塞泵出料

图 2-31　真空罐出料与柱塞泵出料系统

(a)真空罐出料　(b)柱塞泵出料

图 2-32　真空罐与柱塞泵出料方式配套的脱水缓存罐

表 2-4 真空出料与柱塞泵出料系统组成与参数对比

出料方式	参数要求	优点	缺点
真空罐出料系统	真空泵站，1.0bar，N=7.5kW；压缩空气站，3.5bar，N=11kW；物料气动阀门 5 个，DN200，气压 0.8bar；气路阀门 3 个，液位计、压力表等	（1）底部多点出料，物料抽排更灵活； （2）配套冲洗清洁，可以将系统内物料清空，避免沉砂累积堵塞； （3）单次出料量大	（1）系统组成、控制程序复杂，维护成本较高； （2）系统的操作和控制较为复杂，不适合输送太长的距离； （3）日常的清洁维护比较烦琐
柱塞泵出料系统	柱塞泵，配套液压站，最大工作压力为 40bar，DN200～250；物料液压阀 2 个，DN250～300	（1）构造简单，操作维护便捷； （2）出料较均匀； （3）液压泵站可同时为柱塞泵、液压阀提供动力，配套系统操作更合理	只有一个出料口，一旦堵塞或故障将会影响系统运行

注：N 为设备功率。

2.6.1.3 干式厌氧反应器构造

干式厌氧反应器的构造差异使得干式厌氧的日常运维、系统换热和搅拌混合存在差异，见表 2-5。

表 2-5 干式厌氧反应器构造分析

厌氧工艺	罐体构造	对工艺运行的要求
Strabag	（1）卧式、长方体，混凝土结构，进出料端设计为圆弧形，底部为平底； （2）多轴搅拌； （3）取样口位于侧壁两端； （4）加热方式为盘管换热，盘管嵌在混凝土结构中，目前国内还未有针对该工艺进行改造的加热方式； （5）爆破膜片设置于罐体长度方向两侧	（1）系统启动划分为三个阶段，即低浓度阶段→增稠→提负荷阶段； （2）工作液位必须浸没进料螺旋一定深度，通常液位高度为罐体有效高度的 75%； （3）严格的推流式运行，高负荷运行时，必须将日进料量，均匀分配至 24h 内均匀进料； （4）搅拌器连续运行没有特殊要求，但各搅拌器的运行控制要求高且复杂，罐内含固率为 20%～28%； （5）罐内物料扰动效果较好，因此物料混合较快，通常不需要消化液回流
Kompogas/TTV	（1）卧式、圆柱体，碳钢结构，底部为圆弧形； （2）单轴搅拌； （3）取样口位于罐体顶部，内嵌套管伸入工作液面 0.5m 左右； （4）加热方式以穿过罐体加热枪为主，辅助侧壁加热；目前国内也未有针对该工艺改造的加热方式； （5）爆破膜片设置于罐顶平面	（1）系统启动阶段划分与 Strabag 工艺相同； （2）工作液位必须浸没进料螺旋一定深度，且浸没顶部取样口预留套管。通常液位高度为罐体有效高度的 80%； （3）严格的推流式运行，高负荷运行时必须将日进料量分配至 24h 内均匀进料； （4）搅拌器连续运行前提：罐内液位必须全部浸没搅拌主轴才能连续运行，搅拌轴运行必须关注主轴扭矩，罐内含固率也须保持在 20%～28%之间； （5）罐内物料扰动效果一般，消化液回流控制在 30%左右

续表

厌氧工艺	罐体构造	对工艺运行的要求
Dranco	（1）立式，圆柱体，碳钢结构，底部为锥形； （2）内部无搅拌机构，物料混合以罐外混合为主； （3）取样口位于侧壁； （4）加热方式为盘管换热或蒸汽注人，目前国内主要采用盘管侧壁形式进行加热方式的改造； （5）爆破膜片设置于罐顶平台	（1）系统启动阶段可直接从增稠阶段开始； （2）工作液位没有严格的限制；罐内含固率可以达到35%甚至更高； （3）层流运行，只要满足物料混合条件和设计负荷就可以连续进料； （4）采用罐外混合后进料，回流控制较为灵活

（1）卧式反应器对系统启动和运行的要求

卧式干式厌氧反应器的接种启动过程必须严格遵循低浓度阶段—增稠阶段—提升负荷阶段。

低浓度阶段以投加未脱水的湿式厌氧沼液或清水等低含固率物料为主，该部分物料占比通常为罐体容积的 1/5～1/3。该阶段的目的在于：

① 避免进罐物料浓度过高而导致搅拌轴的扭矩过高或者增加故障风险；

② 为增稠物提供流动性，确保罐内物料混合均匀。

增稠阶段投加的物料主要为牛粪、污泥、沼渣、腐熟堆肥或废纸等高含固率物质，该部分物料的比例需要综合考虑厌氧罐的最低运行液位、厌氧罐稳定运行的最低含固率和低浓度阶段内部含固率 3 个方面因素。

提负荷阶段指在干式厌氧状态形成之后，可逐步投加有机物料提升处理负荷。

为避免厌氧沼气从进料螺旋端逃逸，Kompogas 和 Strabag 两种干式厌氧反应器的螺旋进料器进口端的安装位置必须确保厌氧罐的最低运行液位浸没螺旋进料器进料口。因此，卧式干式厌氧反应器的罐体构造型式对系统的运行液位有特定的限制，在实际的运行过程中，单罐最低的进料量也应达到设计处理能力的 70%以上才能保证物料停留时间和含固率等工艺参数处于稳定状态。

此外，卧式干式厌氧反应器还必须严格遵循推流式工艺流程，推流式工艺的主要特点是：沿厌氧罐长度方向，其主要功能划分为水解区域、酸化区域、产氢乙酸区域和产甲烷区域四个区段（图 2-33）。为了发挥出推流式工艺特点，系统应稳定进料，避免破坏系统的稳定。

（2）立式干式厌氧反应器对系统启动和运行的要求

立式干式厌氧反应器内部没有机械搅拌系统，启动过程相对简单，可以直接采用含固率高的牛粪、污泥、沼渣等物料，省去了增稠阶段；同时由于大量采用牛粪、污泥等底物启动，系统启动所需的时间比卧式罐体短；立式罐体采用侧壁取样的方式和输送能力很大的柱塞泵进行输送，在系统运行阶段采用大比例沼液循环回流模式，使得有机物料在罐内实现了均匀混合，新老物料处于完全混合状态，利于系统的连续稳定进料。

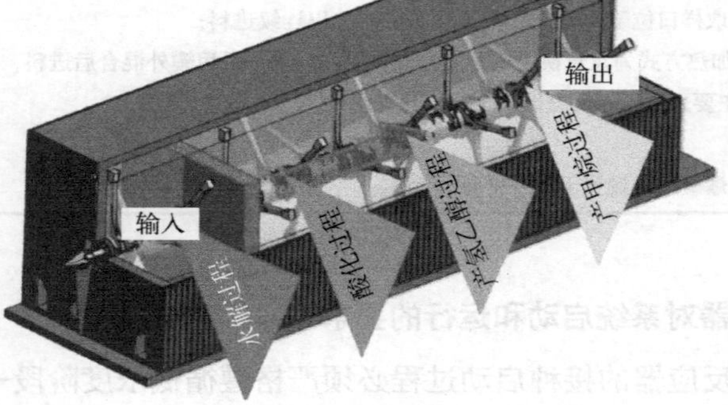

图 2-33 卧式推流工艺的过程划分

2.6.2 间歇式工艺参数对比

车库型厌氧实际为间歇式工艺，采用的是淋滤与湿式厌氧工艺协同组合的方式，在进出料方式、反应器构造以及工艺运行上与连续式工艺都有较大的差别，与湿式厌氧较为相似。具体如表 2-6 所列。

表 2-6 间歇式与湿式厌氧对比

工艺分界	间歇式工艺	湿式厌氧
原料预处理	（1）预处理分两个阶段，包括分选破碎除杂和淋滤制浆。 （2）淋滤制浆的特点：①含固率一般只有 3%～5%，沼液回流，水耗少；②淋滤主要采用液体喷淋，因此设备磨损小；③淋滤过程主要处理易于腐烂水解的有机部分物料，因此淋滤液中不可降解的杂质含量少；④可以处理复杂成分有机垃圾；⑤效果较差，一般淋滤水解效率仅为 50%	（1）预处理工艺也分两个阶段，包括分选破碎除杂和机械制浆。 （2）机械制浆的特点：①含固率高，可以达到 8%以上，水耗大；②采用机械力破碎，因此设备磨损较大；③机械破碎过程不区分有机垃圾腐烂难易程度，因此浆液中杂质物较多；④仅能适应单一物料有机垃圾；⑤效果好，制浆效率可以达到 90%以上，甚至更高
浆液处理工艺	（1）淋滤后的浆液在进入厌氧消化罐或者循环淋滤时必须尽可能去除 1mm 以上的杂质。 （2）淋滤液池中设有保温、加热设施，用以确保进入厌氧系统和循环回流的淋滤浆液温度在 38～42℃以上。 （3）淋滤浆液预处理工艺较为复杂	（1）制浆后的浆液在进入厌氧消化罐之前进行旋流除杂处理，尽可能去除制浆过程中混入的重杂物质。 （2）浆液预处理工艺较为简单，粒径在 8mm 即可满足厌氧工艺需求

续表

工艺分界	间歇式工艺	湿式厌氧
厌氧消化工艺	（1）厌氧消化搅拌器为侧壁式。 （2）中温厌氧消化，反应器内铺设填料环，不适用于高含固率浆料厌氧，厌氧罐容积大。 （3）进料含固率＜1%，主要是有机废水。 （4）厌氧出水可以部分回流作为喷淋液。 （5）设计水力停留时间为 7d	（1）厌氧消化搅拌器为植入式。 （2）高温厌氧消化，处理效率高，反应罐容积小。 （3）进料含固率达到 8%以上。 （4）厌氧出水无法作为稀释水回流。 （5）设计水力停留时间为 20d 左右
总体对比评价	（1）优势：① 采用淋滤水解制浆，设备磨损小，水耗少；② 原料适应性广，预处理要求不高，粒径＜80mm 即可；③ 整体工艺较为简单，关键设备设施要求低；淋滤液采用中温厌氧消化，水力停留时间短，沼液部分回流。 （2）劣势：① 淋滤水解效率不高，有机质利用率低；② 整体工艺设施设备数量多；③ 车库间歇式更换原料，厂区臭气、环境等效果不好控制	（1）优势：① 采用机械破碎制浆，制浆效率高，粒径＜8mm；② 采用高温厌氧，效率高； ③ 整体工艺为连续式，浆液性质稳定；④ 厂区臭气、环境好控制。 （2）劣势：① 采用机械制浆，浆液中浮渣、重杂物质多，水耗大；② 预处理工艺原料适应性较差；③ 沼液无法回流利用，且沼液需脱水处理

第3章 干式厌氧工艺计算

▶ 工艺流程

▶ 工艺计算

3.1 工艺流程

厨余垃圾预处理通常采用“人工拣选+机械分选”工艺。如图 3-1 所示，厨余垃圾由运输车卸至垃圾料坑，由抓斗提升至进料装置，经皮带输送机输送至人工拣选平台，拣出干扰物（如玻璃瓶、超大粒径杂质、砖石等大颗粒硬物质）。人工分选出料送至一级滚筒筛，滚筒筛筛孔直径一般取 120mm，筛下物料经破碎机破碎后再经过磁选机分离回收铁质金属。磁选机出料进入二级碟盘筛进行筛分，碟盘筛筛网直径一般取 40mm，筛下物以有机质为主，通过输送机进入干式厌氧暂存单元；碟盘筛筛上物与滚筒筛筛上物汇总后进入出渣单元。

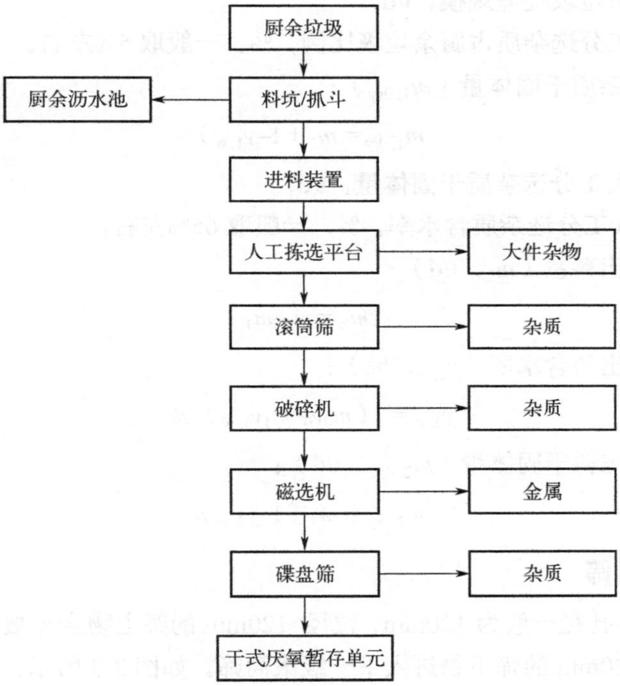

图 3-1 干式厌氧典型工艺流程

3.2 工艺计算

3.2.1 预处理系统计算

（1）人工分选系统

厨余垃圾经人工分选系统后，粒径较大且不易破碎的重质物如玻璃、包装、纺织物被分离出来，如图 3-2 所示。

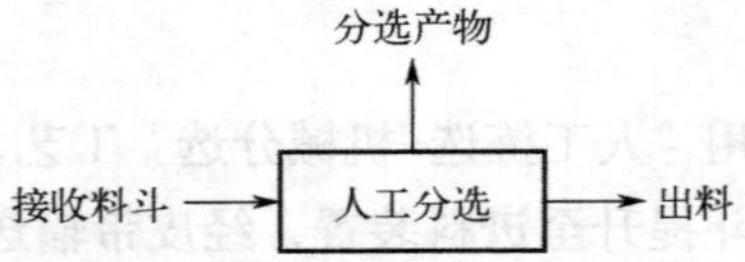

图 3-2 人工分选系统流程

① 人工分选杂质量（m_1）：

$$m_1 = m_0 y_1 \tag{3-1}$$

式中 m_1——人工分选杂质量，t/d；

m_0——厨余垃圾处理规模，t/d；

y_1——人工分选杂质占厨余垃圾比例，%，一般取 5%左右。

② 人工分选杂质干固体量（$m_{1,\mathrm{dry}}$）：

$$m_{1,\mathrm{dry}} = m_1 (1-y_{1,\mathrm{w}}) \tag{3-2}$$

式中 $m_{1,\mathrm{dry}}$——人工分选杂质干固体量，t/d；

$y_{1,\mathrm{w}}$——人工分选杂质含水率，%，一般取 65%左右。

③ 人工分选出料量（m_2，t/d）：

$$m_2 = m_0 - m_1 \tag{3-3}$$

④ 人工分选出料含水率（$y_{2,\mathrm{w}}$，%）：

$$y_{2,\mathrm{w}} = (m_0 y_0 - m_1 y_{1,\mathrm{w}}) / m_2 \tag{3-4}$$

⑤ 人工分选出料干固体量（$m_{2,\mathrm{dry}}$，t/d）：

$$m_{2,\mathrm{dry}} = m_2 (1-y_{2,\mathrm{w}}) \tag{3-5}$$

（2）一级滚筒筛

一级滚筒筛的孔径一般为 120mm，粒径>120mm 的筛上物全部被筛选出作为杂质外运处置；粒径≤120mm 的筛下物进入下一级滚筒筛。如图 3-3 所示。

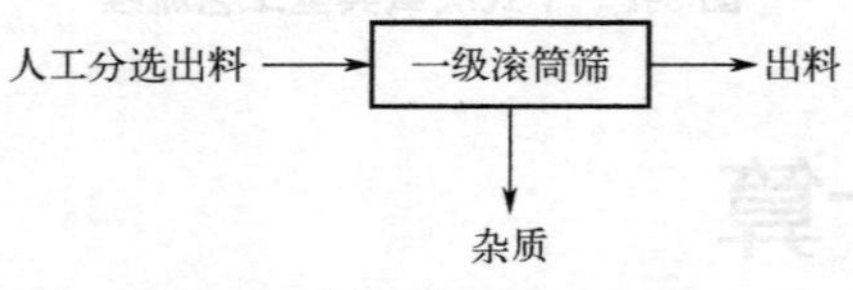

图 3-3 一级滚筒筛流程

① 一级滚筒筛杂质量（m_3，t/d）：

$$m_3 = m_2 y_3 \tag{3-6}$$

式中　y_3——一级滚筒筛杂质占其入筛干固体量比例，%，一般取14%。

② 一级滚筒筛杂质干固体量（$m_{3,\,dry}$，t/d）：

$$m_{3,\,dry}=m_3\,(1-y_{3,\,w})\tag{3-7}$$

式中　$y_{3,\,w}$——一级滚筒筛杂质含水率，%，一般取60%。

③ 一级滚筒筛出料量（m_4，t/d）：

$$m_4=m_2-m_3\tag{3-8}$$

④ 一级滚筒筛出料含水率（$y_{4,\,w}$，%）：

$$y_{4,\,w}=(m_2y_{2,\,w}-m_3y_{3,\,w})/m_4\tag{3-9}$$

⑤ 一级滚筒筛出料干固体量（$m_{4,\,dry}$，t/d）：

$$m_{4,\,dry}=m_4\,(1-y_{4,\,w})\tag{3-10}$$

（3）二级碟盘筛

二级碟盘筛的孔径一般为40mm，粒径≥40mm 的筛上物经破碎机破碎后再经过磁选机将铁质金属分离回收，其余物质再经过二级碟盘筛筛选；粒径<40mm 的筛下物进入干式厌氧系统。

① 二级碟盘筛杂质量（m_5，t/d）：

$$m_5=m_4y_5\tag{3-11}$$

式中　y_5——二级碟盘筛杂质占其入筛干固体量比例，%，一般取0.3%。

② 二级碟盘筛杂质干固体量（$m_{5,\,dry}$，t/d）：

$$m_{5,\,dry}=m_5\,(1-y_{5,\,w})\tag{3-12}$$

式中　$y_{5,\,w}$——二级碟盘筛杂质含水率，%，一般取5%。

③ 二级碟盘筛出料量（m_6，t/d）：

$$m_6=m_4-m_5\tag{3-13}$$

④ 二级碟盘筛出料含水率（$y_{6,\,w}$，%）：

$$y_{6,\,w}=(m_4y_{4,\,w}-m_5y_{5,\,w})/m_6\tag{3-14}$$

⑤ 二级碟盘筛出料干固体量（$m_{6,\,dry}$，t/d）：

$$m_{6,\,dry}=m_6\,(1-y_{6,\,w})\tag{3-15}$$

3.2.2　厌氧消化系统计算

预处理系统出料进入厌氧发酵罐，有机物发酵降解，产生沼气和剩余沼渣。

① 有机物降解量（m_7，t/d）：

$$m_7=m_{6,\,dry}y_{7,\,dec}\tag{3-16}$$

② 未降解有机物量（m_8，t/d）：

$$m_8 = m_6 - m_7 \tag{3-17}$$

③ 沼气产量（Q_9，m^3/d）：

$$Q_9 = 1000 m_7 y_9 \tag{3-18}$$

④ 沼气质量（m_9，t/d）：

$$m_9 = 0.001 \rho_9 Q_9 \tag{3-19}$$

⑤ 消化产物质量（m_{10}，t/d）：

$$m_{10} = m_6 - m_9 \tag{3-20}$$

⑥ 消化罐理论容积（V，m^3）：

$$V = m_6 t / \rho_6 \tag{3-21}$$

式中 $y_{7,dec}$——有机物降解率，%，取值 60%；

y_9——降解的有机物的产气率，m^3/kg，取值 $0.90m^3/kg$；

ρ_9——沼气的密度，kg/m^3，取值 $1.35kg/m^3$；

ρ_6——预处理出料浆料的密度，kg/m^3；

t——消化停留时间，d，高温时一般为 20～25d。

消化罐实际容积应考虑产气负荷的波动，留有一定的余量，建议消化池设计容积乘以 $K = 1.1$ 的安全系数。

3.2.3 沼渣脱水系统计算

发酵后产生的消化产物需添加药剂后进行脱水处理，产生的沼液进入污水处理系统处理，沼渣填埋或焚烧处理，如图 3-4 所示。

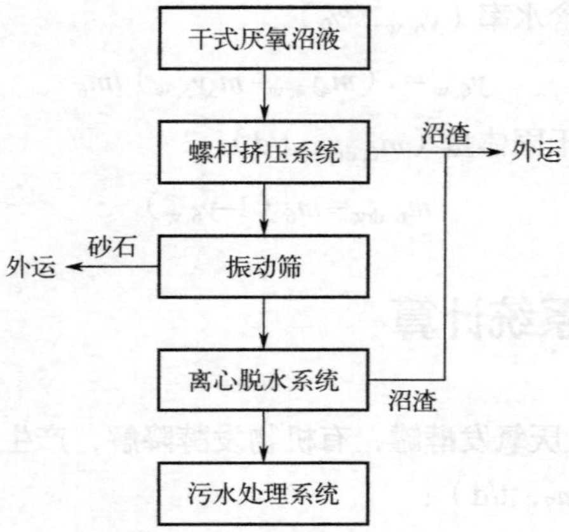

图 3-4 沼渣脱水工艺流程

① 药剂添加量（m_{11}，t/d）：

$$m_{11}=m_8 y_{11} \tag{3-22}$$

② 加药耗水量（m_{12}，t/d）：

$$m_{12}=m_{11} y_{12} \tag{3-23}$$

③ 脱水总干固体量（m_{13}，t/d）：

$$m_{13}=m_8+m_{11} \tag{3-24}$$

④ 需脱水总量（m_{14}，t/d）：

$$m_{14}=m_{10}+m_{11}+m_{12} \tag{3-25}$$

式中 y_{11}——脱水添加的药剂占未消化干固体比例，%，一般取值 0.4%；

y_{12}——自来水与药剂的质量比，一般取值 500。

沼液和沼渣的排出温度为 30℃，沼液含水率和沼渣含水率的经验值分别为 99.8%、80%，根据质量守恒定律列方程组可求出脱水后沼液和沼渣的质量。

3.2.4 消化罐供热系统计算

为了能使厌氧发酵系统维持在要求的温度，以保证消化过程的顺利进行，需对消化罐进行加热。

供给消化罐的热量主要包括使进料温度提高到要求值的耗热量，补充消化罐盖、罐壁、罐底及管道的热损失，以及从热源到消化罐及其他构筑物沿途的热损失。

厨余垃圾预处理过程中，分离出的回水温度约为 55℃，考虑到散热的影响，需要设置冷却器将回水温度降至约 37℃。因此，厨余垃圾厌氧消化罐不需要配置供热系统，但罐体需保温，本节内容可供厌氧消化罐供热系统设计参考。

3.2.4.1 消化罐的耗热量

（1）提高进料温度的耗热量

为将消化罐的进料加热到所需要的温度，每小时的耗热量（Q_1，W）：

$$Q_1=\frac{V'}{24}\times(t_D-t_S)\times1163 \tag{3-26}$$

式中 Q_1——进料的温度升高到消化温度的耗热量，W；

V'——每日投入消化罐的物料量，m^3/d；

t_D——消化温度，℃；

t_S——进料温度，℃。

当 t_S 采用全年平均进料温度时，计算所得 Q_1 为全年平均耗热量；
当 t_S 采用日平均最低的进料温度时，计算所得 Q_1 为最大的耗热量。

（2）消化罐的散热量

消化罐的散热量取决于消化罐的结构材料和池型，不同的结构材料有不同的传热系数。从减少散热损失考虑，最经济的消化罐型式是直径与深度相等的圆柱形罐体。

消化罐罐体散热损失的热量表示为

$$Q_2 = \sum (FK)(t_D - t_A) \times 1.4 \tag{3-27}$$

式中 Q_2——消化罐向外界散发的热量，即罐体耗热量，W；
F——罐盖、罐壁及罐底的散热面积，m^3，根据消化罐尺寸参数计算；
t_A——罐外介质温度（空气或土壤），℃；
K——罐盖、罐壁、罐底的传热系数，W/（m^3·℃）。

当罐外介质为大气时，需按全年平均气温计算全年平均耗热量。当计算最大耗热量时，可参考《工业建筑供暖通风与空气调节设计规范》（GB 50019—2015），按累年平均每年不保证 5d 的日平均温度作为冬季室外计算温度。传热系数按式（3-28）计算。

$$K = \frac{1}{\frac{1}{\alpha_1} + \sum \frac{\delta}{\lambda} + \frac{1}{\alpha_2}} \tag{3-28}$$

式中 α_1——内表面对流换热系数，W/（m^3·℃）；
α_2——外表面对流换热系数，W/（m^3·℃），介质为空气时 α_2 = 3.5 ~ 9.3W/（m^3·℃），介质为土壤时 α_2 = 0.6 ~ 1.7W/（m^3·℃）；
δ——罐体各部分结构层、保温层厚度，m；
λ——罐体各部分结构层、保温层热导率，W/（m·℃），混凝土或钢筋混凝土罐壁的 λ 值为 1.55W/（m·℃）。

（3）加热管、热交换器等散发的热量

$$Q_3 = \sum (KF')(t_m - t_A) \times 1.4 \tag{3-29}$$

式中 Q_3——加热器、蒸汽管、热交换器等向外界散发的热量，W；
K——加热器、蒸汽管、热交换器等的传热系数，W/（m^3·℃）；
F'——加热器、蒸汽管、热交换器等表面积，m^2；
t_m——锅炉出口和入口的热水温度平均值，或锅炉出口和罐子入口蒸汽温度的平均值，℃。

当计算消化罐加热管的全长、热交换器套管的全长及蒸汽吹入量时，其最大耗热量（Q_{max}）按式（3-30）计算。

$$Q_{max} = Q_{1max} + Q_{2max} + Q_{3max} \tag{3-30}$$

3.2.4.2 换热器

消化罐采用罐外循环加热，罐外循环加热是指将罐内物料抽出，加热至要求的温度后再打回罐内。循环加热方法采用的热交换器有套管式、管壳式、螺旋板式三种，前两种较常见。

工程中常采用套管式热交换器，一般内管采用不锈钢管，外管采用铸铁管。物料在内管中流动，流速一般为 1.5～3.0m/s。热水在内外两层套管中沿与内管物料相反的方向流动，热水流速一般为 1.0～1.5m/s。物料和热水都是强制循环，故设备传热系数较高。此外，设备置于池外，清扫和修理比较容易。

套管的长度用下式求得：

$$L=\frac{Q_{\max}}{\pi DK\Delta t_{\mathrm{m}}}\times 1.4 \tag{3-31}$$

式中 L——套管的总长，m；

$Q_{\max}$——消化罐的最大耗热量，W；

D——内管的外径，m；

K——传热系数，W/（m^3 • ℃），约 698 W/（m^3 • ℃），也可按式（3-32）计算。

$$K=\frac{1}{\dfrac{1}{\alpha_1}+\dfrac{1}{\alpha_2}+\dfrac{\delta_1}{\lambda_1}+\dfrac{\delta_2}{\lambda_2}} \tag{3-32}$$

式中 α_1——加热体至管壁的对流换热系数，W/（m^3 • ℃），一般可选用 3373 W/（m^3 • ℃）；

α_2——管壁至被加热体的对流换热系数，W/(m^3 • ℃)，一般可取值 5466W/(m^3 • ℃)；

δ_1——管壁厚度，m；

δ_2——水垢厚度，m；

λ_1——管子的热导率，W/（m • ℃），钢管为 45～58W/（m • ℃）；

λ_2——水垢的热导率，W/（m • ℃），一般选用 3.3～3.5W/（m • ℃）；

当计算新换热器时，δ_2/λ_2 可不计，而对该式乘以 0.6 进行校正。

对数平均温差（Δt_{m}，℃）按式（3-33）计算：

$$\Delta t_{\mathrm{m}}=\frac{\Delta t_1-\Delta t_2}{\ln\dfrac{\Delta t_1}{\Delta t_2}} \tag{3-33}$$

式中 Δt_1——换热器入口物料温度（t_{s}）和出口热水温度（t'_{w}）之差，℃；

Δt_2——换热器出口物料温度（t'_{s}）和入口热水温度（t_{w}）之差，℃。

如果物料循环量为 Q_{s}（m^3/h），热水循环量为 Q_{w}（m^3/h），t'_{s} 和 t'_{w} 可按式（3-34）和式（3-35）计算。

$$t_s' = t_s + \frac{Q_{max}}{Q_s \times 1000} \quad (3\text{-}34)$$

$$t_w' = t_w - \frac{Q_{max}}{Q_w \times 1000} \quad (3\text{-}35)$$

式中　t_w——入口热水温度，℃一般采用 60～90℃。

当为全日供热时，所需的热水量 Q_w 按式（3-36）计算：

$$Q_w = \frac{Q_{max}}{(t_w - t_w') \times 1000} \quad (3\text{-}36)$$

Q_w——所需热水量，其温度一般采用 60～90℃。

3.2.4.3　供热设备

当供热设备选用蒸汽锅炉时，锅炉容量按式（3-37）计算：

$$G_l = \frac{G(I - I_1)}{l} \quad (3\text{-}37)$$

式中　G_l——锅炉容量（即蒸发量），kg/h；

I——饱和蒸汽焓，J/kg；

I_1——锅炉的给水焓，J/kg；

l——常压时 100℃的水汽化潜热，J/kg，取值 3356J/kg；

G——实际蒸发量，kg/h。

$$G = \frac{Q_{max}}{I_2} \times (1.4 \sim 1.5) \quad (3\text{-}38)$$

式中　Q_{max}——最大耗热量，W/h；

I_2——常压下锅炉产生蒸汽的焓，J/kg。

3.2.4.4　保温设计

为减少消化罐、热交换器及热力管道外表面的热损失，一般均应敷设保温结构。保温层一般设在主体结构层的外侧，保温层外设有保护层，二者组成保温结构。

导热系数小、密度小、吸水性小，且具有一定机械强度和耐热能力的材料，一般均可作为保温材料，常用的有泡沫混凝土、膨胀珍珠岩等。目前，聚苯乙烯泡沫塑料、聚氨酯泡沫等也被用作保温材料。

消化罐保温结构采用两种以上的保温材料时，其传热系数应按式（3-28）计算。保温结构的总厚度应使热损失不超过允许数值。$K \leqslant 1.16\ W/(m^3 \cdot ℃)$时，说明保温性能良好。

在计算消化罐保温层的厚度时，应将消化罐分为罐盖、罐壁与空气接触部分、罐壁与土壤接触部分、罐底与土壤接触部分、罐底与地下水接触部分，分别按每一部分钢筋混凝土厚度及保温层厚度计算传热系数 K，按传热系数允许值，确定保温层厚度。固定盖消化罐各部分的传热系数，当能满足以下数值时认为其保温结构厚度是合适的：

① 罐盖传热系数　$K \leqslant 0.8W/(m^3 \cdot ℃)$；

② 罐壁传热系数　$K \leqslant 0.7W/(m^3 \cdot ℃)$；

③ 罐底传热系数　$K \leqslant 0.53W/(m^3 \cdot ℃)$。

固定盖形式的消化罐罐体为钢筋混凝土时，各部分保温材料的厚度也可按式（3-39）简化计算：

$$\delta_B = \frac{1000 \times \frac{\lambda_B}{K} - \delta_G}{\frac{\lambda_B}{\lambda_G}} \tag{3-39}$$

式中　δ_B——保温材料的厚度，mm；

λ_G——罐顶、罐壁及罐底部分钢筋混凝土的热导率，$W/(m \cdot ℃)$；

K——各部分热导率允许值，$W/(m \cdot ℃)$；

δ_G——各部分钢筋混凝土结构厚度，mm；

λ_B——保温材料热导率，$W/(m \cdot ℃)$。

热交换器及热量管道的保温结构已有通用图纸，一般可参考《全国通用动力设施标准图集》。

选用保温材料时，首先应考虑介质温度，再决定保温材料制品及黏结剂的种类。消化罐一般可选用导热系数低的保温材料，不仅保温效果好，而且用料也少。

保护层的作用是避免外部的水蒸气、雨水及潮湿泥土中的水分进入保温材料，增加导热系数，降低保温效果；避免保温材料受到机械损伤，使外表平正、美观、便于涂色。常用的保护层有石棉砂浆抹面、砖墙、金属铁皮、铝皮、铝合金板及压形彩色钢板等。

3.2.5　沼气利用系统计算

沼气在利用前需进行净化处理，并设置储气设施，调节产气和用气的关系。沼气通过池顶沼气管汇集后，至沼气净化单元进行脱硫及过滤处理，净化后的沼气进入沼气柜储存，通过沼气柜后的增压机房送至各用气单元。

3.2.5.1 沼气净化单元

沼气净化单元的作用是降低沼气中 H_2S 的含量，减少沼气对后续设备的腐蚀，延长设备的使用寿命，同时减少沼气余热利用后烟气对大气环境的污染。

目前，脱除沼气中 H_2S 的方法很多，一般可分为干法和湿法两大类。对于沼气中含硫量较高的气源，通常采用湿法与干法串联使用。湿法相当于粗脱硫，干法相当于精脱硫。湿式脱硫塔的脱硫效率可达到 80%～90%；干式脱硫塔通常要求进气的含硫量低于 0.1%，出气的含硫量＜0.003%。

沼气净化工艺流程为消化产气→湿式脱硫塔→过滤器→干式脱硫塔→低含硫量沼气。

由 3.2.2 部分中计算出的沼气产量 Q_9，同时考虑产气高峰变化系数（建议取 1.1～1.3），可确定需净化的沼气总量。根据单套沼气净化设备的处理能力，可确定湿式喷淋塔、过滤器和干式脱硫塔等处理设备的数量。

3.2.5.2 沼气发电

厌氧消化产生的沼气，部分供厂内锅炉燃烧生产蒸汽，剩余沼气可用于沼气热电联供或提纯制备压缩天然气。

可利用沼气量可利用下式进行计算。

1）生产系统供热量

预处理系统、除臭系统、沼气净化系统等在运行过程中可能会用到一定量的蒸汽。假定除厌氧系统以外，其余生产系统所需的总热量为 Q_{tre}（W）。

2）消化罐供热量

根据 3.2.4 部分论述的消化罐的散热量，可以计算出整个消化罐所需的热量。

消化罐所需热量（Q_{dig}，W）：

$$Q_{dig} = Q_1 + Q_2 + Q_3 \tag{3-40}$$

消化罐供热水量（$m_{dig,hw}$，kg/h）：

$$m_{dig,hw} = \frac{1.1 \times 3.6 Q_{dig}}{\left(t_g - t_h\right) c_w} \tag{3-41}$$

式中 1.1——消化罐供热安全系数；

t_g——消化罐设计供水温度，℃，常取值 95℃；

t_h——消化罐设计回水温度，℃，常取值 70℃；

c_w——水的比热容，4.187kJ/（kg・℃）。

沼气锅炉产生的是 1 MPa 饱和蒸汽（180℃），而消化罐供热源为 95℃的热水，因此需通过汽水换热器将蒸汽热量转移给水，需要的饱和蒸汽量按式（3-42）计算：

$$m_{\text{dig, vap}}=\frac{3.6Q_{\text{dig}}}{\left(h_{\text{sat,vap}}-h_{\text{w}}\right)\eta_{\text{ex}}} \tag{3-42}$$

式中 $m_{\text{dig, vap}}$——换热器需要的饱和蒸汽量，kg/h；

$h_{\text{sat, vap}}$——1MPa 饱和蒸汽的焓，3777.1kJ/kg；

h_{w}——锅炉回水的焓，kJ/kg；

η_{ex}——换热器的热效率，%，取值 90%。

3）可利用沼气量

整个系统所需的供热量（Q_{tot}，W）：

$$Q_{\text{tot}}=Q_{\text{tre}}+Q_{\text{dig}} \tag{3-43}$$

折合需要消耗沼气量（$Q_{\text{met, con}}$，m^3/h）：

$$Q_{\text{met, con}}=\frac{3.6Q_{\text{tot}}}{h_{\text{met}}\eta_{\text{b}}} \tag{3-44}$$

式中 $Q_{\text{met, con}}$——整个系统的沼气消耗量，m^3/h；

Q_{tot}——系统所需供热量，W；

h_{met}——沼气（CH_4 含量为 55%）的热值，30090kJ/m^3；

η_{b}——锅炉的热效率，%，取值 90%。

厌氧系统产生的沼气量扣除自身消耗量，即为可利用的沼气量（$Q_{\text{met, lft}}$，m^3/h）：

$$Q_{\text{met, lft}}=Q_9-Q_{\text{met, con}} \tag{3-45}$$

3.2.5.3 沼气热电联供计算

由可利用的沼气量、沼气的热值、沼气发电机的电效率和热效率，可计算出沼气发电及供热功率。

发电功率（Q_{e}，kW）：

$$Q_{\text{e}}=Q_{\text{met, lft}}h_{\text{met}}\eta_{\text{e}}/3600 \tag{3-46}$$

供热功率（Q_{h}，kW）：

$$Q_{\text{h}}=Q_{\text{met, lft}}h_{\text{met}}\eta_{\text{h}}/3600 \tag{3-47}$$

式中 η_{e}——沼气发电机电效率，%，取值 38%；

η_{h}——沼气发电机热效率，%，取值 50%。

第4章 厨余垃圾预处理工艺

- 预处理要求
- 典型城市厨余垃圾组成特征
- 预处理工艺

4.1 预处理要求

我国地域辽阔，居民生活习惯差异大，在垃圾分类收集、分类运输和末端处理设施方面各地发展不平衡，但总体而言，经过近年的大力推广，我国城市生活垃圾分类工作已经取得长足的进步。各地厨余垃圾共同的特征主要表现为有机质含量高、可生化性好，但季节性变化大、含水率高、组成复杂等。相较于其他处理工艺，干式厌氧消化工艺具有较高的罐内含固率、物料容杂率和预处理工艺流程相对简单等特点，因此国内厨余垃圾更适合采用干式厌氧消化工艺。

为确保干式厌氧消化安全稳定运行，厨余垃圾预处理过程中需要将不适宜厌氧消化的杂质异物从厨余垃圾中分离出来，降低杂质异物对干式厌氧系统的干扰。例如，厨余垃圾中容易缠绕搅拌设备的大件纺织物、塑料和长条状杂物等，以及容易在罐内沉积、造成堵塞的大块陶瓷、玻璃、骨头、贝壳和金属等异物。同时，还要调节厨余垃圾预处理后的理化指标，包括粒径、含固率、挥发性固体含量等，以保证干式厌氧消化工艺稳定高效运行。

总体而言，干式厌氧对厨余垃圾的预处理要求比湿式厌氧低，干式厌氧对预处理的要求主要包括杂质含量、物料粒径以及厨余垃圾含固率等参数的控制。垃圾分类不同水平下的厨余垃圾，厌氧消化后的沼渣性状也有较大差别，如图 4-1 所示（书后另见彩图）。

(a) 未分类垃圾　(b) 简单分类垃圾　(c) 精细分类垃圾

图 4-1　不同品质垃圾原料经过干式厌氧消化后的干化沼渣性状

（1）杂质

大粒径的金属、石块、陶瓷碎片、玻璃、砂土、衣物、大塑料桶和瓶子等杂质容易引起干式厌氧进出料设备、搅拌机械的卡堵故障，最终导致干式厌氧无法正常运行；塑料绳、纤维类草秆等长条形杂质容易缠绕设备，同样导致设备运行故障频发。

干式厌氧系统中运行中发现的杂质异物如图 4-2 所示（书后另见彩图）。

(a) (b)

图 4-2 干式厌氧系统运行中发现的杂质异物

（2）粒径

为确保厌氧系统设备的正常运行，不同类型厌氧系统对杂质异物的粒径范围及其占比亦有要求，具体见表 4-1。

表 4-1 不同类型干式厌氧系统对物料粒径和杂质含量的要求

参数	Kompogas（含 TTV）	Strabag	Dranco
进罐物料粒径/mm	<60，平均 40		
直径>2mm 的不可降解物质占比/%	<10		<10
粒径>200mm 的长条状物料占比/%	<10		不能超过输送泵缸径的 2/3

（3）含固率

物料含固率是干式厌氧系统稳定运行的重要指标。物料含固率过低，则厌氧罐内物料容易发生沉淀分层；物料含固率过高，则会增大设备磨损速率或者导致搅拌电机电流（扭矩）过大而引发故障。因此，厨余垃圾预处理后的含固率是预处理环节需控制的重要参数。表 4-2 为不同类型干式厌氧系统对物料含固率的要求。

表 4-2 不同类型干式厌氧系统对物料含固率要求

参数	Kompogas（含 TTV）	Strabag	Dranco
进罐物料含固率/%	25～40	28～40	30～45
罐内含固率/%	16～28		17～35

4.2 典型城市厨余垃圾组成特征

4.2.1 城市 A

城市 A 生活垃圾分类模式以前端“干湿分开”、终端“二次分拣”为主，目前垃圾分类成效已初步显现。参考相关统计资料，2010～2016 年间，城市 A 厨余垃圾有机物平均占比约 74.27%，其余以纸类和橡塑居多，三者累计比例达到 95%以上。具体见表 4-3。

表 4-3 城市 A 厨余垃圾组成变化 单位：%

年份	干基组成											水分
	有机物	纸类	橡塑	纺织	木竹	灰土	陶瓷	玻璃	金属	其他	混合	
2010	73.66	7.55	16.28	1.39	0.10	0	0	0.73	0.28	0	0	72.60
2011	67.80	13.87	15.43	0.07	0.33	0	0.89	1.20	0.39	0	0	68.50
2012	75.48	6.34	14.75	0.06	1.04	0	0	1.77	0.27	0	0.30	70.45
2013	69.78	10.65	12.45	2.62	1.72	0.22	0.51	1.45	0.35	0.12	0.20	63.71
2014	72.67	10.07	13.25	1.64	0.89	0.35	0.07	0.52	0.09	0.06	0.40	72.99
2015	83.44	5.90	3.28	0	5.33	0	0	0.34	0	1.26	0.46	71.61
2016	77.03	7.29	8.24	1.39	0.67	0	0	4.41	0.42	0	0.07	72.10
均值	74.27	8.81	11.95	1.02	1.44	0.08	0.21	1.49	0.26	0.21	0.20	70.28

2021 年，城市 A 某厂厨余垃圾资源化利用预处理与厌氧发酵系统启动调试。由于前端垃圾分类收集效果不佳，城市 A 厨余垃圾中仍混合部分生活垃圾。图 4-3 为城市 A 某厂厨余垃圾实拍样本（书后另见彩图）。

(a) 集贸市场 (b) 家庭垃圾

图 4-3 调试期间城市 A 某厂来料

除集中收运外，部分厨余垃圾采用直运模式转运至各资源化利用处置点。厨余垃圾转运车辆具有一定压缩功能，在倾倒厨余垃圾时垃圾车携带约5%的厨余垃圾挤压沥水，沥水中含有少量油脂，如图4-4所示（书后另见彩图），过多的沥水对厨余垃圾的资源化利用造成一定的影响。

图 4-4 城市 A 某厂转运车辆沥水

为了进一步确定厨余垃圾的物化组分，在项目调试阶段进行了58次随机抽样检测，每次厨余垃圾取样量均在40kg以上，结果见图4-5、表4-4。结果表明，有机物是城市A厨余垃圾的主要组成，占比65.5%±10.5%；其次是橡塑类和纺织类，三者累计占比为93%。此外，城市A厨余垃圾中还有调料瓶/盒、废旧衣物、快餐包装物类等杂质（如图4-6所示）。

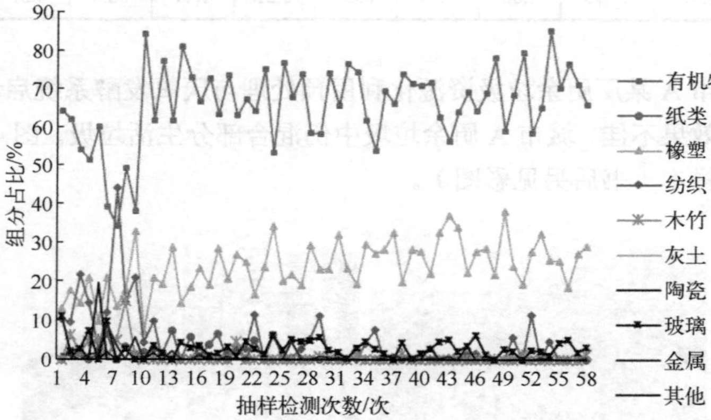

图 4-5 城市 A 某厂厨余垃圾来料组分分析

表 4-4 城市 A 某厂厨余垃圾组分平均值

类型	有机物	纸类	橡塑	纺织	木竹	灰土	陶瓷	玻璃	金属	其他	平均含水率/%
占比/%	65.5±10.5	1.0±1.9	23.7±6.6	4.5±7.6	0.9±2.4	0±0.1	0.3±0.85	3.0±2.3	0.7±1.5	0.4±2.6	69.2±2.1

图 4-6 城市 A 某厂袋装厨余组分分析

4.2.2 城市 B

从垃圾组分来看，城市 B 厨余垃圾中杂质以塑料为主，除 B3 外，其余各区总杂质含量基本不超过 5%，各区厨余垃圾质量总体控制较好。

调研期间，各区厨余垃圾组分调查结果见表 4-5。

表 4-5 厨余垃圾组分调查

城区	物理成分/%									容重/(kg/m^3)	杂质比例/%
	纸类	塑料及泡沫	竹木	布类	厨余	金属	玻璃	渣石	杂质		
B1	0.0	0.9	0.0	0.2	30.8	0.0	0.0	0.0	1.2	850.5	3.7%
B2	0.0	1.3	0.0	0.0	25.9	0.0	0.0	0.0	1.4	864.8	5.0%
B3	0.0	2.5	0.0	0.6	19.3	0.0	0.1	0.0	3.1	643.5	14.0%
B4	0.0	0.9	0.0	0.0	28.3	0.0	0.0	0.0	1.0	895.3	3.3%
B5	0.0	0.7	0.0	0.0	22.6	0.0	0.1	0.4	1.2	752.3	4.9%

依托城市 B 某厨余垃圾处理厂，选取不同时间来料进行取样分析（图 4-7、表 4-6）。分析结果表明，城市 B 实行生活垃圾分类后，厨余垃圾分类准确率及分类品质显著提高，厨余垃圾中基本无竹木、布类、金属、玻璃等组分混入，主要组分为厨余类、塑料及泡沫类，其中有机质含量为 70%～88%，厨余垃圾组分品质极高，对厨余垃圾预处理除杂工段的要求显著降低，有利于厨余垃圾处理工艺的简化，进而利于提高厨余垃圾厌氧产沼资源化利用水平及设施运行效能。

(a) 厨余垃圾

(b) 厨余垃圾分拣原料　　(c) 厨余垃圾分拣有机质　　(d) 厨余垃圾分拣杂质

图 4-7　城市 B 厨余垃圾来料现状、厨余垃圾分拣原料、厨余垃圾分拣有机质以及厨余垃圾分拣杂质

表 4-6　厨余垃圾采样化学特性分析

序号	物理成分/%								容重/(kg/m³)	含水率/%	有机质/%
	纸类	塑料及泡沫	竹木	布类	厨余	金属	玻璃	渣石			
1	0.41	16.84	0	0	81.32	0	0	1.02	755	72.44	73.25
2	0.28	14.66	0.16	0	83.18	0	1.08	0.64	790	77.31	75.16
3	0.77	14.77	0	0	81.36	0	0	3.10	772	76.07	80.17
4	0	12.19	0	0	84.56	0	1.01	2.62	806	81.33	87.22
5	0.51	17.21	0	0	79.65	0	0	2.63	748	73.12	74.22
6	0	16.21	0	0	82.93	0.08	0	0.78	765	85.75	84.38
7	0.23	13.98	0	0	84.13	0	0	1.66	759	83.13	82.11
8	0	16.16	0	0	83.27	0	0.12	0.45	771	70.33	74.88
9	0.25	14.17	0	0	84.13	0	0	1.45	762	80.78	83.51
10	0.36	12.98	0	0	85.10	0	0	1.56	754.12	82.61	85.78
11	0.46	13.81	0	0	83.00	0	0.80	1.93	770.25	84.97	84.86
平均	0.30	14.82	0.01	0	82.97	0.01	0.27	1.62	768.4	79.54	80.50

4.2.3　城市 C

《城市 C 生活垃圾分类管理办法》于 2020 年 1 月 6 日开始实施，至 2022 年 7 月某厂调试期间，该市生活垃圾分类效果不明显，来料仍以混合垃圾为主，如图 4-8 所示。来料中主要包含棉被、枕头等大尺寸生活垃圾、麻袋等包装垃圾，以及绿化垃圾、建筑垃圾（含混凝土石块及渣土）等杂质。

(a)

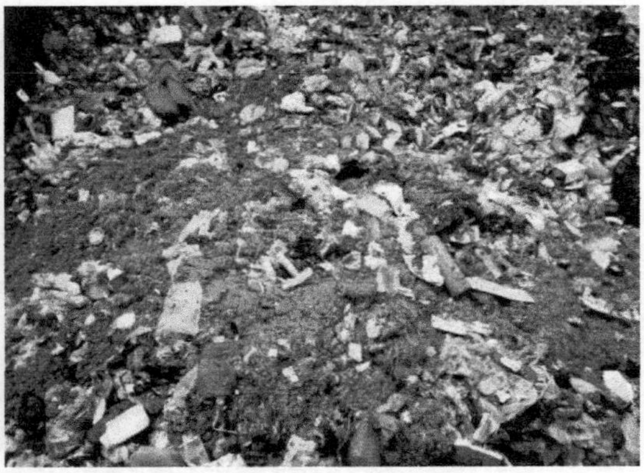

(b)

图 4-8　城市 C 某厂来料现状

调试期间，对破碎后的厨余垃圾样品进行人工分拣分析，结果如表 4-7 所列。城市 C 厨余垃圾中有机物含量较低，湿基厨余垃圾中，塑料、泡沫等轻质无机物占比高达 51.91%，有机物仅占 43.36%，其余杂质为骨头、玻璃、贝壳等重质惰性物，约占 4.73%。如图 4-9 所示。

表 4-7　城市 C 厨余垃圾组成

取样批次	取样量/kg	轻质无机物		重质惰性物		有机物	
		质量/kg	占比/%	质量/kg	占比/%	质量/kg	占比/%
1	22.97	11.97	52.11	0.82	3.57	10.18	44.32
2	19.87	5.97	30.05	1.5	7.55	12.4	62.40
3	17.36	8.25	47.52	0.96	5.53	8.15	46.95
4	23.68	7.25	30.62	4.13	17.44	12.3	51.94
5	14.3	7.06	49.37	0.52	3.64	6.72	46.99
6	18.75	8.37	44.64	0.63	3.36	9.75	52.00
7	13.99	8.115	58.01	0.265	1.89	5.61	40.10
8	21.27	14.46	67.98	0.78	3.67	6.03	28.35
9	19.71	9.85	49.97	1.34	6.80	8.52	43.23

续表

取样批次	取样量/kg	轻质无机物		重质惰性物		有机物	
		质量/kg	占比/%	质量/kg	占比/%	质量/kg	占比/%
10	11.68	4.96	42.47	0.15	1.28	6.57	56.25
11	15.6	9.33	59.81	0.275	1.76	5.995	38.43
12	14.3	9.28	64.90	0.61	4.27	4.41	30.84
13	22.29	12.11	54.33	0.96	4.31	9.22	41.36
14	7.01	5.83	83.17	0	0	1.18	16.83
15	23.13	8.97	38.78	2.23	9.64	11.93	51.58
16	14.86	7.05	47.44	0.53	3.57	7.28	48.99
17	21.59	11.215	51.95	1.135	5.26	9.24	42.80
18	11.57	7.08	61.19	0.19	1.64	4.3	37.17
平均值	17.44	8.73	51.91	0.95	4.73	7.77	43.36

(a) 破碎后物料　(b) 轻质无机物

(c) 重质惰性物　(d) 有机物

图 4-9　城市 C 某厂厨余垃圾来料分拣结果

为验证该厂预处理系统的运行效果，分析了预处理后物料的组分，结果见表4-8。结果表明，该厂预处理系统对塑料、泡沫等轻质无机物有显著的分离能力，湿基占比下降至12.37%，但对骨头、玻璃、贝壳等湿基重质惰性物分离作用不明显，这些物质的湿基占比约为5.5%。此外，剔除杂质后，物料中有机物占比显著提升，预处理后物料中有机物占比提升至82.16%。考虑到干式厌氧消化工艺对进罐物料的含固率和挥发性固体含量要求，进罐湿基物料的平均含固率达到37.37%，挥发性固体含量为66.41%，满足干式厌氧消化进罐要求。相关组分如图4-10所示。

表4-8 城市C某厂预处理后进罐物料组成分析

取样批次	取样量/kg	轻质无机物		重质惰性物		有机物		含固率/%	挥发性固体含量/%
		质量/kg	占比/%	质量/kg	占比/%	质量/kg	占比/%		
1	12.3	1.2	9.76	0.87	7.07	10.23	83.17	44.14	62.38
2	19.2	0.95	4.97	2.28	11.85	15.97	83.18		
3	18.77	1.92	10.25	0.7	3.73	16.15	86.02	36.73	73.81
4	14.3	4.07	28.46	0.84	5.87	9.39	65.66	39.5	51.19
5	22.16	1.4	6.32	1.9	8.6	18.86	85.09	28.84	
6	28.24	2.53	8.96	1.82	6.44	23.89	84.6	38.84	68.21
7	17.64	2.56	14.54	0.96	5.44	14.12	80.02		
8	22.28	3.68	16.52	1.28	5.75	17.32	77.74	34.65	61.7
9	11.23	1.96	17.5	0.47	4.19	8.8	78.32	39.17	61.71
10	20.04	2.9	14.5	0.77	3.82	16.37	81.69	37.2	72.4
11	27.86	4.745	17.03	1.025	3.68	22.09	79.29	28.95	60.37
12	25.44	2.72	10.71	1.4	5.48	21.32	83.81	36.57	71.41
13	19.55	2.01	10.28	0.82	4.22	16.72	85.5	34.98	68.14
14	16.24	2.32	14.29	0.51	3.14	13.41	82.57	35.93	65.07
15	24.82	2.8	11.28	1.34	5.38	20.68	83.34	36.31	68.38
16	8.49	0.69	8.12	0.18	2.12	7.62	89.76		
17	7.33	1	13.7	0.59	8.04	5.74	78.25	43.63	66.78
18	16.1	1.44	8.98	0.95	5.9	13.7	85.12	38.33	71.41
19	24.12	2.615	10.84	1.065	4.41	20.44	84.75	44.15	73.23
20	24.02	2.1	8.74	1.43	5.97	20.49	85.28		
21	23.47	3.31	14.1	0.84	3.6	19.32	82.3		
平均值	19.22	2.33	12.37	1.05	5.46	15.84	82.16	37.37	66.41

(a) 预处理后进罐物料　(b) 物料中轻物质

(c) 物料中重物质　(d) 物料中有机物

图 4-10　城市 C 某厂进罐物料中的组分

根据调试期的预处理结果，该厂的厨余垃圾具有以下特点：

① 进厂厨余垃圾中湿基有机物含量仅 43.36%，明显偏低，废塑料、泡沫、玻璃和骨头等杂物含量多，含固率高；

② 经过预处理后的进罐有机物料约占进厂总量的 34%，进罐物料的湿基有机质含量为 82.16%，轻质无机物为 12.37%，重质惰性物维持在 5.46%，进罐物料平均含固率为 37.37%，挥发性固体含量为 66.41%。

4.2.4　城市 D

城市 D 的厨余垃圾分为居民厨余垃圾和公共区域厨余垃圾两大类。居民厨余垃圾是指家庭日常生活中丢弃的果蔬及食物下脚料、剩菜剩饭、瓜果皮等易腐垃圾。公共区域厨余垃圾主要是指农贸市场、超市等产生的腐烂水果、蔬菜、鱼类、禽类等动物内脏等有机垃圾。

4.2.4.1 居民厨余垃圾

对该市中心城区 13 个样本小区进行采样测试与分析，得到该市居民厨余垃圾中有机物的含量在 59.8%～83.5%，平均比例为 68.5%；可回收物（包括纸张类、橡塑类、纺织类、木竹类、玻璃类、金属类）占厨余垃圾总量的 13.3%～33.6%，平均比例为 23.5%；有害类占厨余垃圾总量的 0～1.2%，平均比例为 0.31%；残留垃圾占厨余总量的 1.42%～14%，平均比例为 7.74%。如图 4-11 所示（书后另见彩图）。

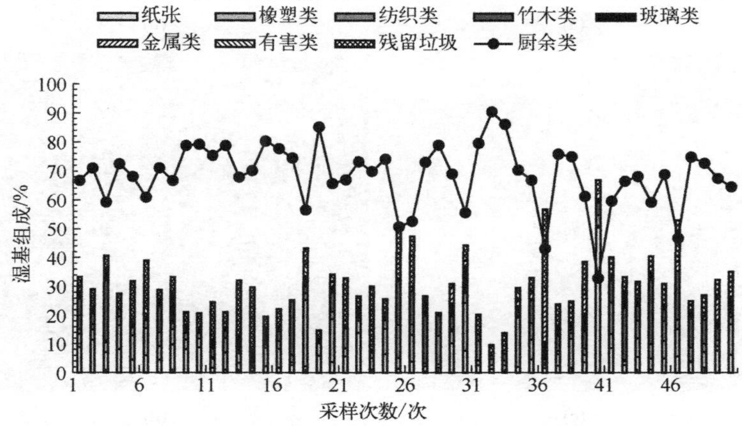

图 4-11 城市 D 某厂居民厨余垃圾组成分析

4.2.4.2 公共厨余垃圾

该市中心城区公共厨余垃圾主要包括超市和农贸市场两个部分的有机垃圾，如图 4-12 所示。

根据调查数据测算，每家超市平均日产生垃圾 1.43t，其中有机垃圾占比为 86.0%，有机垃圾主要是菜叶、果皮等；其他垃圾的比例为 14.0%，包括塑料袋、纸板等。

根据调查数据测算，每个农贸市场周日的平均垃圾清运量为 6.0t，其中有机垃圾占比为 96.0%，主要是菜叶、果皮、农产品等；其他垃圾占比为 4.0%，包括塑料袋、杂物等。如图 4-13 所示。

该市公共厨余垃圾大部分直接运至收集站，然后再经转运站合并之后进入厨余垃圾处理厂，品质较为稳定，但由于大部分超市和农贸市场没有实施具体的分类，厨余垃圾中仍然存在一些杂物。

图 4-12　城市 D 某厂调查分析过程照片

图 4-13　城市 D 某厂公共厨余垃圾现状

4.3 预处理工艺

4.3.1 城市 A 案例

基于城市 A 厨余垃圾特性，某项目预处理采用“破袋+滚筒筛分+生物质破碎”预处理工艺，工艺流程如图 4-14 所示。

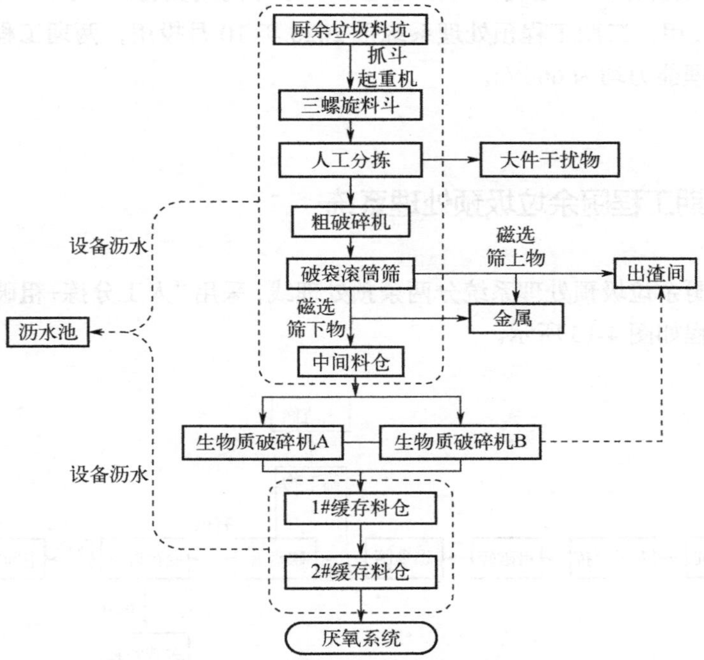

图 4-14　城市 A 某项目预处理工艺流程

厨余垃圾倾倒进入料坑之后，由抓斗起重机送入三螺旋料斗，然后进入人工分拣皮带，经人工分拣出大件物料、泡沫塑料、易碎物品后进入粗破碎机；破碎后物料进入滚筒筛分设备，筛分分离的筛上物经磁选设备分离磁性金属后由螺旋输送机传送至出渣间，筛下物经磁选设备分离出磁性金属后，进入中间料仓；除杂后的物料采用生物质破碎机破碎制浆，可以进一步分离出厌氧有机物料中的惰性杂物，有机浆液通过螺旋输送机进入缓存料仓作为厌氧发酵系统原料，惰性杂物则由螺旋输送设备传送至出渣间与滚筒筛筛上物一起外运处置。预处理工艺需重点管控以下环节。

1）增强沥水

为控制厨余垃圾预处理后物料的含固率，所有物料传送设备均设置了沥水网孔。

2）控制物料粒径

为满足干式厌氧系统进料要求，采用粒径筛分和机械破碎方式，不仅可去除厨余物料中的杂质，还能将有机物料破碎至粒径<40mm。为防止臭气外溢，预处理环节厨余垃圾输送宜采用密闭螺旋，以有效改善车间内的作业环境。

4.3.2 城市B案例

城市B某项目分两期建设，其预处理系统亦分两期实施。一期工程预处理系统于2019年12月投用，二期工程预处理系统于2020年10月投用，两期工程厨余垃圾预处理系统设计处理能力均为600t/d。

4.3.2.1 一期工程厨余垃圾预处理系统

一期工程厨余垃圾预处理系统分两条预处理线，采用“人工分拣+粗破碎+蝶盘筛分”工艺，工艺流程如图4-15所示。

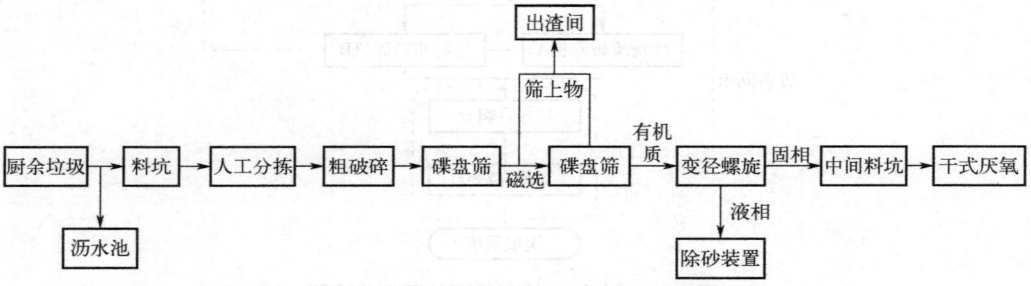

图4-15 城市B某项目一期预处理工艺流程

厨余垃圾进料经人工分拣及粗破碎后，进入碟盘筛机械筛分，筛下物经变径螺杆挤压后固相物进入干式厌氧；同时在粗破碎后设置旁通，当碟盘筛需要检修时粗破碎后物料可通过旁通线进入细破碎，细破碎后的物质经过生物质破碎分离一体机破碎后进行挤压脱水，脱水滤液进入湿式厌氧系统，固相进入干式厌氧系统。

4.3.2.2 二期工程厨余垃圾预处理系统

二期工程厨余垃圾采用“破碎+筛分”预处理工艺，工艺流程如图4-16所示。

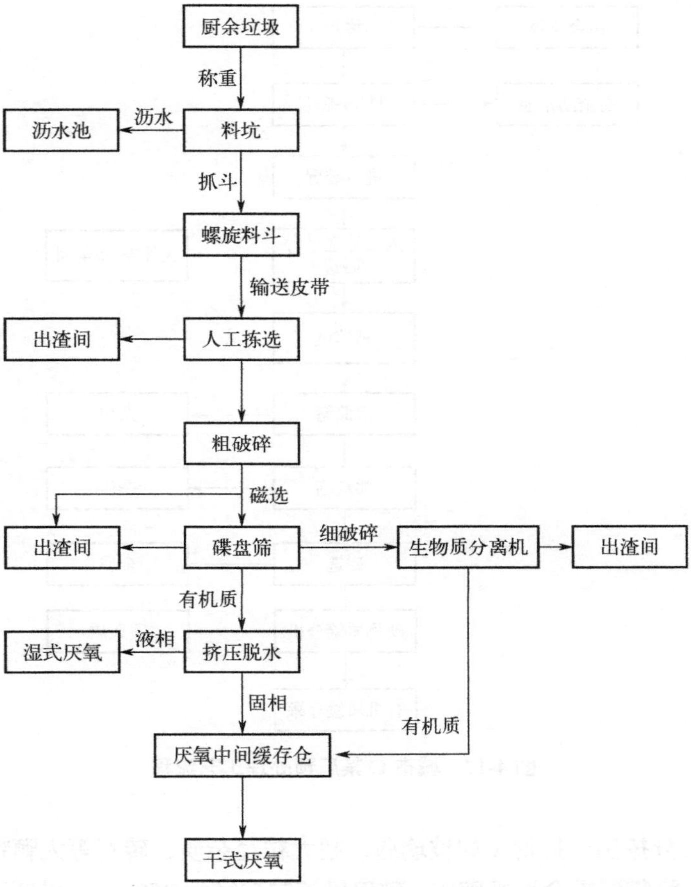

图 4-16 城市 B 某项目二期预处理工艺流程

厨余垃圾由抓斗提升至进料斗，物料通过螺旋提升至人工分拣皮带后进入人工拣选小屋，去除大物质（主要为易碎的瓶子、超大粒径杂质、砖石等大颗粒硬质杂质）后进入粗破碎机；经破碎机处理后的物料粒径约为 200mm，经磁选去除金属物质，磁选后物料经螺旋输送机进入筛网直径为 40mm 的碟盘筛进行筛分，粒径在 40mm 以下的筛下物经过挤压预脱水后直接进入中间缓存仓；为进一步提高有机质的利用率，碟盘筛的筛上物可进入细破碎及生物质分离一体机进行生物质分离，生物质分离一体机（分选、制浆）处理后的有机物料进入中间缓存仓，杂物则由螺旋设备输送至出渣间。

4.3.3 城市 C 案例

根据城市 C 厨余垃圾组分特征，该案例采用“人工分拣+机械分选”预处理工艺，如图 4-17 所示。

厨余垃圾由运输车卸至垃圾料坑，由抓斗提升至板式给料机，经皮带输送机输送至

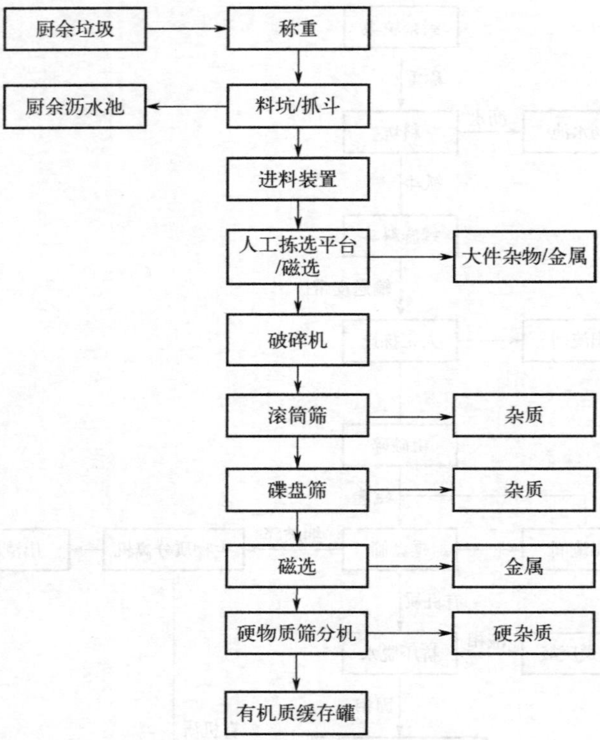

图 4-17 城市 C 某厂预处理工艺流程

人工拣选平台，分拣出干扰物（如玻璃瓶、超大粒径杂质、砖石等大颗粒硬物质），然后送至破碎机，将袋装厨余垃圾破袋，破碎机控制粒径为 250mm，以便进入后续处理设备。滚筒筛筛孔直径为 120mm，筛下物料进入碟盘筛，碟盘筛筛孔直径为 50mm，筛下物以有机质为主，经过硬物质分离器去除石块等硬杂质后，通过输送机进入干式厌氧暂存单元；碟盘筛筛上物与滚筒筛筛上物合并后进入出渣单元。

4.3.4 城市 D 案例

城市 D 某项目设计规模 500t/d，由于城市 D 厨余垃圾的杂质较多，故预处理工艺采用“接料斗+粗破碎+一级筛分（碟盘筛）+二级筛分（滚筒筛）+弹跳皮带+挤压机+细破碎”，如图 4-18 所示。

厨余垃圾通过板式给料机及皮带输送至粗破碎机，经破碎后袋装垃圾基本全部破除，大件物料被撕碎成 250mm 以下尺寸后进入碟盘筛筛选。碟盘筛筛上物料以可回收物及残渣为主，筛下物料以有机质及无机玻璃、砂砾为主。筛上物料经风选回收塑料。碟盘筛筛下物进入二级滚筒筛，进一步筛分出粒径＜60mm 的有机物料。从项目实际运行来看，通过滚筒筛分方式控制物料粒径并不理想，因此后端增设细破碎机对有机物料进行再破碎，最终预处理后的有机物料中，虽然有机质占比较高，但仍含有矿泉水瓶等杂质。如图 4-19 所示。

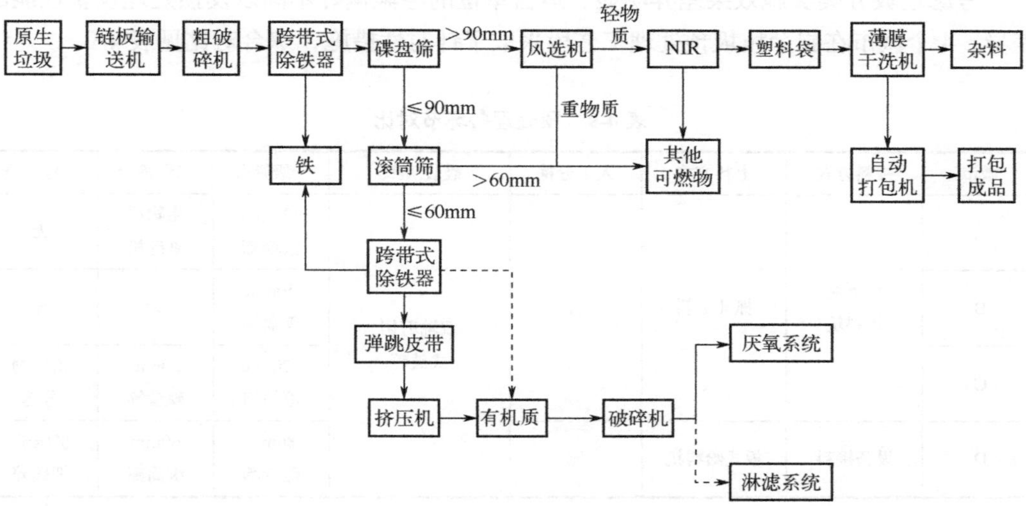

图 4-18　城市 D 某项目预处理工艺流程

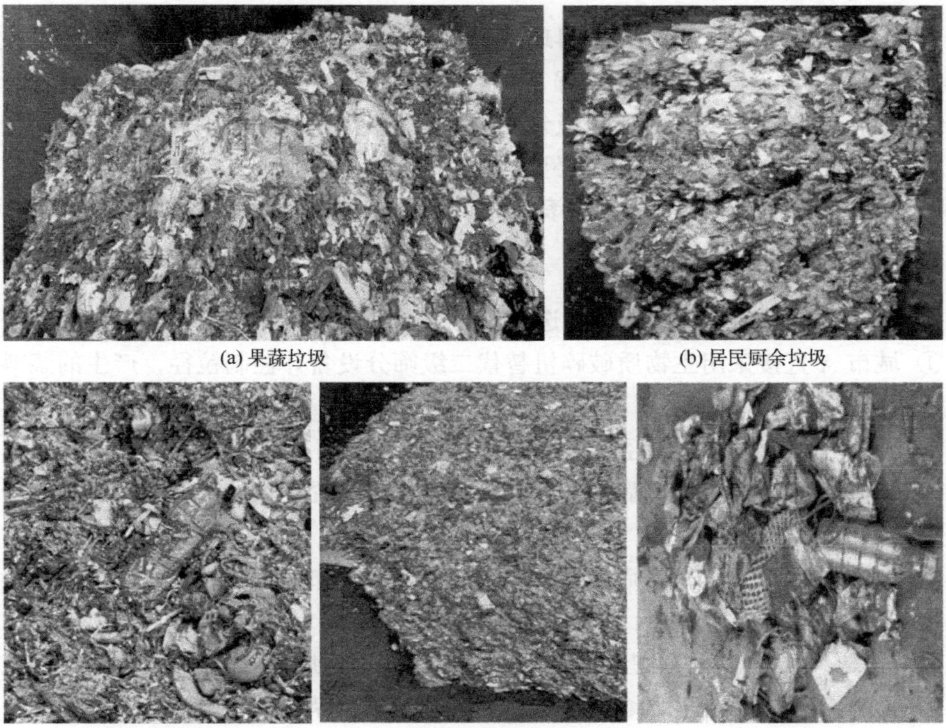

(a) 果蔬垃圾　(b) 居民厨余垃圾

(c) 预处理果蔬垃圾　(d) 预处理厨余垃圾　(e) 分选杂质

图 4-19　城市 D 某项目预处理厨余垃圾效果

4.3.5 预处理工艺对比分析

考虑垃圾分类实施效果差异明显、运营单位的经验偏好不同以及预处理设备性能的差异，4个城市在厨余垃圾预处理工艺段采取了针对性措施，综合对比见表4-9。

表4-9 预处理各环节对比

城市	接料方式	上料方式	人工分拣	破袋/破碎	一级筛分	二级筛分	三级分选
A	地下垃圾料坑	抓斗上料	有	双轴剪切式破碎	120mm滚筒筛	生物质破碎机	无
B					50mm碟盘筛	无	无
C					120mm滚筒筛	50mm碟盘筛	惰性物分选
D	设备接料	板式给料机	无		80mm碟盘筛	60mm滚筒筛	挤压机/细破碎

（1）4个案例相同点

这4个案例中有3个案例在接料环节选择了料坑式接料，与餐厨垃圾采用的设备接料形式不同，该种形式接料能力更强，对干扰物的去除也更加方便。3个案例采用了人工分拣来分离大件干扰物。由于垃圾分类的不可控性，项目运行前期的垃圾品质普遍较差，故采用人工分拣进行干预是有必要的。3个案例均采用了二级筛分工艺，其中2个案例中的一级筛分均选用了120mm滚筒筛，该设备针对混合生活垃圾预分选成熟可靠。

（2）4个案例的区别

在筛分工艺选择上，4个案例的选择有所区别，具体表现在：

① 城市A直接采用生物质破碎机替代二级筛分设备并控制粒径，产生的浆料直接送入干式厌氧系统；

② 城市B的一级筛分粒径控制较严格，因此未采用二级筛分；

③ 城市C经过二级碟盘筛后，再经惰性物分离装置去除小块硬杂质，固相送入干式厌氧系统；

④ 城市D二级采用滚筒筛，同时后端配置了挤压和细破碎，进一步控制物料的含水率和粒径。

综上对比，针对不同干式厌氧工艺，不同项目的预处理工艺组合差异明显，但预处理工艺的目标都是控制粒径和含水率，同时尽可能去除杂质。

第5章

干式厌氧关键工艺设备

- ▶ 预处理系统
- ▶ 厌氧系统
- ▶ 脱水系统
- ▶ 智能化管理

5.1 预处理系统

根据厨余垃圾的组分分析结果，厨余垃圾具有有机质含量高、杂物成分复杂的特点，且各地垃圾分类工作成效不同，使厨余垃圾的组分存在较大的波动性。因此，厨余垃圾的预处理工艺选取应充分考虑来料的复杂性、预处理设备以及干式厌氧消化工艺的适应性，并统筹考虑工艺设备的先进性、可靠性、适应性、经济性、占地等，以期达到下述要求：

① 去除厨余垃圾中的大件干扰物料，减少对设备正常运行的影响。

② 对有利用价值的物料进行回收，如金属、塑料等。

③ 对原料粒径进行筛分、破碎，使其满足干式厌氧进料要求。

④ 对垃圾中的有机物和无机物进行分离，提高有机物纯度，便于有机物实现稳定高效的厌氧消化处理。

从技术的有效性而言来看，不同的分选技术一般适合分选厨余垃圾中的一类或几类物质，总结如表 5-1 所列。

表 5-1 厨余垃圾中各物质适用的分选技术

分选技术	有机物	塑料	纸类	纺织物	剩余物	玻璃	金属	矿物组分	木块	橡胶
粒度分选	适用	适用	适用	适用	适用	适用	适用	适用	适用	适用
气流分选	基本为重物质，适用	基本为轻物质，适用	厨余垃圾中的纸含水，属于重物质，适用	基本属于重物质，适用	基本属于重物质，适用	属于重物质，适用	属于重物质，适用	属于重物质，适用	属于重物质，适用	属于重物质，适用
重介质分选	不适用	不适用	不适用	不适用	不适用	不适用	不适用	不适用	不适用	不适用
跳汰分选	不适用	不适用	不适用	不适用	不适用	不适用	不适用	不适用	不适用	不适用
光电分选	不适用	适用，但昂贵	不适用	不适用	不适用	适用，但昂贵	不适用	不适用	不适用	不适用
电力分选	不适用	适用，但昂贵	不适用	不适用	不适用	不适用	不适用	适用，但昂贵	不适用	不适用
磁力分选	适用于混合物中提纯铁金属，技术成熟									
惯性分选	适合将垃圾混合物按重量分成轻、重两个范围，与气流分选类似									
摩擦与弹跳分选	不适用	不适用	不适用	不适用	不适用	不适用	不适用	不适用	不适用	不适用
浮选	不适用	不适用	不适用	不适用	不适用	不适用	不适用	不适用	不适用	不适用

实际应用中，应根据厨余垃圾中杂质的物理特性差异选择合适的分选技术，以满足后续干式厌氧工艺的进料要求。厨余垃圾分选一般选用粒度分选、气流分选、磁选和惯性分选。气流分选和惯性分选利用了厨余垃圾的重力差异，磁选能分离出厨余垃圾中带磁性的金属，粒度分选按照厨余垃圾的粒径实现分级分离。

我国垃圾分类起步较晚，目前大部分城市收运的厨余垃圾品质参差不齐，且随季节变化而变化。针对分类效果较差的厨余垃圾，其预处理分选工艺宜采用多种分选工艺的组合，以提升整体工艺运行的稳定性。

针对干式厌氧工程，厨余垃圾预处理工艺主要采用“粗破碎+两级筛分”和“粗破碎+碟盘筛+生物质分离机”两种组合流程，下面重点研究组合流程中常用的粗破碎、滚筒筛、碟盘筛、生物质分离机 4 种关键设备。

5.1.1 粗破碎设备

厨余垃圾往往采用塑料袋打包后丢弃，因此，厨余垃圾预处理的第一步是塑料袋破袋。破袋机是一种常用的破袋设备，通过撕扯、剪切或挤压等机械作用，完成塑料垃圾袋的破袋。

破袋机外部及内部构造如图 5-1 所示。

(a) 外部构造

(b) 内部构造

图 5-1 破袋机外部及内部构造

通常情况下，破袋机前端宜配套具有步进给料功能的输送料斗，物料的输送速度可调，以实现破袋和均料。从表 5-2 可以看出，针对不同类型的垃圾，破袋机处理能力差异明显。一般而言，对轻质袋装垃圾的粗破碎能力仅为生活或厨余垃圾的 40%。我国厨余垃圾组成复杂，仅具有单一破袋功能的破袋机在国内应用的案例较少。

表 5-2　不同规格破袋机相关参数

工作宽度/mm	1300	1700	2300
料斗长度/mm	14000		
料斗容积/m^3	9～30	12～40	16～55
电机功率/kW	17～36	22～43	28～52
总质量/t	10～16	12～18	16～22
破袋效率/%	95		
轻质袋装垃圾最大通过量/（t/h）	10	13	20
生活/厨余垃圾最大通过量/（t/h）	24	36	50

粗破碎机又称撕碎机，采用双轴驱动的剪切式撕碎方式，具有破袋和破碎两个功能，适用于厨余垃圾的破碎，对少量的编织麻袋、竹木等也具有较强的剪切破碎功能，因而通过性较强。但对于调料瓶等易碎物品，过度破碎会对后续重杂物的分离造成隐患，因此应尽量避免易碎物质进入粗破碎机。粗破碎机不需要步进式输送装置的配套，在国内应用也较多，破碎后物料粒径一般<250mm。典型粗破碎机技术参数、外观尺寸、实物图以及内部结构分别见表 5-3 和图 5-2～图 5-4。

现阶段我国厨余垃圾成分复杂，破碎机运行一段时间后，刀轴、动刀、护板以及联轴器等运动部件会受到损坏或磨损，从而影响设备的破碎性能。刀轴的更换涉及料斗、刀箱两侧盖板、面上防尘板、定刀压条等部件，设备的检修维护过程较为复杂。因此，在设备的设计和施工安装阶段应综合考虑设备的日常维护保养和巡检观察的便捷性。

表 5-3　典型粗破碎机技术参数

型号	TD1216
马达功率/kW	90kW+90kW
电压/频率/（V/Hz）	380 V/50 Hz
外形尺寸/mm	5776×3526×1246
动刀厚度/mm	60
刀体回转直径/mm	590
动刀数量	26
刀轴直径/mm	266
质量/kg	16750

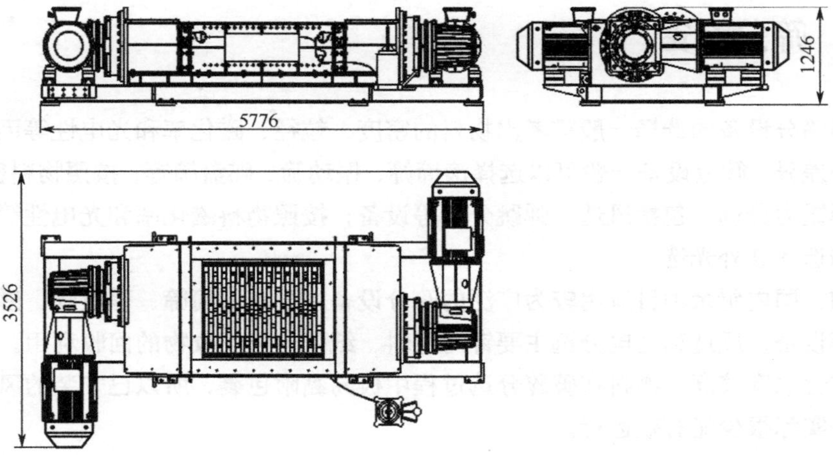

图 5-2 典型粗破碎机外形尺寸图（单位：mm）

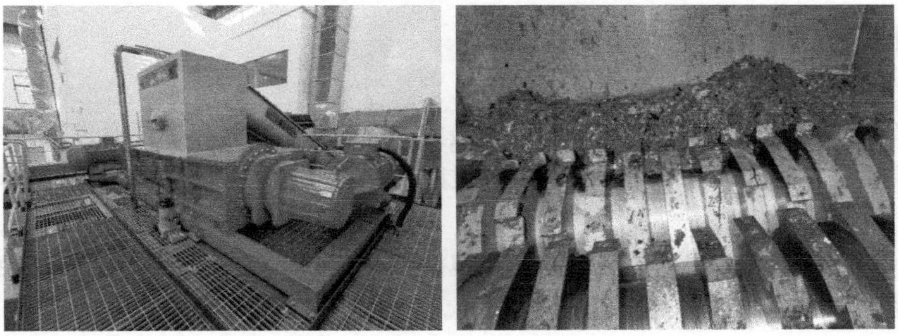

(a) (b)

图 5-3 典型粗破碎机实物与内部构造

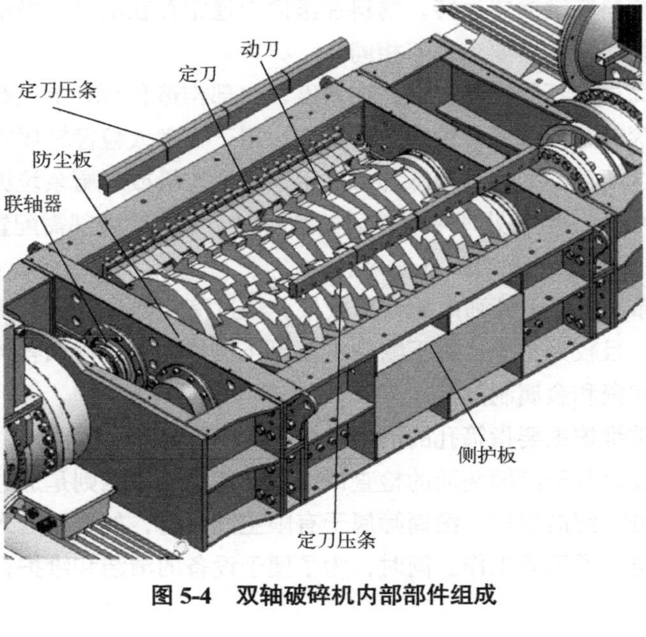

图 5-4 双轴破碎机内部部件组成

5.1.2 筛分设备

物料筛分设备的选择一般需考虑物料的密度、粒径、磁化率和光电性等因素。按照粒径大小差异，筛分设备一般可以选择滚筒筛、振动筛、碟盘筛等；按照物料密度差异，可以选择重力分选，包括风选、弹跳分选等设备；按照物料磁化率和光电性等特性，可以采用磁选和红外光选。

目前，国内厨余项目应用较为广泛的筛分设备主要有滚筒筛、碟盘筛、磁选机、弹跳分选等设备，风选和光电分选主要针对塑料、纸张等可回收物的回收利用。由于厨余垃圾整体含水率较高，物料在破碎分选过程中极易黏附包裹，所以已安装的风选或光电分选设备实际很少能有效运行。

5.1.2.1 滚筒筛

滚筒筛目前是在固体废物分选中应用最为广泛的分选设备，主要通过物料在滚筒内回转运动，在重力作用下，小粒径物质透过筛孔筛下，大粒径的固体则通过滚筒从上方排出。

影响滚筒筛分选效果的主要因素一般包括滚筒筛安装倾角、滚筒转动的速度，以及物料在滚筒内的运转状态、物料的含水率等。滚筒筛安装倾角一般取0°～8°，以4°为主；物料的含固率通常不小于35%，含水率大则物料不易分离，而且杂质异物容易黏附在筛孔四周，使筛孔实际孔径变小，筛孔清洁维护的频率增加。滚筒运转主要通过外部电机驱动，同时带动物料在滚筒内运转。物料在滚筒内通常存在沉落、抛落和离心3种运转状态，针对不同物料特性其要求也不相同。

滚筒筛的滚筒根据不同物料特征，在角度、内部构造和型式上也有所区别。用于处理袋装垃圾时，滚筒筛内部通常设置有破袋刀；用于处理大粒径轻质物料时，滚筒筛不设置破袋刀具，这两种类型的滚筒筛都可以用于生活垃圾或者厨余垃圾的筛分处理，筛孔孔径为60～160mm。用于处理堆肥性质的物料时，滚筒筛内部需配置螺旋形流道，筛孔孔径通常不超过40mm，如图5-5所示。

图5-6为实际物料在滚筒筛内的分离效果。经过滚筒筛分选后，筛上物主要以纺织物和塑料袋为主，且较为干净；筛下物则主要以小粒径的有机物和各种惰性物质，包括小塑料瓶、破碎陶瓷和金属制品等。

滚筒筛的日常维护主要指筛孔的清洁维护。筛孔清洁维护包括外部清洁和内部检查。外部清洁主要通过设置于滚筒侧面的检查口进行，而内部清洁则是通过打开检修门，人员进入滚筒内部进行清洁维护。滚筒筛属于有限空间设备，如需要进入内部清洁，务必提前做好设备断电、通风等工作。同时，为了便于设备的清洁和维护，滚筒筛自身还必须配备必要的保护功能，包括设备现场的急停按钮、设备门限（开检修门、打开侧边清洁观察口时）、设备远程和就地控制柜、滚筒筛内部照明，以及滚筒清洁模式下设备缓动按钮等，以保证设备清洁维护过程中的安全。如图 5-7 所示。

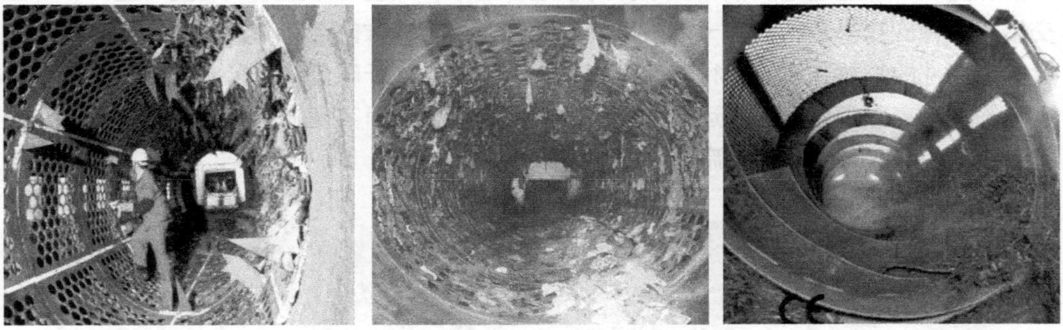

(a)　(b)　(c)

图 5-5　不同物料类型滚筒筛内部构造

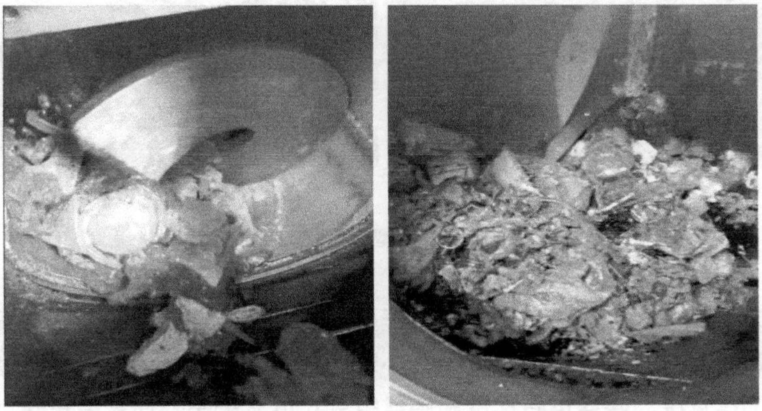

(a) 筛上物　(b) 筛下物

图 5-6　滚筒筛筛上物与筛下物

(a)　(b)

图 5-7　滚筒筛分机的清洁维护

5.1.2.2 碟盘筛

碟盘筛也称为碟形筛、泥石分离机，碟盘筛分为星形碟盘、六角碟盘、三角碟盘、椭圆碟盘等。碟盘通过多根相互平行的轴组合起来，碟盘的布置形式有盘对盘式和碟盘交错式两种。物料从碟盘筛一端投入，沿着碟盘的旋转方向运动。在此过程中，小于碟盘间隙尺寸的物料从两组平行碟盘之间的间隙掉落，大于碟盘间隙尺寸的物料则继续在碟盘筛中沿着碟盘旋转方向运动，最终从上部排出，从而实现物料的选择性筛分。

图 5-8 为不同类型碟盘筛的内部结构。

(a) 六角盘　(b) 三角盘

图 5-8　不同类型碟盘筛内部结构

在固体废物处理领域，碟盘筛主要用于生活垃圾、建筑装修垃圾、陈腐垃圾、有机垃圾的分选筛分，可有效地实现垃圾中细小颗粒与大粒径物料的分选。碟盘筛的处理能力主要与其工作宽度、碟盘运转速度和碟盘组合长度有关系，通常会在碟盘筛前端设置均料滚轴对进入碟盘筛的物料进行均料，确保物料在碟盘筛上均匀补料以提高筛分效率。表 5-4 列出了常规碟盘筛处理能力参数。

表 5-4　常规碟盘筛处理能力参数

工作宽度/mm	800	1000	1200	1500	1800
处理量/（m^3/h）	35～50	40～65	50～80	70～100	80～120
折合处理量/（t/h）	14～20	16～26	20～32	28～40	32～48

注：折合处理量按垃圾密度 $0.4m^3/t$ 计。

碟盘筛处理量通常以单位时间处理垃圾体积计算，如果要按照单位时间处理质量计算，可按照垃圾上设备时的堆积密度进行折算。

图 5-9 显示了碟盘筛实际分选效果，经 45mm×57mm 孔径碟盘筛分之后，不同粒径范围的物料得到了有效的分离，但筛下物（图 5-10）中仍有部分粒径偏大的物料。

(a) 筛上物　　(b) 筛下物

图 5-9　碟盘筛筛上物和筛下物

图 5-10　碟盘筛筛下物物料性状

碟盘筛在处理厨余垃圾过程中，通常会出现设备前端筛上物积渣或者缠绕而影响碟盘正常转动的情况，如图 5-11 所示，需定期对碟盘筛进行清理。因此，碟盘筛通常用于二级筛分。针对干式厌氧系统的二级筛分，碟盘筛的孔径通常控制在 50mm 左右。碟盘筛在处理粒径较大的有机物料（如土豆、水果）时，大粒径果蔬垃圾通常会从筛上物中分选出去，筛分效果不理想。

图 5-11　碟盘筛堵塞

5.1.3　细破碎设备

在厨余垃圾预处理系统中经过滚筒筛、碟盘筛等设备筛分后的厨余有机物料，仍混有部分大粒径的物料，为保障干式厌氧消化系统的稳定运行，有机物料需进一步破碎。目前国内针对干式厌氧应用较多的细破碎设备主要有双轴细破碎机、生物质破碎机两种。双轴细破碎机在结构和原理上与粗破碎机相同，在双轴间隙方面比粗破碎机更小，通常只有 20～30mm。生物质破碎机在国内应用较多的有卧式生物质破碎机和立式生物质破碎机两种。

5.1.3.1　卧式生物质破碎机

卧式生物质破碎机又称生物质研磨/磨浆机，是厨余垃圾预处理系统有机物料破碎研磨的关键设备，广泛应用于有机垃圾研磨制浆。卧式生物质破碎机主要是通过快速运转安装于传动轴上的活动刀锤对有机物进行破碎研磨，并从滚筒筛网网孔掉落出来，难以破碎的纤维、塑料等杂物则从筛网上端排出。破碎机筛网尺寸一般为 20mm×30mm。图 5-12 为卧式生物质破碎机研磨物料的效果示意图。图 5-13 为卧式生物质破碎机与内部筛框。

经过生物质破碎机后得到有机物料和分离杂质，从破碎效果来看，经过破碎之后的有机物料尺寸更加均匀，同时还能分离出部分惰性轻质物，如图 5-14 所示。

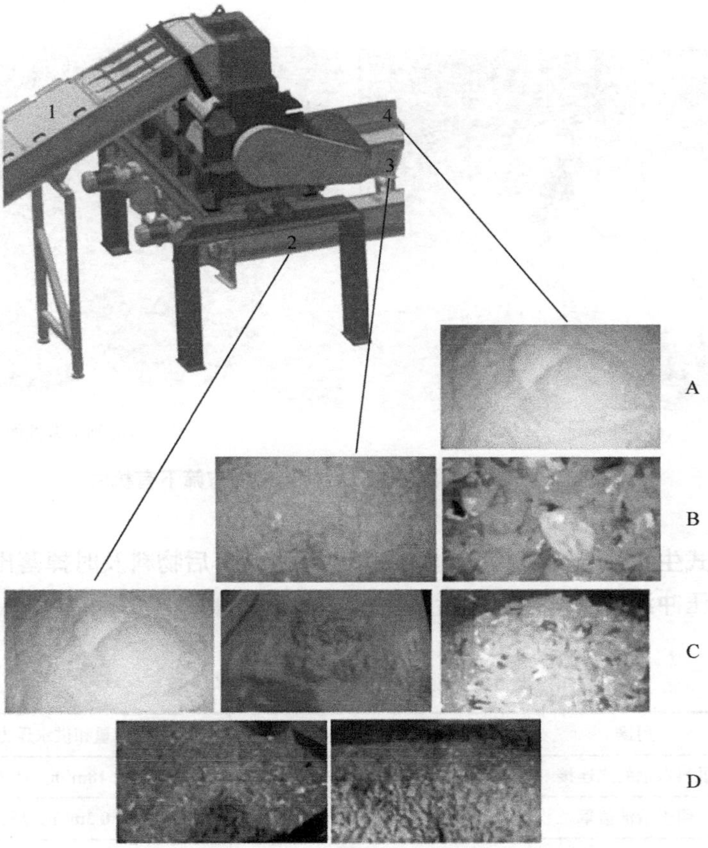

图 5-12　卧式生物质破碎机研磨物料效果

1—进料；2—仅研磨出料（图片 A）；3—有机包装物的研磨和分离出料（图片 B）；
4—袋装物料的精细分离出料（图片 C、D）

(a) 破碎机实物照片　　　　(b) 破碎机外部筛框

图 5-13　卧式生物质破碎机实物与内部筛框

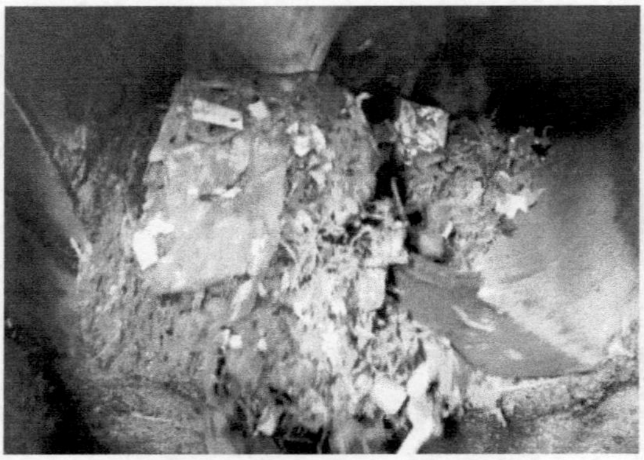

(a) 筛上杂物

(b) 筛下有机物

图 5-14　卧式生物质破碎后筛上杂物与筛下有机物

为保障卧式生物质破碎机筛孔的通畅，以利于破碎后物料及时掉落出筛网，需定期对筛网进行高压冲洗，具体位置和参数要求见表 5-5、图 5-15、图 5-16。

表 5-5　卧式生物质破碎机供水参数

供水接入点	用途	连接方式	供水量和供水压力	备注
1	进料端轴的水连接	插座（厚度为 33.7mm）	供水最大 18m^3/h，压力 2kg	选配
2	用于清洁盖罩	乳制品连接器（DN25）	供水最大 0.3m^3/h，压力 2kg	必选
3	清洁滚筒滤网	GK 连接器	供水最大 2.5m^3/h，压力 2kg	选配
4	出料端的水连接	插座（厚度为 33.7mm）	供水最大 18m^3/h，压力 2kg	选配

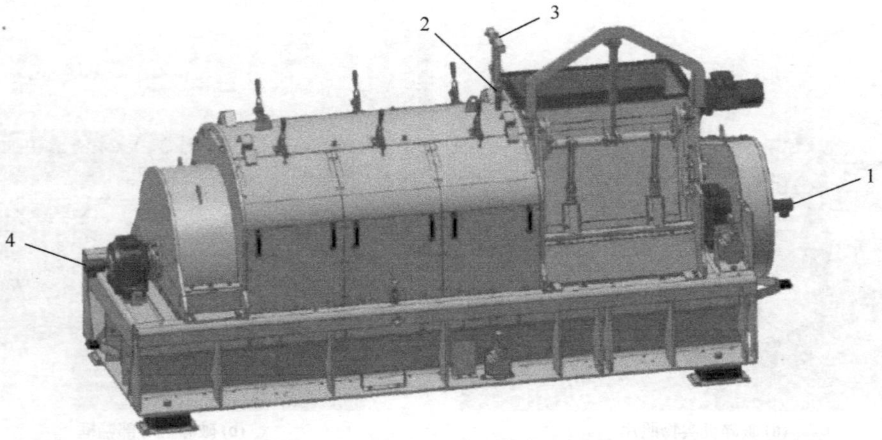

图 5-15　卧式生物质破碎机供水接入点（图中 1～4 对应表 5-5 中供水接入点编号）

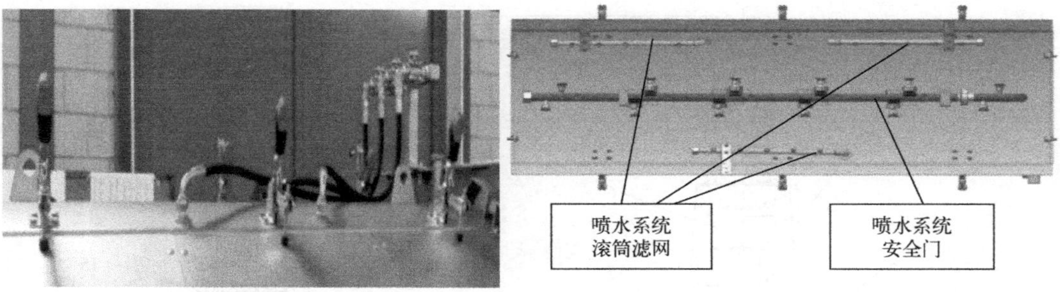

(a) (b)

图 5-16 卧式生物质破碎机关键冲洗点

生物质破碎机在生产过程中可以采用高压冲洗措施将筛孔清洁，但是往往冲洗后堵塞在筛孔上的物料仍然很多，这使得该设备的分选出渣量大大提高，也可能会加剧设备刀轴的磨损。如图 5-17 所示。

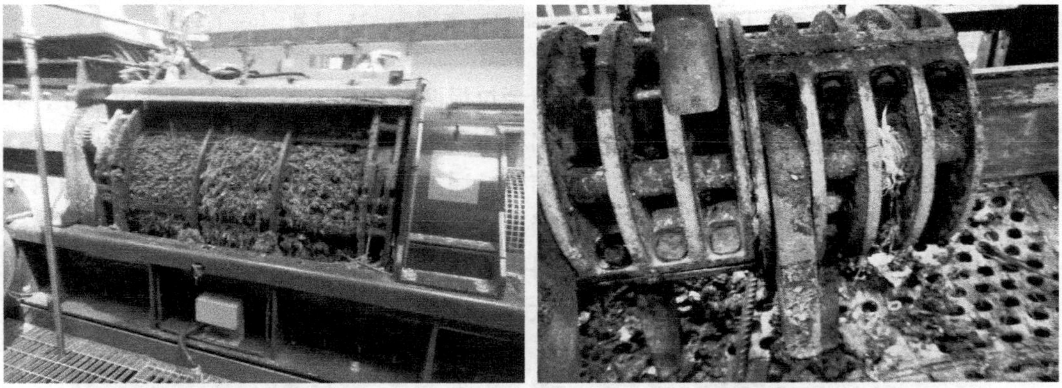

(a) 结束状态 (b) 锤头磨损状况

图 5-17 破碎机生产结束状态和锤头磨损

5.1.3.2 立式生物质破碎机

立式生物质破碎机是利用高速旋转的主轴（主轴上方焊接有向上倾斜呈螺旋排列的桨叶），将垃圾中的有机物料（剩饭、剩菜、菜根、果皮等）打碎制成浆料，通过网笼进入底座箱体；不能打碎的塑料袋、食品包装、废弃餐具、大块骨头被输送至网笼上端出口，被旋转主轴产生的高速气流吹出，进入无机垃圾输送螺旋，然后被打包外运。其主机构成包括料箱底座、机架、主轴组件、网笼组件、浆料螺旋和电气系统，如图 5-18 所示。

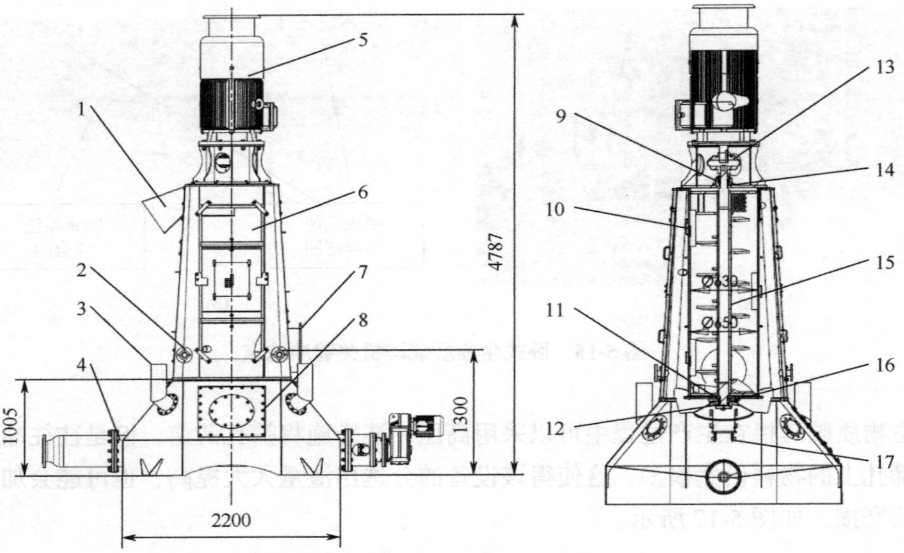

图 5-18　立式生物质破碎机构造（单位：mm）

1—出料口；2—清洗水口；3—进气口；4—浆料螺旋；5—主电机；6—检修门；7—进料口；8—人孔；9—上轴承；10—网笼；11—密封圈 1；12—下轴承 2；13—联轴器；14—密封圈 2；15—主轴；16—下轴承；17—弹簧

立式生物质破碎机一般分餐厨垃圾和厨余垃圾两种系列，根据原料特性的差异，其配备的网孔直径、主轴转速、桨叶角度、出料方式等存在一定差别。

立式生物质破碎机的刀轴类似于搅拌结构，通过搅拌装置的高速旋转将有机物料切碎的同时，借助搅拌桨旋转产生的气流将轻质和少量硬质物带出破碎机。因此，细破碎后得到的筛上物较为干净，而筛下有机物料中的杂质比卧式生物质破碎机筛下物中的杂质多（图 5-19），主要原因还是筛孔孔径大小和破碎机构的差异。

(a) 筛上杂物　　(b) 筛下有机物

图 5-19　立式生物质破碎机运行效果

从图 5-20 可以看出，生物质破碎机都是通过旋转刀轴对厨余垃圾进行破碎和筛分杂物。卧式生物质破碎机的筛网主要采用椭圆形构造，刀轴为活动型式的锤头，当活动型锤头在运动过程中碰到坚硬或大堆物料时会减速或者反向运动，因此卧式生物质破碎机的筛上物中还存在一定量的纤维类杂物；而立式生物质破碎机的筛网为圆形结构，浆叶也是固定在快速旋转的轴承上，浆叶与主轴始终保持相同速度旋转，因此该种类型破碎机破碎后的筛上物中纤维类物质比较少，以轻质塑料和金属物质为主。

(a) 卧式生物质破碎机　　(b) 立式生物质破碎机

图 5-20　卧式和立式生物质破碎机对比

从结构上分析，立式生物质破碎机相对更为简单，维护和零部件更换量少。卧式生物质破碎机的维护和检修更为复杂，摆锤的更换通常都是成套更换，部分更换会对设备的动平衡产生影响。

5.1.4 其他设备

5.1.4.1 板式输送机

板式输送机可输送密度大、粒度较大、磨琢性强的物料，具有适用范围广（黏度特别大的物料除外）、输送能力大、牵引力强度高、输送线路布置灵活、运行平稳可靠等特点。板式输送机主要由受料料斗、头部驱动装置、尾轮装置、拉紧装置、链板以及机架和均匀布料机组成（图 5-21）。

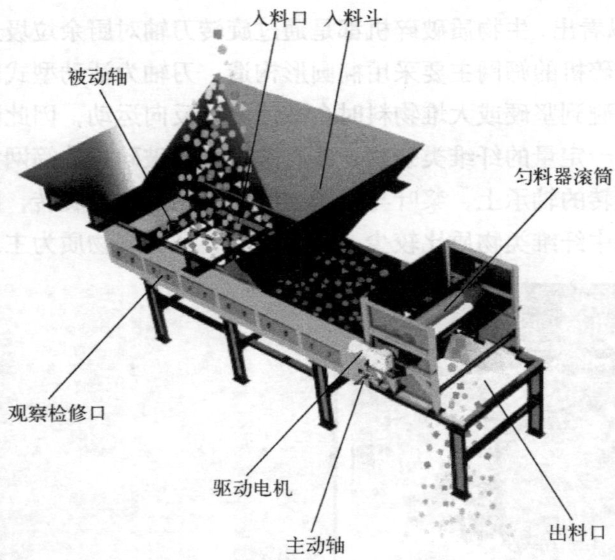

图 5-21　板式输送机结构

板式输送机根据输送槽宽度和中心距长度以及给料速度可以分轻型、中型和重型板式输送机三种规格。其中轻型板式输送机的给料速度不超过 0.4m/s，物料通过粒度 <100mm，密度≤1200kg/m^3；中型板式输送机的给料速度≤0.25m/s，物料通过粒度 <400mm，密度≤2400kg/m^3；重型板式输送机给料速度≤0.2m/s，物料通过粒度<0.8 倍料槽宽度，密度≤2400kg/m^3。

厨余垃圾处理项目通常选择轻型或者中型板式输送机。当厨余垃圾进入料斗后，电机减速机带动链轮转动，从而带动链板上物料不断前进，输送至布料机位置均匀布料，实现物料的均匀输出。

链板输送机与三轴螺旋输送机比较，链板输送机的适应性更强，在均料器的作用下物料输出也更加均匀，但链板输送机存在密封性和漏料及掉渣问题。因此，在安装设计过程中应重点考虑输运机日常清洁以及维保的便捷性。

5.1.4.2　硬物质分离器

硬物质分离器由入料检修护罩、调节导流板、滚筒组支架、滚筒、滚筒驱动电机、头道刮板、二道刮板、支腿等部分组成（图 5-22）。其工作原理是快速输送皮带将碟盘筛筛下物送入硬物质分离器，并撞击物料挡板，物料中的硬物质被反弹而落到硬物质出料口，有机物等柔性物料则掉落在滚筒表面，在滚筒的旋转带动下进入有机物出料口，从而实现有机物料中坚硬物质的分离。

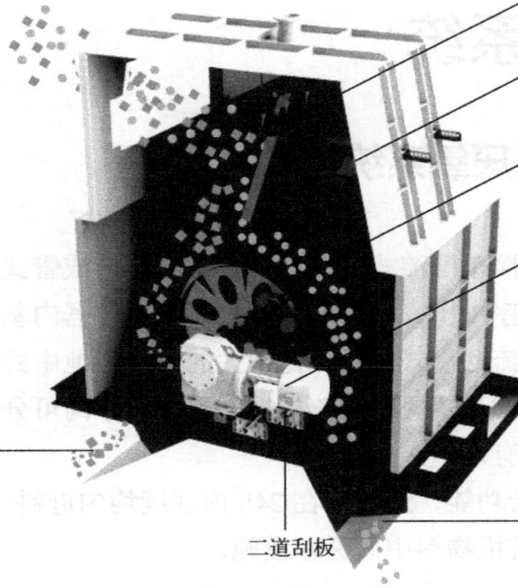

图 5-22 硬物质分离器结构

■硬物质；●软物质

表 5-6 列出了典型硬物质分离器性能参数。

表 5-6 典型硬物质分离器性能参数

名称	尺寸	滚筒转速	减速机型号
硬物质分离器	B1660mm×ϕ1200mm	0～20r/min	减速器：TKAT108-V11-4P-72.2-M1 电机：11kW/4 极/B5 法兰安装/380V/50Hz

从实际运行来看，硬物质分离器并没有将有机物中的硬物质有效分离出来，分析可能有以下几个方面的原因：

① 物料在快速皮带上过于集中。快速皮带输送机的最大速度只有 2m/s，存在物料堆积的情况；另外，快速皮带输送机前端为螺旋输送机，螺旋输送机的来料落点过于集中，因此物料在皮带输送机上不能被均匀摊铺；快速皮带输送机缺少均料辊，不能把物料均匀散布于快速皮带输送机上。

② 物料破碎后游离水增多导致分离效果不理想。

综上所述，考虑各预处理核心设备特点，针对厨余垃圾预处理工艺建议如下：a.当分类质量相对较差时，干式厌氧预处理采用“粗破碎+滚筒筛+碟盘筛”组合工艺；b.当分类质量相对较好时，干式厌氧预处理采用“粗破碎+碟盘筛+生物质分离机”组合工艺，可有效实现干扰物的分离，部分未分选的干扰物通过被破碎至一定粒径，不影响干式厌氧消化进程。

5.2 厌氧系统

5.2.1 卧式干式厌氧系统

卧式干式厌氧系统属于推流式反应器，又称活塞流或管式反应器，反应器内的物料按照与进料时相同的顺序排出，物料的排列顺序在反应器内基本保持不变，其停留时间等于理论停留时间；其流动形式与长宽比很大的长条形池中的单向流态相近似，可忽略其纵向的分散流动。卧式干式厌氧系统根据搅拌形式不同可分为单轴搅拌和多轴搅拌，其推流运动特性使其具有以下 2 个特点：

① 不具备搅拌混合功能，进料需在 24h 内连续均匀进料；

② 需设置较大的有机物料中间缓存设施。

5.2.1.1 进料系统

卧式干式厌氧的进料系统通常由中间缓存设施、称重计量装置和进料装置三部分组成。

（1）中间缓存设施

中间缓存设施主要用于有机物料的临时存储，为卧式干式厌氧系统的连续均匀进料提供缓冲空间。其结构有地坑型式、地上钢混凝土或机械装置型式（图 5-23）。地坑型式结构简单、造价低廉，缺点是坑底旧料沉积水解等会引起物料特性变化，需要抓斗等外部装置和操作人员配合；地上钢混凝土或机械装置型式可以实现物料的日产日清，不堆积旧料，可以与称重和进料装置进行连锁实现自动化进料控制，缺点是构造较为复杂，需要配套除臭、沥水、排水等设施，同时维护工作量也较大。

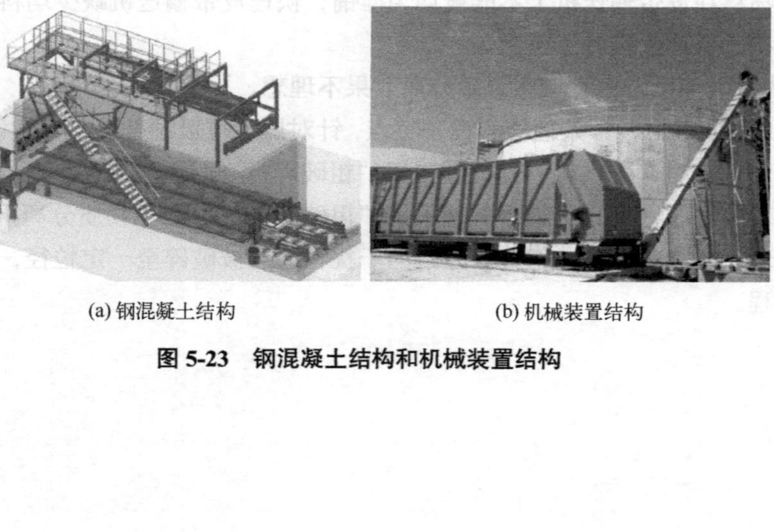

(a) 钢混凝土结构　　(b) 机械装置结构

图 5-23　钢混凝土结构和机械装置结构

（2）称量计量装置

缓存料仓的容积根据需要确定，缓存料仓的出料通常与干式厌氧的进料机构联动运行，通过配套的称重螺旋（或者称重皮带）对进罐物料进行监控。称重螺旋（或者称重皮带）配套 4 个称重传感器以及整平机构，通过整平机构的调节确保 4 个称重传感器受力一致。称重螺旋（或者称重皮带）根据传送速度自动计算称重传感器计量累积，实现进罐物料的准确计量（图 5-24）。

图 5-24　称重螺旋

（3）进料装置

针对地坑式缓存仓库，进料通常采取抓斗计量方式进行，也可以通过配套的小型自动计量料斗实现进罐物料量的定量控制，如图 5-25 所示。

图 5-25　地坑式缓存仓库采用的自动计量料斗

小型自动计量斗是一种底部带有刮板链的传动型式缓存和计量装置，类似于一种带有计量功能的链板输送机和均料器集成系统，可以根据预设进料量，在规定时间内与抓斗进行联动，用以控制自动抓斗的抓料量（抓斗需要不定期校正）和频率。其参数见表 5-7。

表 5-7　自动计量料斗基本参数

参数	单位	数量
单台容量	m^3	9
单台尺寸	m（长×宽×高）	6×3.2×2.5
驱动类型		变频驱动
电机功率	kW/台	11.6
刮板材质		St.52

卧式干式厌氧系统的进料通常有螺旋输送进料和柱塞泵进料两种。其中，螺旋输送进料在国内有两种方式：

① 以 Kompogas 工艺为代表的螺旋输送装置，其端部设置插板阀；

② 以 Strabag 工艺为代表的螺旋输送装置，其端部不设插板阀，通过螺旋套管与罐体预埋法兰进行拼接。

两者差异并不大，单台螺旋输送装置的输送能力都在 10～15m^3/h，但前者设置插板阀在拆卸维护方面相对更为方便。

TTV 干式厌氧工艺采用柱塞泵进料。柱塞泵在输送物料时需要配套缓存料箱和给料器，因此 TTV 干式厌氧将计量、混料的功能集成于混料箱，从而无需使用前述自动计量装置。

柱塞泵进料箱上的称重装置可自动计量物料质量，当物料质量达到 2.5～3.0t 时皮带输送机自动停止进料。进料时料斗内部的混料螺旋一直处于运行混料状态，混料方式采用两条螺旋输送机交替正反转的形式实现，当料斗质量达到设定质量范围、混料时间达到预设时间时柱塞泵设备启动，两条螺旋输送机开始正转给料，相应的阀门根据吸料、排料的控制逻辑向厌氧罐输送物料。直到料箱中物料质量<250kg（单个冲程输送量）时设备才完成干式厌氧的自动进料。柱塞泵适合长距离输送，但由于柱塞泵的扬程限制，物料的含固率通常不能超过 35%。

5.2.1.2　运行机理及控制要求

卧式干式厌氧系统划分为单轴与多轴搅拌两种类型，其控制模式也有所差别，多轴搅拌较为复杂。

单轴搅拌轴沿厌氧罐纵轴整体通长布置，搅拌桨叶的设置类似于螺旋输送叶片（图 5-26），以形成螺旋式运动轨迹。厌氧系统的进料通常设置在搅拌主轴电机的右端，因此搅拌轴一直以顺时针方向运行，其目的是将进罐物料压入并充分混合，避免物料上浮在顶部而降低系统的降解效率。为了提高系统的处理能力和稳定性，厌氧系统末端的污泥回流管道也特意布置于厌氧罐进料端的右边（图 5-27）。

图 5-26　Kompogas 搅拌桨叶断面

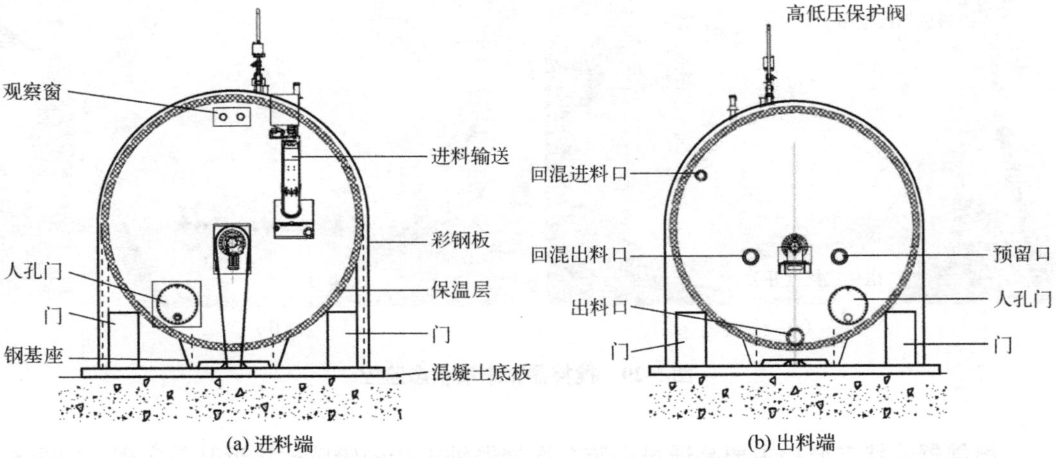

图 5-27　卧式单轴干式厌氧罐进出料端

卧式多轴干式厌氧系统的搅拌桨叶则是按照一定距离均匀布置于干式厌氧罐宽度方向。搅拌轴的数量较多（有 5～11 个），且相邻两个搅拌轴桨叶之间存在一定的交错区域，因此其控制模式较为复杂，如图 5-28 所示。

图 5-28　卧式多轴搅拌实物工程

控制模式方面，卧式多轴搅拌器的控制分进料模式、出料模式、混合模式和推料模式四种，其中进料模式期间，厌氧罐前端第一个搅拌器应处于运行状态；出料模式期间，厌氧罐末端最后一个搅拌轴应处于运行状态。所有搅拌装置无论运行或停止状态均需要实时检测状态和位置。

(a)　　(b)

图 5-29　搅拌器轴末端状态监控

搅拌器的状态监控主要是通过安装在搅拌器轴末端的磁感式接近开关实现，如图 5-29 所示。挡板宽面将任意一个磁感式接近开关的传感器遮挡 1 次，则记录半圈，当记录到预设搅拌半圈数时挡板宽面发出搅拌器停车指示；当两组磁感式接近开关传感器分别被宽窄两个挡板挡住时，搅拌器必须处于停车状态。因此，两片挡板分别起着不同的功能，即当只有一个磁感式接近开关有信号时，只能是宽面的挡板遮挡，此时记录圈数；当两个磁感式接近开关均有信号时，搅拌器必然是垂直状态。

5.2.1.3 出料系统

卧式干式厌氧系统的出料主要分为柱塞泵出料和真空罐出料两种方式。其中柱塞泵出料方式主要应用在 Kompogas 和 TTV 卧式单轴搅拌工艺中。

（1）柱塞泵出料

卧式干式厌氧选用的柱塞泵通常是单缸活塞式柱塞泵，单次出料量通常为 200 L 左右，设计出料量为 10～15m^3/h。卧式单轴干式厌氧罐多采用底部为弧形的构造，因此厌氧罐的出料口只有一个，且该推流工艺没有罐外回流的措施，因此出料量较小，配置的单缸柱塞泵和挤压脱水机系统也比较小。干式厌氧系统的单缸出料柱塞泵可以与螺杆挤压脱水机进行互锁联动，根据螺杆挤压脱水机的运行效率来控制和调节柱塞泵的出料速度。卧式单轴干式厌氧系统出料结构相对简单，如图 5-30 所示。

(a) 出料　　(b) 脱水

图 5-30 卧式单轴干式厌氧系统的出料和脱水

卧式单轴干式厌氧系统的出料系统运行维护主要是柱塞泵及辅助配套的阀门和管道的维护保养工作（表 5-8）。单缸柱塞泵主要由液压缸、防冻冷却水箱/水盒、活塞、泵缸等组成，结构较为简单，日常维护事项也较少。

表 5-8 单缸柱塞泵例行维护事项

事项	频率	指标	解决方案
柱塞检查	每月	水脏	更换柱塞
水位检查	每月	目视	水箱填满
柱塞更换	1～2 年	—	—
液压缸更换	5 年	—	—

上述例行维护事项的时间频率需要依据柱塞泵实际运行状况来调节，例如运行时间、压力和物料性质。通常运行时间越长、压力越大或者物料性质越差，则设备的运行维护频率也越高。

（2）真空罐出料

真空罐出料方式主要用于 Strabag 工艺，真空罐为容积约 4m^3 的密闭容器，操作压力为−0.6～10bar，根据脱水车间高度等设定对应压力参数。真空罐单次排放的物料量较大，因此配套挤压脱水机的缓存罐也应加大，这样才能满足真空出料罐的出料要求。图 5-31 为卧式多轴干式厌氧系统的真空出料与脱水装置。

(a) 出料装置　　(b) 脱水装置

图 5-31　卧式多轴干式厌氧系统的真空出料与脱水装置

Strabag 工艺采用的是底部为平底的长方体反应器结构，因此真空罐出料系统需要配套若干个气动阀门和 1 个液位计、1 个压力表，分别布置于厌氧罐底部 4 个出料口、1 个排料口、1 个真空抽气口、1 个压缩空气口、1 个臭气收集口；高低两个辅助的冲洗口从结构和配套上都比较复杂，如图 5-32 所示。

真空罐出料系统利用真空罐的真空度实现负压抽吸，通过液位控制系统的运行与停止。当厌氧系统需要出料时，首先打开厌氧罐出料阀，然后开启真空泵对真空罐进行抽气，厌氧罐内沼液逐步进入真空罐，液位达到设定的最大值时，停止真空抽吸操作，同时关闭厌氧罐出料阀；然后打开真空罐外排出料阀，同时空气压缩系统开始工作，当沼液外排至设定的最低液位时，关闭空气压缩系统，同时关闭真空罐外排出料阀。至此，系统完成 1 次出料动作。厌氧罐有 4 个出料口，当真空罐出料系统完成 1 次出料动作后自动切换到另一个厌氧罐出料口进行出料。

运行维护方面，真空罐出料系统的核心单元主要是真空泵、压缩机以及配套的阀门和仪表，运行维护较为简单。重点需要关注的主要还是管道堵塞的问题，真空罐出料系统的沼液从底部外排管道排出，然后输送至螺杆挤压脱水机，中间过程连接一个较大的

(a) 系统底部阀门管道

(b) 系统顶部阀门管道

图 5-32　真空罐出料系统底部与顶部阀门管道

弯头，高浓度物料极易在弯头底部沉积，并造成管道堵塞。沼液外排管道应根据提升高度、转角弯等设置冲洗接口，管道连接建议采用法兰连接方式，便于拆卸与维护。

5.2.2　立式干式厌氧系统设备选型及运维要求

立式干式厌氧系统内部没有机械搅拌装置，所有新鲜物料都是通过罐外设备混合以后再泵送进入干式厌氧罐，因此立式干式厌氧系统的进料泵选型都比较大。输送设备一般采用大流量、高扬程的双缸柱塞泵。

柱塞泵是往复泵的一种，属于体积泵。柱塞靠泵轴的偏心转动驱动，往复运动，其吸入阀和排出阀都是单向阀。目前，国内立式干式厌氧领域应用较多的双缸柱塞泵制造商有 Putzmeister 和 Schwing，两者在设备输送能力和类型上差异并不大，仅在阀门类型上有所差别。Putzmeister 双缸泵的切换阀为 S 阀，而 Schwing 的切换阀为裙阀。S 阀和裙阀的构造差异如图 5-33 所示。

S 阀和裙阀都是通过独立的液压系统来完成分配阀的动作，由液压油缸驱动。它们都是被放置在料斗内，工作时左右摆动。正泵的时候，分配阀连通泵送缸和出料口泵管，泵送缸中的活塞在主油缸的推动下将物料推入泵管；反泵的时候，分配阀实现相反的动作。

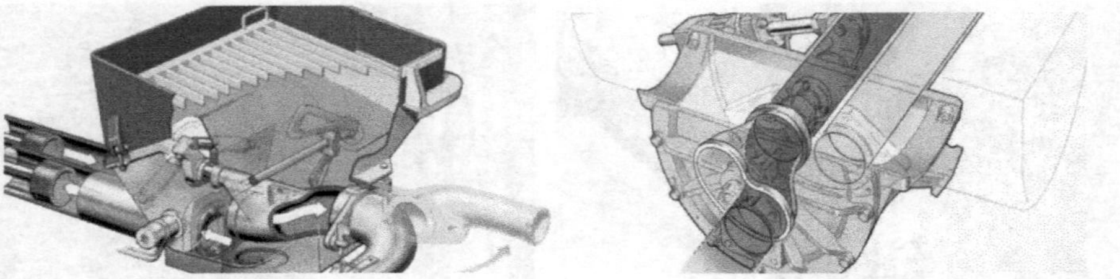

(a) S阀构造　　　　(b) 裙阀构造

图 5-33　S 阀和裙阀的构造差异

相比较而言，S 阀的形状决定了其内部弯曲半径比裙阀的更大。所以，物料在经过 S 阀时，受到的阻力会比裙阀更大。S 阀的使用时间比裙阀要早，并且在使用上比较成熟，所以 S 阀市场占有率比裙阀高。

不管是裙阀型泵还是 S 阀型泵，所输送的物料固体介质特别是硬质物质的粒径都不得超过出口管径的 1/3，否则将损坏阀门。

5.2.2.1　进料与混料系统

立式干式厌氧的进料与混料系统通常采用双缸柱塞泵。双缸柱塞泵具有输送量大、压力高的特点，通过配套输送进料螺旋，既可以实现新鲜物料与回流物料的混合，还可以给柱塞泵提供充足的物料供给，保证物料将柱塞泵腔填满。进料与混料系统常见的结构如图 5-34 所示。

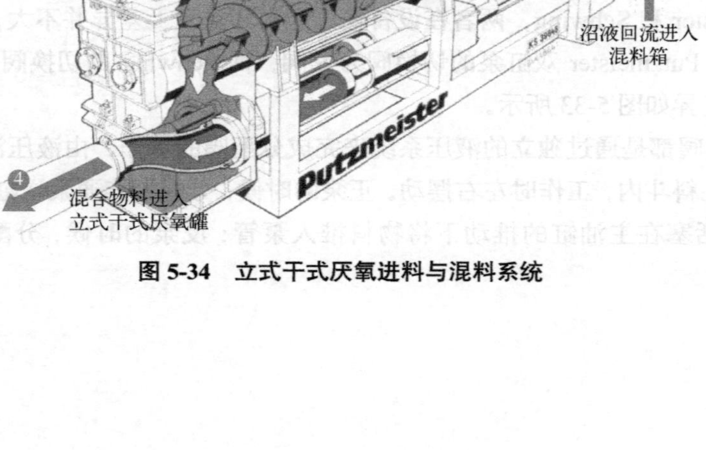

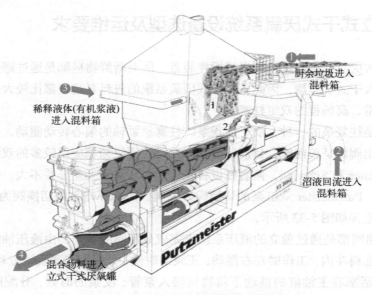

图 5-34　立式干式厌氧进料与混料系统

目前，国外用于立式干式厌氧的双缸柱塞泵的处理能力为 150～170m^3/h，位于德国斯图加特附近的 LEONBERG 有机垃圾处理厂采用的就是这种进料与混料工艺。其工艺流程和进料混合系统如图 5-35 所示。图 5-36 为国外立式进料与混料系统实物图。

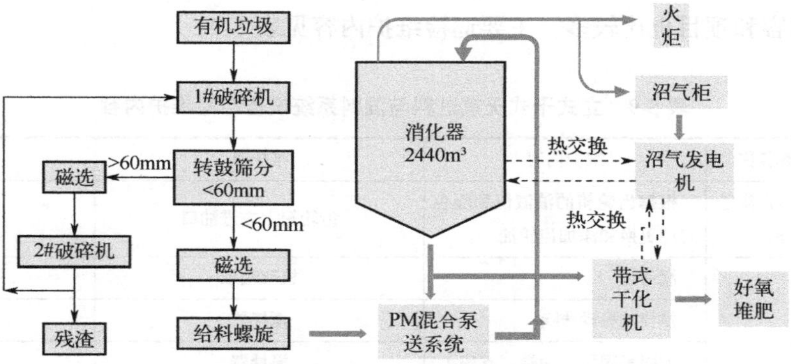

图 5-35　LEONBERG 有机垃圾处理厂工艺流程

图 5-36　国外立式进料与混料系统

注：（1bar = 10^5Pa）

关于柱塞泵及其配套的螺旋进料器的选型，应优先满足系统物料高效输送的要求。针对 Putzmeister 和 Schwing 两种类型的柱塞泵，入口物料粒径不应超过出口管径的 1/5～1/3，配套螺旋进料器的螺旋轴周长应大于最大允许粒径，以避免厨余垃圾中的长条形物质或塑料等对螺旋的缠绕。物料在外部混合后再泵送至厌氧罐内。针对国内极易水解且含固率低的厨余垃圾，建议进料柱塞泵的处理能力应大于新鲜物料每小时处理量的 3 倍以上。在处理能力相同、扬程相当的情况下，柱塞泵的柱塞缸直径大、标准冲程短时，裙阀或者 S 阀的切换时间短，此时有利于降低物料倒流。

立式干式厌氧进料与混料系统的主要设备多位于罐底，包括混料箱、进料螺旋、返料螺旋、出渣螺旋、排砂螺旋以及柱塞泵、液压阀及配套的液压站等。因此，日常巡检和维护的内容和项目也比较多，主要巡检维护内容见表 5-9。

表 5-9　立式干式厌氧进料与混料系统设备巡检维护内容

序号	设备名称	维护内容	维护点	周期
1	各类螺旋输送机	根据齿轮箱的油液位和颜色定期更换和添加齿轮油	齿轮箱上方进油口	每月
2	混料箱	润滑油	机架轴承	每季度
		搅拌轴振动/抖动	搅拌器	—
		加固紧固件（两端、支座）	搅拌器	500h
		轴承温度	所有轴承	每周
		润滑油更换频率： ① 每天使用＜10h，每 6 个月更换 1 次； ② 每天使用 10～24h，每 2500h 更换 1 次； ③ 高温、高湿度环境等恶劣条件下使用，1～3 个月更换 1 次；		
		润滑脂补充/更换频率： ① 每天使用＜10h，3～6 个月补充 1 次，3～5 年更换； ② 每天使用 10～24h，500～1000h 补充 1 次，20000h 更换； ③ 高温、高湿度环境等恶劣条件下使用，按需缩短补充时间，按需缩短更换时间		
3	柱塞泵	（1）检查/紧固裙（S）阀进料仓和防护罩上的紧固螺钉； （2）清洁活塞冷却水箱		每周（50h）
		（1）检查紧固螺钉或接头是否正确、松动（含液压油管）； （2）检查控制块、差动缸、泵筒、油缸、底座上的紧固螺钉是否正确紧固； （3）检查/更换裙阀进料仓中的磨损部件； （4）检查泵送活塞的松紧度/紧固		每月（150h）
		由合格人员进行技术安全检查		每年（2000h）
		首次检查内部和外部装甲，根据检查结果确定时间间隔		6000h
4	液压站	检查油箱内的液压油液位		每周（50h）
		检查液压油风冷机的冷却风扇清洁度		每月（150h）
		检查压力装置		每季（500h）
		更换过滤器（当压差开关响应并向控制室发送信号时）		每半年（1000h）
		（1）更换液压油； （2）温度、压力开关功能检查； （3）容器、控制台和框架的连接紧密性检查/拧紧； （4）由合格人员进行技术安全检查		每年（2000h）

5.2.2.2 立式干式厌氧出料系统

立式干式厌氧的出料量通常取厨余垃圾进料量的 70%～90%，因此出料柱塞泵的流量一般不大。针对输送量小的柱塞泵，应重点关注泵送缸径、标准冲程长度以及阀门型式的差异。

小排量柱塞泵对比分析如表 5-10 所列。

表 5-10　小排量柱塞泵对比分析

品牌型号	类型	最大输送量/（m^3/h）	最大出口压力/bar	最大允许粒径/mm	泵送缸径/mm	标准冲程长度/mm	阀门型式
Putzmeister EKO 14100	单缸	14	40	60	300	700	液压插板阀
Schwing KSP25HP	双缸	15	45	20	180	1000	裙阀

从表 5-10 可以看出，小流量单缸柱塞泵采用液压插板阀与泵体联动的方式实现物料的外排，在处理量相同的情况下单缸柱塞泵泵送缸径较大，因此允许通过的物料粒径明显偏大。这一特性更适合干式厌氧系统的出料和泵送。从结构来看，单缸柱塞泵构造较为简单，便于清洁和维护。当出现管道堵塞的时候，可以通过反向抽吸的方式疏通管道。不同类型的单缸柱塞泵如图 5-37 所示。

(a)　　(b)

图 5-37　不同类型的单缸柱塞泵

5.3 脱水系统

国外干式厌氧脱水系统一般采用螺杆挤压脱水或者振动脱水+螺杆挤压组合脱水工艺，脱水之后的滤液进入沼液储池，沼液作为液态肥用于浇灌周边的农场。与国外干式厌氧不同，国内干式厌氧工程多为环保综合处置工程，通常采用多级脱水工艺，以确保干式厌氧脱水系统出水悬浮物（SS）较低，不影响后端污水处理。多级脱水工艺一般较长，对脱水设备的处理能力和性能提出了更高的要求，例如进水含固率高、运行时间长、聚丙烯酰胺（PAM）和聚合氯化铝（PAC）等药剂消耗量大。

5.3.1 脱水设备

常用的脱水设备和装置主要包括螺杆挤压脱水机、振动脱水机、离心机、沉砂装置和气浮装置等；其中螺杆挤压脱水机多采用国外成套设备，其余设备装置以国产为主。

5.3.1.1 螺杆挤压脱水机

针对干式厌氧工艺脱水工艺特点，螺杆挤压脱水机有高压型和低压型两种。高压型多用于一级脱水，筛网孔径分为 2mm（高压脱水）和 5mm（低压滤水）两段；螺杆挤压脱水机的低压滤水区主要是过滤游离水，提高含固率，高压脱水区主要是通过逐步增大变径螺旋直径来挤压固渣容积，实现高压脱水，如图 5-38 所示。

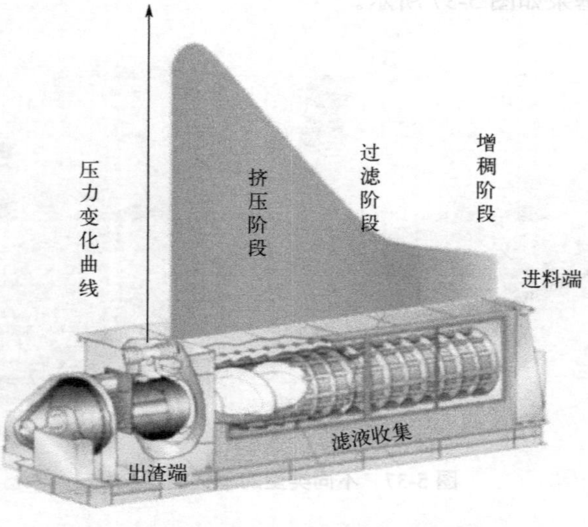

图 5-38　螺杆挤压脱水机压力变化曲线

从图 5-39、表 5-11 可以看出，螺杆挤压脱水机是通过滤水和逐步减小固渣体积来实现固液分离的。因此，脱水物料的性质与设备运行的工况配合调节才能实现系统运行的稳定。具体操作见表 5-12。

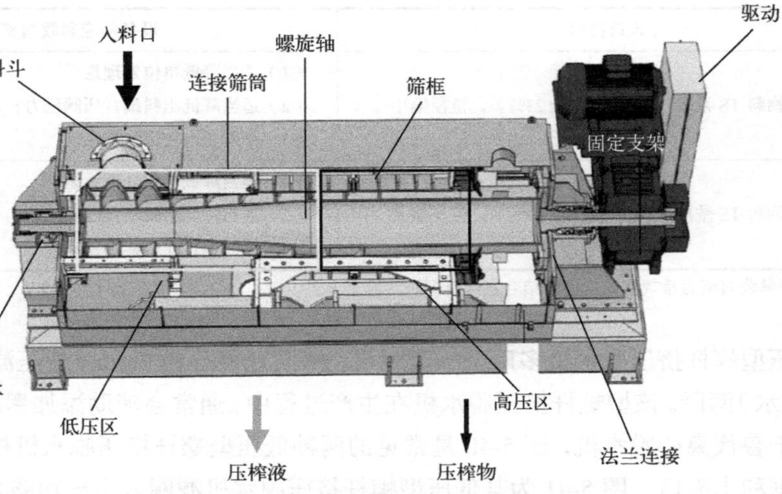

图 5-39　高压型螺杆挤压脱水机构造

表 5-11　高压型螺杆挤压脱水机性能参数

入口物料	发酵后有机垃圾（筛选过的）
单台设备处理量/（m^3/h）	12～15
入口物料 TS 浓度/%	约 20
出口固渣 TS 浓度/%	≥40
扭矩控制/Nm	工作扭矩 168（轴上 22480）
	极限扭矩 251（轴上 33720）
粒径大小/m	≤50
温度/℃	35

表 5-12　挤压脱水机物料与设备参数关系

入口物料	设备相应参数调整
入口物料 TS 浓度过低（如 TS＝15%），粒径合适 入口物料 TS 浓度过低（如 TS＝15%），粒径偏小	（1）适当增加单位处理量； （2）适当降低螺旋转速； （3）适当增加出料端背压阀压力
入口物料 TS 浓度过低（如 TS＝15%），粒径偏大	（1）适当增加单位处理量； （2）适当降低螺旋转速； （3）筛框适当往进料端移动
入口物料 TS 浓度过高（如 TS＝23%），粒径合适	（1）适当降低单位处理量； （2）适当提高螺旋转速； （3）适当减小出料端背压阀压力； （4）筛框适当往进料端移动

续表

入口物料	设备相应参数调整
入口物料 TS 浓度过高（如 TS＝23%），粒径偏小	（1）适当降低单位处理量； （2）适当降低出料端背压阀压力； （3）筛框适当往出料端移动
入口物料 TS 浓度过高（如 TS＝23%），粒径偏大	（1）适当降低单位处理量； （2）适当降低出料端背压阀压力； （3）筛框适当往进料端移动

注：该表参数调整为常规方式，还需结合实际情况确定调整方式。

低压型螺杆挤压脱水机多用于二级脱水，筛网孔径分为 2mm（低压滤水）和 1.5mm（高压脱水）两段。该型螺杆挤压脱水机在生产过程中，通常会辅助添加絮凝剂进行脱水，主要用于替代离心脱水机。图 5-40 是常见的两种低压型螺杆挤压脱水机构造，主要区别在于筛框和出渣口。图 5-41 为某低压型螺杆挤压脱水机滤网大小与功能划分。

目前，国内干式厌氧采用低压型螺杆挤压脱水机替代离心脱水机的应用案例并不多。图 5-42 为某厂使用的低压型螺杆挤压脱水机，其功能与高压型螺杆挤压脱水机类似。

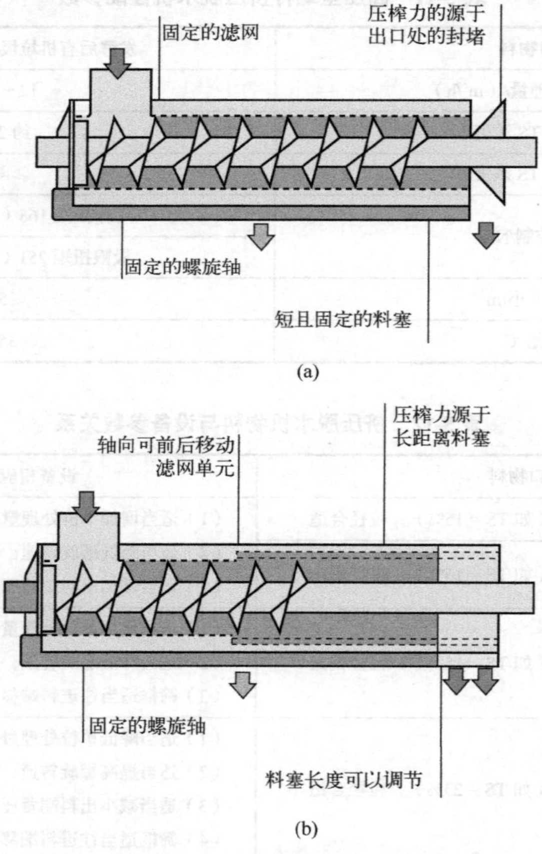

图 5-40　两种低压型螺杆挤压脱水机构造

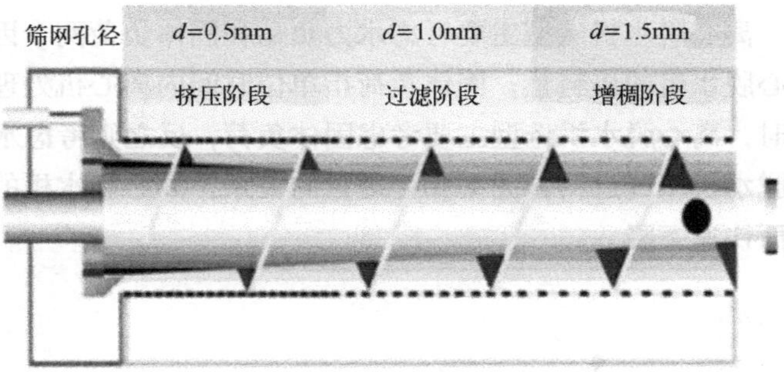

图 5-41　某低压型螺杆挤压脱水机滤网大小与功能划分

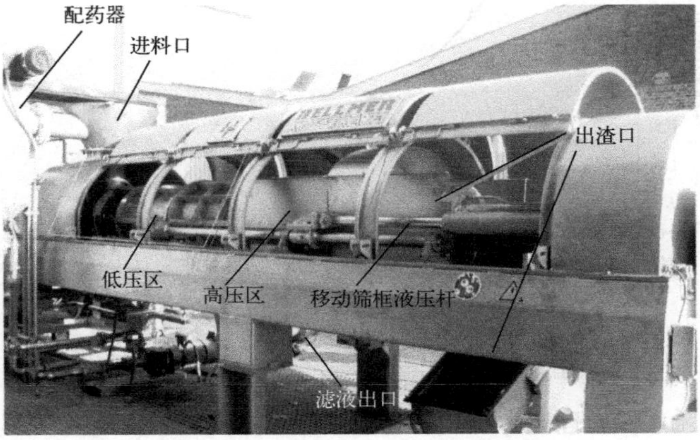

图 5-42　某厂应用的二级挤压脱水机

5.3.1.2　离心脱水机

离心脱水机又称卧螺离心脱水机，其工作原理是通过转鼓和卸料螺旋的高速旋转使内部固液混合物随之高速旋转形成液环并产生较高的离心力，从而加速固液混合物的沉降分离。其中密度较大的固体颗粒沉降在液环层的外圈，即沿转鼓的内壁形成泥环层，通过卸料螺旋与转鼓的差速由卸料螺旋将泥推出转鼓。液体通过堰池口溢流出转鼓之外。固液分离流程如图 5-43 所示。

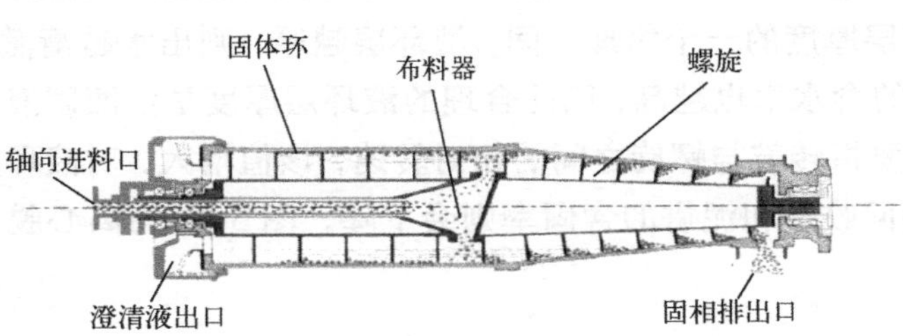

图 5-43　离心脱水机固液分离流程

通常情况下，离心脱水机选型主要考虑水力负荷和固体负荷两个因素。水力负荷是指单位时间内离心脱水机的进料量；固体负荷指单位时间内离心机处理的绝干物料量。当进料浓度较高时，离心脱水机选型主要考虑固体负荷，反之则考虑水力负荷。图 5-44 展示了小型离心脱水机不同进料含固率和处理量的关系，离心脱水机的处理能力随着进料含固率的提高而快速下降。

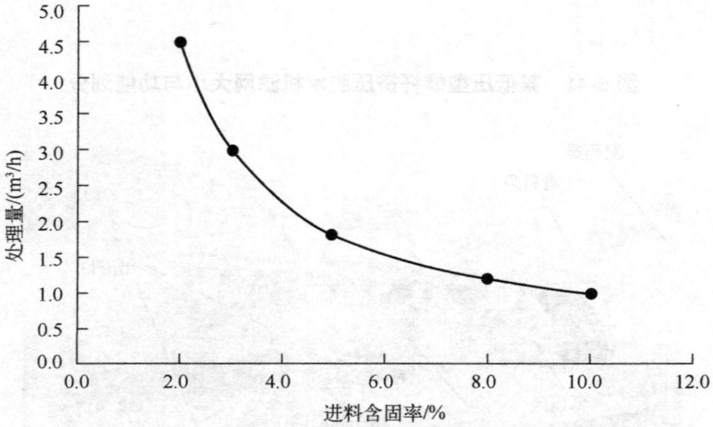

图 5-44　离心脱水机处理能力与进料含固率关系

在确定离心脱水机处理能力时要综合考虑以下几点：

① 必须保证离心脱水机具有较高的进泥浓度。

② 在正常污泥浓度情况下，应保证最大处理干固体负荷在设备厂商标定的设备理论负荷的 70%～90%为宜。如果干固体负荷超过离心脱水机最大承受能力，多余的干固体负荷将会从上清液中排出，上清液的悬浮物会急剧增多，从而增加离心脱水机设备磨损，缩短维护周期；如果干固体负荷过低，则单位时间内的处理能力大大降低，而且运行时必须增加 PAM 的投加量，才能取得良好的脱水效果。

在实际运行中，沼液的性质会发生一定变化，为保证脱水效果的稳定，还应合理地控制离心机有关参数，包括转鼓转速、转鼓与螺旋的差转速、溢流板直径等，以获得满意的分离效果。转鼓转速是控制离心机分离因数的一个重要参数，一般来说沼液中固相颗粒越大、密度越大，需要的转速越低，即分离因数越低，反之分离因数越高；溢流板是控制液环层厚度的一个物理空间，液环层越厚，则出水越清澈，污泥回收率也越高，排出污泥的含水率也越高，因此合理的液环层厚度是沼液固液分离的一个物理指标；差转速主要指转鼓与螺旋之间的相对转速，该值增大，对液环层的扰动程度增大，脱水污泥的回收率和泥饼的含固率则会下降。图 5-45 为离心脱水机固液分离过程分析。

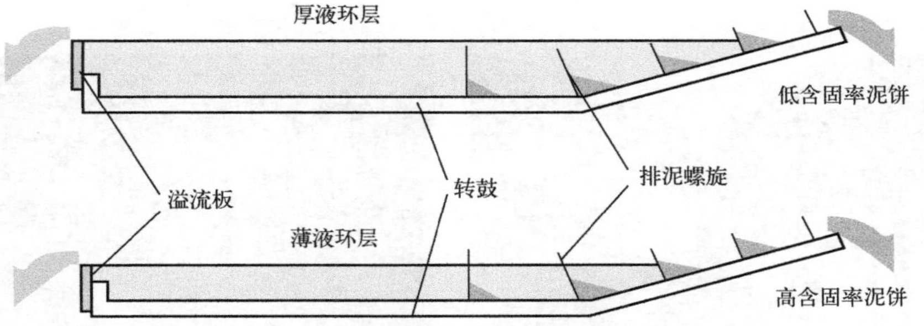

图 5-45　离心脱水机固液分离过程分析

5.3.1.3　振动脱水机

振动脱水机又称脱水筛，采用双电机自同步技术，包括万向偏心块和可调振幅振动器两个核心部件，主要由筛箱、激振器、支撑系统和电机组成。两个不连接的振动器由皮带联轴器驱动进行同步和反向操作。两组偏心质量产生的离心力沿振动方向叠加，反向离心力被抵消，从而形成沿振动方向的单一激烈振动，使筛盒做往复直线运动。振动脱水机是一种过滤性的机械分离设备，用于泥浆固液分离。如图 5-46 所示。

图 5-46　振动脱水机

振动脱水机在干式厌氧脱水系统中的应用主要有 2 个方面：

① 用于厌氧沼液预脱水，提高挤压脱水机的进料含固率；

② 用于去除挤压脱水机挤压滤液中的细砂类物质，避免过多细砂进入离心脱水系统。

图 5-47 为振动脱水机在干式厌氧脱水系统中的应用案例。

(a)挤压脱水前端

(b)滤液除砂

图 5-47 振动脱水机应用案例

5.3.2 国内干式厌氧系统脱水工艺

5.3.2.1 组合工艺 A

组合工艺 A 脱水系统采用“螺杆挤压+振动脱水+离心脱水”三级组合工艺，螺杆挤压工艺进行一次脱水后，压榨泥饼送至出渣间后外运填埋，液相进入振动脱水装置去除其中大块尖锐无机物后进入沼液中间储池，最后经离心脱水机进一步脱水；离心脱水后污泥进入污泥干化系统，沼液进入污水暂存池。脱水工艺流程如图 5-48 所示。

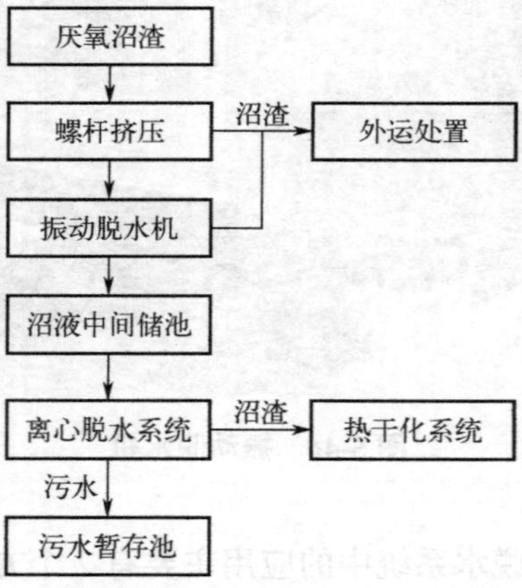

图 5-48 组合工艺 A 脱水工艺流程

5.3.2.2 组合工艺B

组合工艺B脱水系统采用“螺杆挤压+砂水分离+离心脱水”三级组合工艺，沼液先通过出渣柱塞泵送至干式厌氧脱水单元，经过螺杆挤压脱水机，脱水后的液相进入除砂装置除砂，挤压脱水的沼渣和沉砂通过车辆外运焚烧，沉砂后的上清液进入后续离心脱水机，并配置加药系统，离心脱水后的液相进入厂区污水池，离心脱水污泥回流至预处理车间缓存仓，同时可以接入出渣间外运至焚烧处理厂。脱水工艺流程如图5-49所示。

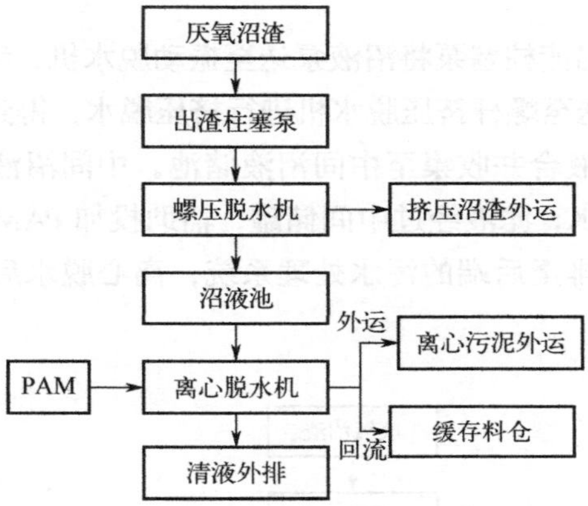

图5-49 组合工艺B脱水工艺流程

5.3.2.3 组合工艺C

组合工艺C脱水系统采用“一级螺杆挤压+砂水分离+二级挤压+气浮”多级组合工艺。真空出料的沼渣被高压输送至一级螺杆挤压脱水机上部的缓存罐，物料经阀门控制后通过进料段的料槽自流入螺杆挤压脱水机，经螺杆挤压机挤压脱水后的固相含水率为55%～60%，由螺旋输送机送至出渣间，由自卸车直接运送至垃圾焚烧厂焚烧处理。螺杆挤压脱水机筛孔直径为5mm，粒径<5mm的固态物也会通过筛孔进入挤压脱水的液相，固形物主要是未消解转化的有机质纤维，以及部分泥沙、碎玻璃、砂石等杂质，这样的水不能直接进入污水处理系统，需要进行二级脱水处理，以满足渗滤液处理厂的进水要求。沼渣处理工艺流程如图5-50所示。

5.3.2.4 组合工艺D

组合工艺D脱水系统采用“振动脱水+螺杆挤压脱水+一级离心脱水+二级离心脱水”

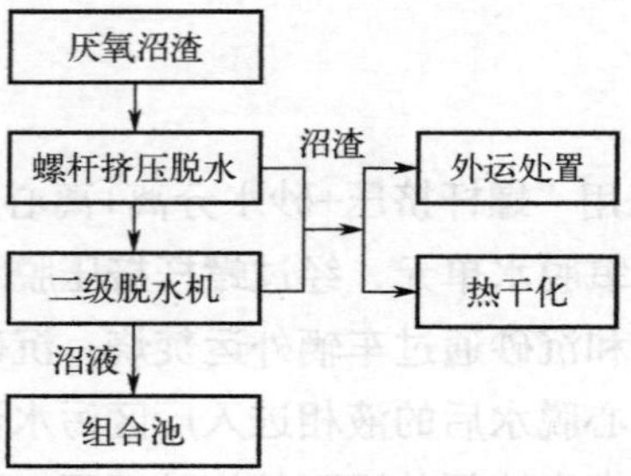

图 5-50　组合工艺 C 脱水工艺流程

组合工艺（图 5-51）。出渣柱塞泵将沼液泵送至振动脱水机，经过初步振动将固渣和滤液分离，固渣由螺旋输送至螺杆挤压脱水机进行挤压脱水，得到含水率为 60%左右的固渣，振动滤液和挤压滤液合并收集至中间沼液储池。中间沼液储池的滤液直接泵送至一级离心脱水机进行脱水；滤液经过中间储罐，辅助投加 PAM 后，再泵送至二级离心脱水系统。脱水清液外排至后端的污水处理系统，离心脱水后的固渣由接渣车外运填埋处理。

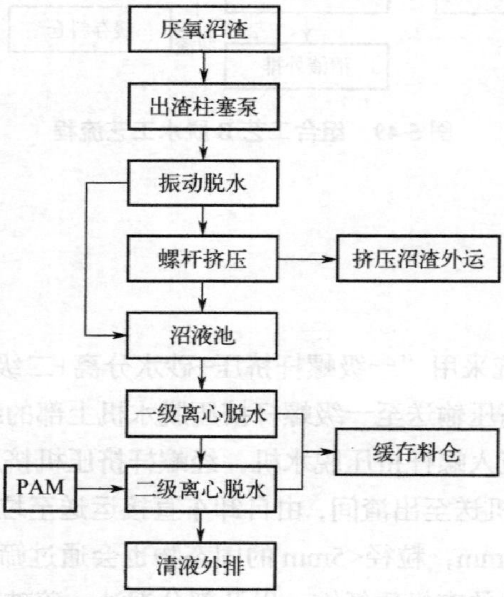

图 5-51　组合工艺 D 脱水工艺流程

5.3.3　不同脱水工艺对比分析

由于干式厌氧出料沼液中的含固率高、固体粒径大，所以国内干式厌氧脱水均采用两级或三级组合脱水工艺。按粒径由大到小逐步去除沼液中的颗粒物质，如图 5-52 所示。

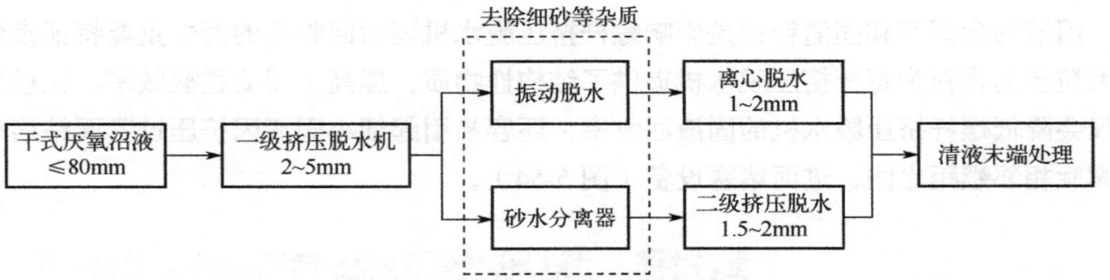

图 5-52　干式厌氧脱水工艺沼液固渣粒径分级流程

螺杆挤压脱水机在国内广泛用于干式厌氧一级脱水。一级螺杆挤压脱水机通常不需要配置絮凝剂，脱水出渣含固率较高，可以达到 35%以上，运行较为稳定。但根据处理物料的特性，其固渣回收率和处理效率方面也会存在很大的差别。图 5-53 为国外卧式干式厌氧工程案例的物料平衡，该工程采用 70%厨余垃圾+30%庭院垃圾联合厌氧消化。一级挤压脱水机的固渣回收效率在 80%左右，固渣产生量约占沼液总量的 40%。

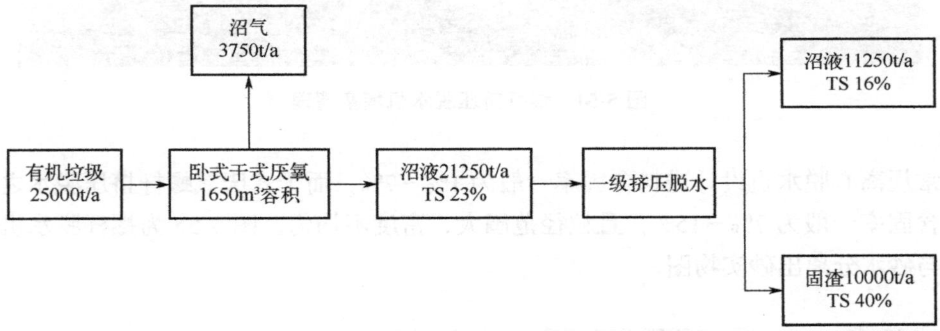

图 5-53　国外典型卧式干式厌氧脱水物料平衡

国内干式厌氧进罐物料主要为城市厨余垃圾或者分类生活垃圾，物料性质单一、容易水解、含水率高，因此厌氧罐内含固率偏低，表 5-13 为不同项目一级螺杆挤压脱水的固渣回收效率、固渣产生量与沼液量占比。

表 5-13　国内典型干式厌氧项目一级螺杆挤压脱水机应用效果

预处理工艺	关键设备参数	沼液	挤压固渣	挤压沼液	固渣占比/%	沼液占比/%
滚筒筛+细破碎	破碎机孔径 40mm×60mm	105t/d TS:20%	35t/d TS:40%	70t/d TS:10%	33.33	67.7
碟盘筛+挤压预脱水	碟盘筛孔径 80mm	105t/d TS:18%	32t/d TS:40%	73t/d TS:8.5%	30.47	69.5
滚筒筛+生物质破碎机	生物质破碎机孔径 20mm×30mm	105t/d TS:12%	10t/d TS:40%	95t/d TS:9%	9.52	90.5

注：固渣回收率 ＝（挤压固渣量×固渣含固率）÷（沼液量×沼液含固率）。

沼液的含固率和固渣粒径是影响螺杆挤压脱水机固渣回收率的两个重要特征参数，粗大粒径的物料为螺杆挤压脱水机提供了结构性物质，提高了固渣拦截效率。粒径过小不仅会降低螺杆挤压脱水机的固渣回收率，还容易引起细小固渣因挤压过紧而粘连在挤压螺旋相邻螺距之间，进而堵塞设备（图 5-54）。

图 5-54　螺杆挤压脱水机堵塞清理

常规离心脱水机设计进料含固率一般为 1%～7%，而干式厌氧螺杆挤压脱水之后的滤液含固率一般为 7%～15%，且粒径范围大、密度不均匀。图 5-55 为螺杆脱水机挤压滤液与砂水分离出砂实物图。

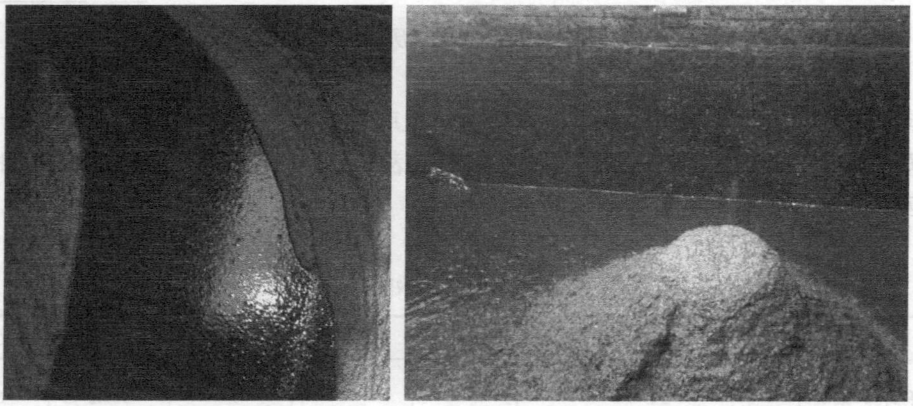

(a)脱水机挤压滤液　　(b)砂水分离出砂

图 5-55　螺杆脱水机挤压滤液与砂水分离出砂

因此，一级离心脱水在运行过程中往往存在以下特点：

① 滤液超过离心脱水机排泥量时，离心脱水机扭矩升高、振动加大，出现堵机时通

常以较低的转速实现部分泥砂和水的分离；

② 较低的转速最终使得离心脱水机的分离效果变差，出水浑浊，同时进料量也会下降；

③ 如果转速过快，往往会使得离心脱水机内固渣产量过大。

我国厨余垃圾干式厌氧螺杆挤压脱水滤液含固率一般在 10%左右。尝试在一级离心脱水机前期投加絮凝剂以改善脱水效果，发现投加絮凝剂后，处理量相同的情况下，离心脱水机的扭矩和振动波动较大，泥饼含固率和排出量极不稳定，清液中含固率仍有 4.0%，脱水效果未显著改善。

从国外应用案例情况来看，在不同含固率的沼液条件下，其药剂消耗和处理量方面也有很大区别，表 5-14 为低压型螺杆挤压脱水机的应用场景分析。从不同类型厌氧项目实际运行来看，低压型螺杆挤压脱水机在较高含固率的沼液脱水中具有能耗低的优势，但处理量小，这在一定程度上影响了其推广应用。

表 5-14　低压型螺杆挤压脱水机应用场景与效果

应用场景	进料含固率/%	处理量/(m^3/h)	出渣含固率/%	滤液含固率/%	絮凝剂/(kg/t TS)	能耗/(kW·h/m^3)	单位能耗/(kW·h/tTS)
厨余干式厌氧（二级脱水）	12～19	3.0	35	TS:2.4 SS:1.1	3～4	0.4	2.2
厨余湿式厌氧	2.5	0～8	36	TS:0.8 SS:0.2	8～10	0.06	2.4
农业废弃物湿式厌氧	11	2.6	31	TS:3.3 SS:0.7	4	0.64	5.7
污泥湿式厌氧	1.3～2.9	1.5～3	15	—	20	0.08	—

针对一级螺杆挤压滤液深度脱泥，分别采用离心脱水机与低压型螺杆挤压脱水机，两者对比分析如下。

① 从脱泥效果分析，低压型螺杆挤压脱水机的泥饼含固率和固渣回收率更高，运行较稳定，但清液含固率在 2%左右，需进行气浮预处理去除固渣后才能外排。一级离心脱水虽然无法一次性达到清液外排要求，但可以通过增加二级离心脱水进一步去除固渣，实现清液外排。

② 从药剂和水耗来分析，由于一级离心脱水机处理高含固率挤压滤液时不需要添加絮凝药剂，增加二级离心脱水后由于一级离心脱水已经去除部分固渣，因此絮凝剂的投加量会大大减少。低压型螺杆挤压脱水之后的清液在进入气浮之后仍需要继续投加絮凝剂和助凝剂，因此药剂和水耗量比两级离心脱水工艺要大。

③ 从能耗和处理量分析，低压型螺杆挤压脱水+气浮装置的组合工艺处理高含固率滤液时能耗较小，处理能力也较低；两级离心脱水组合工艺能耗较高，但处理量更大。

5.4 智能化管理

5.4.1 传统运维存在的问题

① 传统环卫设施普遍存在重自控、轻信息化的情况，大部分厂内只有自控平台而没有信息化平台，缺乏有效的信息化管理和数据利用手段，导致管理效率低、运行成本高，普遍落后于其他类型的工业项目，行业现状不符合国家推行两化融合（即工业化和信息化融合）的趋势，以及工业 4.0 旨在通过信息通信技术和物理信息模型相结合的手段向智能化转型的方向。

② 传统环卫设施管理手段多以纸质表单、口头指令为主，巡检、维保、检修工作大都依赖人员对作业规范的熟悉及自觉执行程度，管控流程效率较低；生产排班和调度根据产能和经验安排，缺少基于人力、设备运行和耗材成本以及设备维修状态的综合定量分析。

③ 现场数据采集与监视控制系统（SCADA）一般侧重运营数据的采集和监控，往往忽视业务状况分析和工艺参数的预测；同时设备管理仅局限于设备使用率、运行故障率、运行时间、停机时间等状态指标的统计，不能实现智慧化运行的要求。

5.4.2 OBIM 应用场景

① 打造环卫设施数字孪生底座。结合建筑信息模型（BIM）和数字孪生技术，挖掘 BIM 在设计阶段和建设阶段的资产价值，以竣工模型为基础，以设备、阀门、仪表、管道为主要管理对象，建立融合运营管理数据、SCADA 数据、BIM 数据的数字孪生底座。

② 深入挖掘环境厂站智慧运营需求和应用场景，建设“设计-施工-运维”全过程的资产编码体系，围绕 BIM 主数据打造环卫设施智慧运营系统，将环卫设施的生产运营数据、设备巡检数据、设备维保数据等运营管理数据与 BIM 数据集成，并通过 BIM 载体进行展示。

③ 充分发挥数据驱动的价值，通过生产实时数据接入，基于算法模型的开发，构建 BIM 模型与生产运行状态动态渲染的联动机制，建立环境厂站智慧运营数据治理体系，为生产管理人员提供科学精准的运营数据指标，优化运行参数，实现智能化韧性生产。

④ 以设备 BIM 为核心，建立环卫设施设备资产评价体系，通过数据治理和分析，对设备的性能、上下游供应商进行评估，建立更加可靠的优质上下游生态链。

5.4.3　模型建立

（1）建立运维阶段 BIM 技术标准

根据环卫设施的项目特点，建立针对此类项目的运营阶段 BIM 和数据标准体系。

由于运维模型在平台中的表达效果和表现深度要求与设计交付模型不同，因此需要规定 BIM 对象在智慧运维阶段的建模规范，以减少运维阶段反复修改的工作量，提高整体工作效率。

此外，通过制定标准编码体系规范湿垃圾处理项目的静态数据（规格数据、空间数据、厂家数据、资产数据）和动态生产数据（维保数据、故障数据、巡检数据、监测数据）的定义规则，可减少数据的反复录入。

（2）建立运维阶段 BIM 数据编码

运维阶段 BIM 数据编码主要包含工艺码、安装码、位置码、SCADA 信号编码、文档标识码等。为规范环卫设施的数据编码，确保在环卫设施建设和运营过程中信息的可识别性和共享性，提高环卫设施的数字化管理和安全运行水平，参照《电厂标识系统编码标准》（GBT 50549—2020）建立符合环卫设施特点的 BIM 数据编码。

（3）建立“设计-施工-运维”编码映射体系

环卫设施的 BIM 数据编码在设计阶段、施工阶段、运维阶段有着不同的编码体系，为保证数据的沿用性，需建立“设计-施工-运维”编码映射体系。设计阶段参照设计图纸中的位号信息、管道编号信息进行编码；施工阶段参照环卫设施分部分项规范进行编码；运维阶段参照光伏发电站标识系统（KKS）编码规范进行编码。建立三阶段的映射关系，即可实现不同阶段的数据自动传递。

（4）建立多源异构数据处理工具

BIM 交付文件格式较多，模型对象数据来源复杂，因此需要分析研究环卫设施 BIM 的数据汇聚与治理机制，打通模型数据标准化处理、建设阶段数据标准化传递的技术路线，实现环卫设施 BIM 接入汇聚、数据清洗治理和数据综合管理。

通过对设计建模软件的二次开发，可形成一套包含树结构层级提取、数据提取、数据写入等通用性模型数据处理的工具，形成标准化模型数据整合与输出的技术路线。同时也为环卫设施的运营数据接入城市级信息管理平台做好技术积累。

5.4.4　OBIM 平台的主要功能

OBIM 平台的具体建设内容包括 BIM 数字孪生底座、智慧运维管理系统等。其中智慧运维管理系统包括但不限于生产管理、设备管理、报警管理、采购管理、组织管理、系统管理、排班管理、BIM 智慧驾驶舱等功能模块（图 5-56）。系统提供 PC 端、移动端、大屏端多端展现功能。各模块功能介绍如下。

图 5-56　首页

（1）组织管理

组织管理模块支持工厂部门组织机构及信息的增删与编辑，用户列表增删改查、用户所属组织的添加和修改、批量导入、用户停启用、用户密码重置和用户组管理，支持自定义系统角色，进行角色管理、操作权限管理以及角色关联批量用户和用户组。

（2）设备台账

设备台账模块建立统一的设备台账和运维全寿命档案，记录设备的各项参数和属性，提供附属设备、备品备件、文档信息、外观图片、维保记录、故障记录等信息的关联记录和查询功能，对设备变更情况进行日志记录和追踪。主要包括基础信息管理、设备台账、设备资料、设备履历查询、设备变更日志等，如图 5-57 所示。

（3）点巡检管理

规范全厂设备点巡检工作流程，制订点巡检计划、点巡检工作标准，利用手持终端实现线下扫码巡检，完成点巡检作业记录和故障上报，保证点巡检工作的规范、按时、有序，保障设备的正常安全运行。主要包括点巡检计划、点巡检工单等。系统支持自定义设置点巡检计划，可自定义巡检路线、巡检设备、巡检类型、巡检班组、巡检频次、有效时间，根据不同设备配置标准操作规范（SOP），规范巡检操作。管理界面如图 5-58 所示。

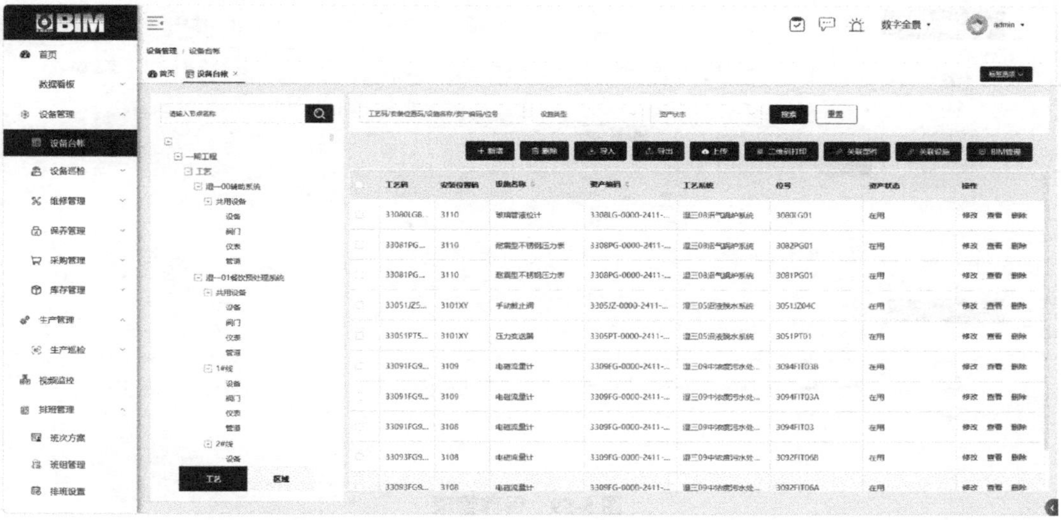

图 5-57　设备台账

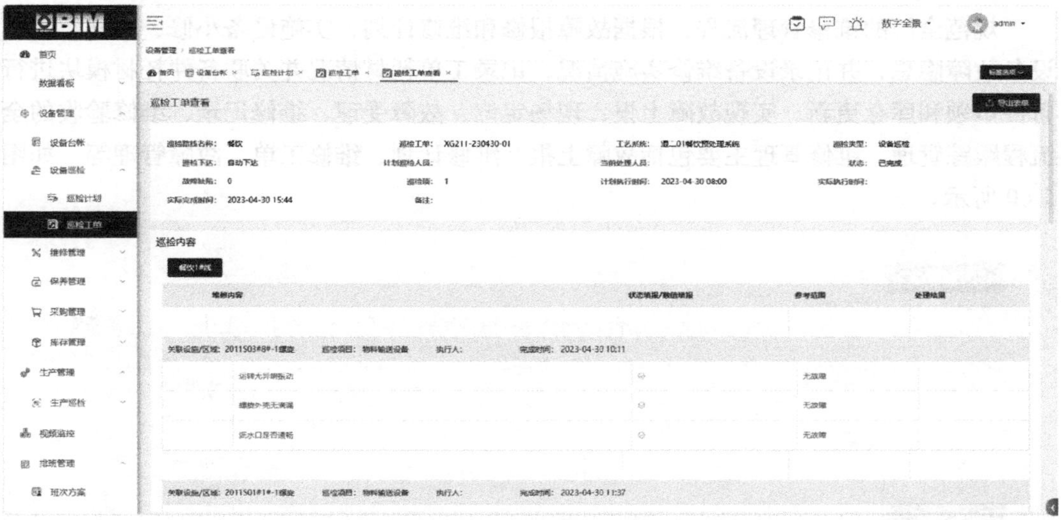

图 5-58　点巡检管理

（4）保养管理

规范全厂的设备日常维护保养管理，提供设备操作规程、设备维护保养作业指导书和维护保养表单，指导使用维护人员对设备进行使用维护，并做相应记录。根据制订的维护保养计划和设备保养流程，建立预防维护体系，实行设备保养操作，延长设备使用寿命，降低支出成本，保障设备的正常运行。保养管理主要包括保养计划、保养工单等，如图 5-59 所示。

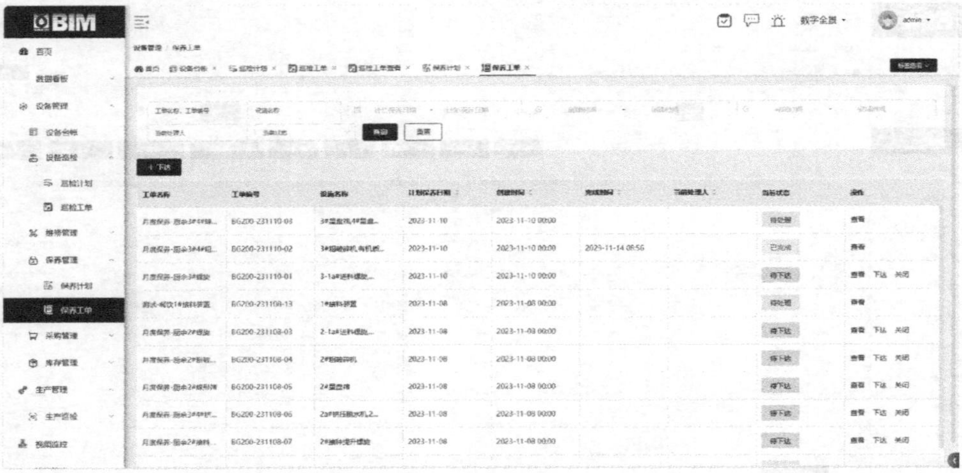

图 5-59 保养管理

（5）维修管理

规范全厂的维修管理流程，根据故障报修和维修计划，实施设备小修、大修，消除设备故障隐患，并记录设备维修实施情况，记录工单耗材情况并关联备件耗材模块进行备件申领和库存更新。实现故障上报、现场定位、故障受理、维修记录、维修验收的全流程跟踪管理。维修管理主要包括故障上报、维修计划、维修工单、故障管理等，如图 5-60 所示。

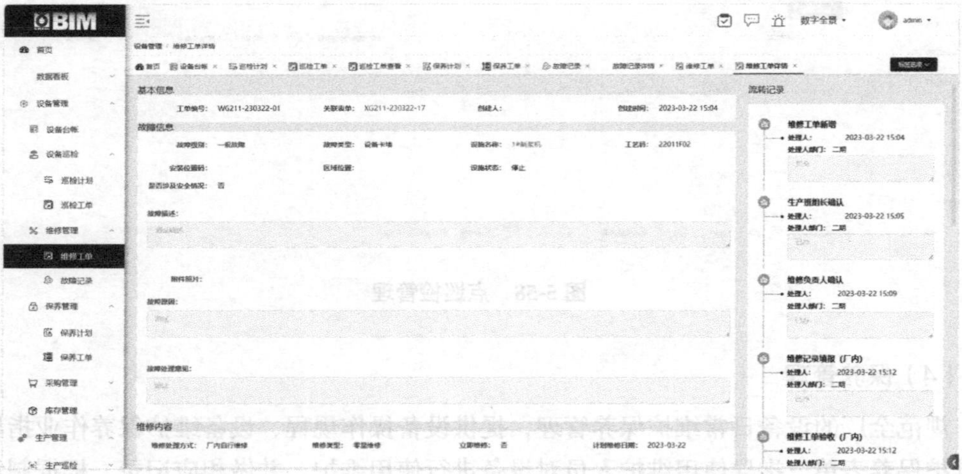

图 5-60 维修管理

（6）采购库存管理

规范公司备品备件管理，对公司内备件的库存信息进行统一调度管理，实现备件申请、备件采购、备件出入库、库存统计盘点、备件台账和备件废品处理等全过程管控。对各个设备关联专项库存备件出入库情况进行跟踪，更新维护备件台账信息。主要包括仓库管理、物料管理、供应商管理、库存台账、库存盘点、出入库管理、采购管理等，如图 5-61 所示。

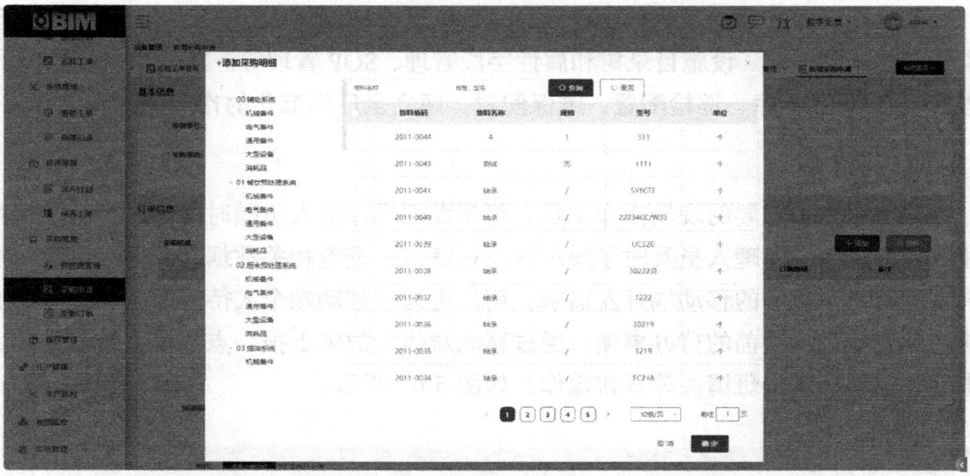

图 5-61 采购库存管理

（7）排班管理

实现班组管理功能，包括班组的设定、班组人员的配置、班组内角色轮换、班次方案的设定；实现排班计划的配置和导入功能；支持请假、调班等操作及审批流程处理，并根据结果自动调整实际排班，根据实际排班情况自动下达点巡检和维保任务，如图 5-62 所示。

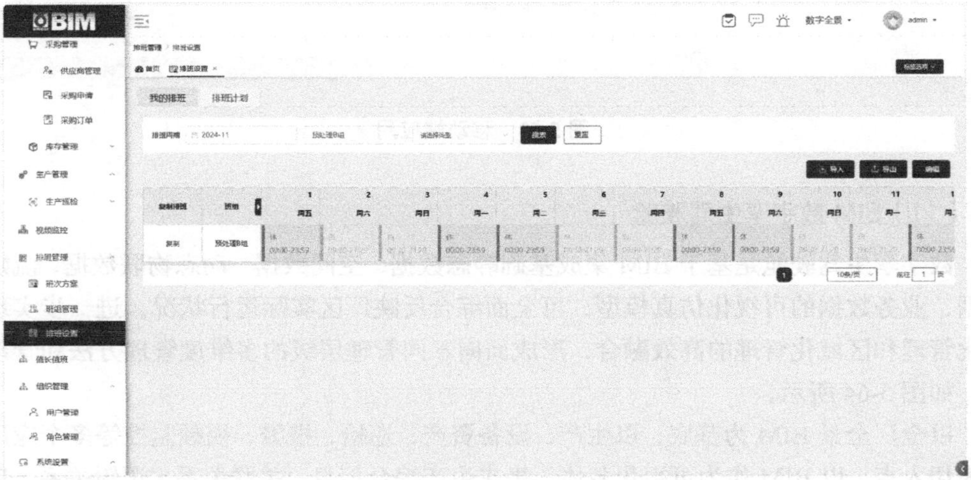

图 5-62 排班管理

（8）统计看板

结合 BIM 和 SCADA 系统数据，对全厂资产信息、生产运行信息、运行数据等信息进行可视化展示，展示全厂主要运行和管理关键绩效指标（KPI）。

（9）系统管理

针对全厂运维所需的基础数据开展管理和配置，包括区域信息管理、工艺段管理、测点管理和报警设置、设施目录树和属性字段管理、SOP 管理等。其中 SOP 标准化作业流程配置包括 SOP 库、巡检配置、维保配置，建立全厂标准化的作业流程和指导规范。

（10）移动端

移动应用作为重要的现场操作工具，可帮助现场作业人员随时随地进行移动端操作和业务处理，以便管理人员及时了解厂区运行情况，查看相关数据和资料。因此，需重视智慧运营平台配套的移动端开发需求。用户可通过移动端个人待办中心和消息中心方便快捷地查看个人当前的待办事项，通过移动端执行故障上报、点巡检、维修保养、设备查询、出入库、排班请假等日常操作，如图 5-63 所示。

图 5-63　移动端应用

（11）BIM 数字孪生驾驶舱

数字孪生驾驶舱是基于 BIM 集成基础静态数据、空间数据、动态物联数据、流媒体数据、业务数据的可视化仿真模型，可全面综合反映厂区实际运行状况，进一步实现精细化管理和区域化管理的高效融合，形成面向不同管理层级的多维度管理方法和管理规范。如图 5-64 所示。

以全厂全景 BIM 为基底，以生产、设备资产、巡检、报警、视频监控等多个应用场景为切入点，以 BIM 作为可视化载体，集成生产综合信息、关联关系、逻辑关系、自定义信息的可视化模型。在统一的管理场景中，借助 BIM 的集成手段，实现更快速的信息汇聚、更立体的信息呈现、更清晰的意图表达，缩短沟通时间，降低交流成本，提高管理容错率，增强对现场的掌控力。

图 5-64 BIM 数字孪生驾驶舱

5.4.5 应用成效

① 通过数字孪生系统，打造行业一流环保科普展示平台，引领科技发展潮流，树立行业标杆项目，提升行业形象，使居民获得更好的体验。

② 优化运维管理的生产运营流程，降低人为操作失误、设备故障等原因导致的损失，提高生产效率，降低运营成本。

③ 深度契合环卫设施的生产管理特点，助力环境厂站实现生产运营全过程的业务数字化、数据资产化、现场智能化和管理精细化的深度转型。

④ 在国家数字化转型总体部署下，在相关政府部门智慧园区实施方案指导下，环境厂站的传统管理模式亟待向信息化升级、向数字化转型，最终实现智能化与智慧化布局发展。在此背景下，该智慧运营系统可直接应用于环境厂站的全方位运营管理，为持续推进环境厂站等重大工程的运营管理升级提供技术支撑，以智慧运营系统为抓手支撑传统环境行业突破短板，实现运营、管理、服务模式的智慧化升级与创新。

第6章

干式厌氧系统启动与运行管理

- ▶ 干式厌氧系统启动准备
- ▶ 干式厌氧工艺技术指标与检测
- ▶ 干式厌氧运行管理案例分析
- ▶ 工艺健康特征体系表征

由于干式厌氧系统对构造和工艺特点的要求，干式厌氧工艺启动试车过程与湿式厌氧工艺差异明显。干式厌氧对罐内含固率要求较高，一旦开始系统启动就应连续投加接种底物，以便能在较短时间内达到系统运行的要求。

本章节拟从干式厌氧系统的启动调试与运行管理两个方面进行阐述。本章节所描述的干式厌氧系统的启动与运行管理是基于正常工况条件下的假设条件，在实际工程运行过程中，一旦项目现场存在特殊条件因素，工艺工程师应结合现场情况及时判断和调整。

6.1 干式厌氧系统启动准备

6.1.1 前期安全准备

启动干式厌氧系统前，操作人员应理解和熟悉干式厌氧工艺的安全概念、安全规则和单体设备的运行手册。所有单体设备和动力单元在进料前均应单机调试完成，且润滑油脂均按操作手册加注完成，确认所有干式厌氧正负压保护装置、呼吸阀等安全防护机构的功能和安全运行状态。上述事项未完成以前不能开展干式厌氧接种启动工作。

6.1.2 接种底物和辅料准备

干式厌氧系统接种底物原料的选取遵循就近原则、优先选择项目周边的物料。常见的接种底物包括沼液、牛粪、厌氧污泥和沼渣等。接种底物和辅料的选择应符合以下条件。

① 物料足够新鲜、纯净，不能含有过多的惰性杂质。

② 接种底物的含固率、粒径应能满足设备输送、工艺运行的要求，在保证系统设备输送的前提下，接种底物的含固率越高越好，但是底物的粒径不宜过小。底物的粒径如过于细小，会使得干式厌氧罐内物料黏度升高，不利于沼气的散逸，严重的时候会造成干式厌氧罐内物料膨胀。

干式厌氧启动辅料又称增稠物料，主要目的是在尽量不增加系统有机负荷情况下，快速提高干式厌氧反应器内物料的含固率，避免反应器内物料分层。因此，干式厌氧启动的辅料除了满足前述的纯净和粒径等要求以外，还应满足以下要求：

① 较低的单位沼气转化率和较高的含固率，即辅料的投加不会快速增加反应器的负荷；

② 接种底物和辅料的用量，宜根据干式厌氧系统启动后的含固率浓度，经底物和辅料配伍计算后确定。

6.1.3 卧式干式厌氧系统的启动

卧式干式厌氧系统采用机械搅拌，系统启动初期需保持物料的流动性，因此启动过程必须严格遵循三个阶段，即低浓度阶段、增稠阶段和提负荷阶段。

低浓度阶段一般投加未脱水的湿式厌氧沼液或清水等低含固率物料，该部分的比例通常占罐体容积的 1/5～1/3。其目的在于：

① 避免进罐物料浓度过高而导致搅拌轴的扭矩过高或者增加故障风险；

② 为增稠物提供流动性，确保罐内物料混合均匀。

增稠阶段一般投加牛粪、污泥、沼渣、腐熟堆肥或废纸等高含固率物质，该部分的比例需要综合考虑厌氧罐的最低运行液位、厌氧罐稳定运行的最低含固率和低浓度阶段内部含固率三个方面因素。

提负荷阶段即干式厌氧状态形成之后，可逐步投加已预处理的厨余物料以提升处理负荷。

6.1.4 立式干式厌氧系统的启动

立式干式厌氧反应器内部没有机械搅拌装置，因此其启动过程可以直接采用含固率高的牛粪、污泥、沼渣等物料。立式干式厌氧反应器启动过程的低浓度阶段和增稠阶段两个阶段合并，启动相对简单，所需的时间也比卧式罐体短。

6.1.5 车库式厌氧系统的启动

车库式厌氧系统的启动根据工艺类型不同有所差异。例如，单级车库式厌氧系统，则需把新鲜物料与旧物料按一定比例混合，然后通过装载车将混合后物料转运至发酵仓中，最后密闭发酵仓、循环喷淋即可；如采用淋滤水解+厌氧两级车库式厌氧工艺，其厌氧工艺的启动过程可直接采用湿式厌氧的启动方式，即在淋滤水解阶段，将新鲜物料堆放在淋滤仓中，启动循环喷淋保持堆体湿润，淋滤产生的滤液最后泵入湿式厌氧反应器、进行厌氧消化产沼。

6.2 干式厌氧工艺技术指标与检测

干式厌氧消化是一种将厨余垃圾中的有机物转化为甲烷气体的生物过程，甲烷气体的形成受到温度、pH 值、物料 VFA 等多个参数的影响。因此，在干式厌氧工程设计之初，就会根据原料的类型、原料的性质（如含固率、碳氮比）、厌氧反应器的有机容积负荷、水力停留时间等基础数据来开展干式厌氧工艺的设计。为了保证干式厌氧反应器的稳定运行，对实际原料的理化性质数据检测分析，并通过进料量、进料时间的分配等外部条件的控制，确保干式厌氧反应器内部指标的稳定，以提高干式厌氧工艺运行效率。干式厌氧工程常用的工艺参数指标主要围绕原料性质和厌氧反应器指标两方面展开，如固体含量、碱度和挥发性脂肪酸、氨氮和凯氏氮含量等，必要时会进一步检测挥发酸组分含量。这些参数指标主要用于干式厌氧工程日常的运行管理。

6.2.1　总固体含量和挥发性固体含量

总固体含量（TS，干物质含量）和挥发性固体含量（VS，有机干物质含量）是干式厌氧工艺的基本参数，常用于原料、厌氧罐发酵液和脱水泥饼等物料的检测，用于厌氧罐发酵液检测时，仅适合用于挥发性组分（例如挥发性脂肪酸在烘干过程中会产生挥发损失，造成误差）含量较低的情况。

1）测试仪器

马弗炉、烘箱和精密天平。

2）操作方法

取干燥恒重的坩埚，记录坩埚质量 m_1（g）；加入适量样品，记录此时坩埚质量 m_2（g）；将坩埚及样品置于 105℃烘箱干燥至恒重，记录此时坩埚及样品质量 m_3（g）；将上述坩埚及样品在 200℃下煅烧 30min、在 550℃下煅烧 2h，冷却后记录此时坩埚及样品的质量 m_4（g）。

3）总固体含量（TS）

计算公式如下：

$$\mathrm{TS}=\frac{m_3-m_1}{m_2-m_1}\times 100\% \tag{6-1}$$

4）挥发性固体含量（VS）

计算公式如下：

$$\mathrm{VS}=\frac{m_4-m_3}{m_2-m_1}\times 100\% \tag{6-2}$$

5）注意事项

① 测定厌氧罐发酵液总固体含量时，测试样品的质量应不小于 5g。

② 测试不均匀物质（如餐饮垃圾、厨余垃圾及进罐有机物）时，测试样品的质量应不小于 200g，并置于浅盘中，均匀摊开。根据上述方法将样品进行烘干并记录。测试挥

发性固体含量时，应将干燥样品研磨至粒径<1mm。随后取一份代表性样品。再根据前述步骤，对该样品进行总固体/挥发性固体含量的测定。

③ 在测试其他挥发性有机酸较高的液体或固体样品时，如有条件还应测试其挥发性有机酸或醇的含量作为总固体和挥发性固体含量的修正。

6.2.2 挥发性有机酸和 VOA/TIC 值

挥发性有机酸（VOA），也称挥发性脂肪酸（VFA），是指易于挥发损失的短链脂肪酸，通常是碳原子数<6 的短链有机酸（$C_1 \sim C_5$）。挥发性有机酸含量的计算通常以乙酸当量表示。

无机总碳酸盐含量（TIC）是指溶液中溶解的无机碳，如碳酸盐、碳酸氢盐含量，有些也称为总碱度（TAC）。VOA/TIC 值是建立在工程经验基础上的参数，是用于评估厌氧过程稳定性的早期预警参数。

VOA 的测定方法为卡氏滴定法，VOA/TIC 值的检测方法为游离碱度（FAL）法。两种测试方式均使用硫酸滴定待测液，根据溶液 pH 值变化所使用的硫酸用量，折算计算 VOA 含量及 VOA/TIC 值。由于两者所测定的 pH 值有所区别，所以两者之间无直接关联。

① 测试仪器：pH 滴定仪、离心机。

② 操作方法：取适量样品，在 10℃条件下离心 10min。取适量离心上清液，体积为 $V_{样品}$，稀释到适宜浓度，利用 pH 滴定仪准确滴定溶液值 pH 变化，滴定液为 0.1mol/L 硫酸。分别记录溶液 pH 值滴定至 5.0、4.4、4.3 和 4.0 时，硫酸用量 $V_{pH5.0}$、$V_{pH4.4}$、$V_{pH4.3}$、$V_{pH4.0}$（mL）。卡氏滴定法使用 $V_{pH5.0}$、$V_{pH4.3}$、$V_{pH4.0}$ 测定 VOA 值，FAL 法使用 $V_{pH5.0}$、$V_{pH4.4}$ 测定 VOA/TIC 值。

③ VOA 的计算：

$$\text{VOA}=131340\left(V_{pH4.0}-V_{pH5.0}\right)\times\frac{2N_{H_2SO_4}}{V_{样品}}-3.08V_{pH4.3}\times\frac{2N_{H_2SO_4}}{V_{样品}}\times1000-10.9 \quad (6\text{-}3)$$

VOA 检测的有效性领域是 0～70mmol/L 的酸类（以乙酸计为 0～4203mg/L），氨氮为 400～10000mg/L。

④ VOA/TIC 值的计算：

$$\text{VOA}/\text{TIC}=\frac{\left[\left(V_{pH4.4}-V_{pH5.0}\right)\times\frac{20}{V_{样品}}\times\frac{2N_{H_2SO_4}}{0.1}\times1.66-0.5\right]\times500V_{样品}}{N_{H_2SO_4}V_{pH5.0}M_{CaCO_3}\times1000} \quad (6\text{-}4)$$

其中，$N_{H_2SO_4}$ 为硫酸浓度，0.1mol/L；M_{CaCO_3} 为碳酸钙摩尔质量，100g/mol。

6.2.3 氨氮含量的测定

氨氮含量（TAN）是每个工艺阶段以 NH_4^+和未离解 NH_3 形式存在的氮化物的总和。

测定参照《水质　氨氮的测定　纳氏试剂分光光度法》（HJ 535—2009），使用纳氏试剂与氨反应生成淡红棕色络合物，借助该络合物可对氨氮进行光度测定。

① 检测仪器：分光光度计。

② 操作方法：取适量样品，在 10℃条件下离心 10min。取适量离心上清液，稀释到适宜浓度。加入酒石酸钾钠溶液及纳氏试剂，混合反应 1min 后开始测量样品吸光度。加入纳氏试剂后，必须在 5min 内对样品进行测量。

6.2.4　总凯氏氮含量和粗蛋白含量

总凯氏氮含量（TKN）是进入厌氧罐的有机和无机氮化合物中含氮量的总和。总凯氏氮的测定参照《土壤质量　全氮的测定　凯氏法》（HJ 717—2014）。在催化剂参与下，蛋白质及其他含氮化合物发生酸性热分解反应，蛋白质及其他含氮化合物可以分解为氨；经碱性水蒸气蒸馏后，氨被释放出来，被硼酸捕获；最后采用硫酸滴定法完成氨的定量测定。根据由此测定的含氨量，计算出蛋白质中结合性氮的含量。通常情况下，可以将含氮量乘以系数（取 6.25）就可得出样品中粗蛋白的含量（CP）。

① 检测仪器：全自动凯氏定氮仪。

② 操作方法：取适量样品，记为 m（g），加入消解瓶内，加入适量水和 4.0mL 浓硫酸，浸泡 8h。向消解瓶中加入 0.5g 还原剂，加热至冒烟后立即停止。冷却后，加入 1.1g 催化剂，加热至固体完全消失，继续消煮 1h，冷却待测。使用全自动凯氏定氮仪测定上述待测液中总氮（TN）浓度，记录实验组和空白组硫酸消耗量 V_1 和 V_0（mL）。

③ 总凯氏氮的计算：

$$\text{TKN}=\frac{(V_1-V_0)\ c\times 0.014}{mW} \tag{6-5}$$

式中　c——滴定用酸浓度，mol/L；

W——样品干物质含量，%。

④ 粗蛋白含量的计算：

$$\text{CP}=\text{TKN}-\text{TAN}\times\frac{100-\text{TS}}{1000}\times 6.25 \tag{6-6}$$

6.2.5　挥发性脂肪酸组分含量

正常情况下，厌氧系统中甲烷菌群利用最多的是有机物水解过程产生的乙酸分子，当厌氧系统出现失衡或者酸化时反应器内部的丙酸含量会显著升高，丙酸作为含 3 个碳原子的挥发性有机酸，在厌氧系统中降解时间较长。为尽早识别厌氧消化产沼出现失衡状态，有必要对厌氧反应器内消化液进行定性和定量测定。

气相色谱分析常用于挥发性有机酸组分的常规检测，其中以顶空气相色谱法应用最广。该方法可以用于测定复杂样品中挥发性组分的含量，尤其适用于样品基质复杂的情况。为了消除不同基质成分对分析结果的干扰，顶空气相色谱法在样品溶液中加入适量的 2-乙基丁酸作为内标物，同时加入一定磷酸调控 pH，使待测有机酸组分在样品中以未离解的分子形式存在，提高其挥发性。

标准溶液配制完成后，开始进行标准曲线的测试与绘制。为计算检测的实际浓度，每个指标需测绘标准曲线，用于对照和分析内标物。

原始样品须进行一定的预处理之后才能得到检测样本。原始样品必须在 10℃、10000r/min的条件下离心 10min，必要时在离心后还可以使用筛孔尺寸约为 1mm 的筛网过滤样品，进一步去除颗粒组分。原始样品预处理完成后，用移液管分别取 5mL 的样本溶液，转移至 3 个顶空样品瓶中。最后在顶空样品瓶中滴加 1mL 内标物和 1mL 磷酸（经 1：4 比例稀释），立即加盖，然后用电动压盖器对样品瓶进行封盖。

6.3 干式厌氧运行管理案例分析

自 2009 年以来，厨余垃圾干式厌氧技术在国内应用得到了一定的发展，但总体而言，已投运项目的运行效果参差不齐，其原因除了源头物料中大粒径杂质等进入干式厌氧系统内，导致设备堵塞、故障，影响进出料外，更普遍的原因是运行过程中对干式厌氧工艺参数的控制不到位，使得系统出现了局部酸化，严重时出现“酸抑制”和“氨抑制”，导致干式厌氧系统失衡崩溃。本节根据干式厌氧消化过程工艺参数的合理控制，结合实际工程案例来探讨干式厌氧系统的工艺参数指标和不同类型运行管理要求。

6.3.1 卧式干式厌氧系统

6.3.1.1 案例一：上海某 TTV 干式厌氧系统

该 TTV 卧式干式厌氧系统采用水平卧式钢制厌氧反应器，反应器长、宽、高分别为 36m、8m 和 10m，采用纵向单轴机械搅拌，干式厌氧主体工艺采用“预处理+高温协同干式厌氧消化”工艺，具体参数见表 6-1。

TTV 卧式干式厌氧反应器启动时，初始总固体浓度为 9%，对应的接种比 $R_{I/S}$ 为 1.75，其中厨余垃圾原料固定为 100t，其余为沼液和脱水污泥（表 6-2）。

表 6-1　上海某 TTV 干式厌氧工艺设计参数

项目设计参数	数值
进罐物料量/（t/d）	100±10
进料含固率/%	28.5±7.5
VS 含量/%	80±10
厌氧罐数量/座	2
发酵罐容积/m^3	2250
设计容积负荷/（kg VS/m^3）	8.0±2.0
消化温度/°C	55.0±1.0

表 6-2　上海某 TTV 卧式干式厌氧反应器启动方案

$R_{I/S}$	罐内 TS/%	厨余原料/t	脱水污泥/t	沼液/t	累计接种量/t
1.75	9	100	250	795	1145

注：$R_{I/S}$ 为接种物挥发性固体含量与厨余原料挥发性固体含量的比值。

厌氧系统启动后，首先投加沼液与脱水污泥，后投加厨余原料。厌氧启动阶段，干式厌氧罐沼气中甲烷浓度在 55%以上时方可投加厨余原料，厨余原料首次投加量为 3t/d。具体启动操作流程如图 6-1 所示。

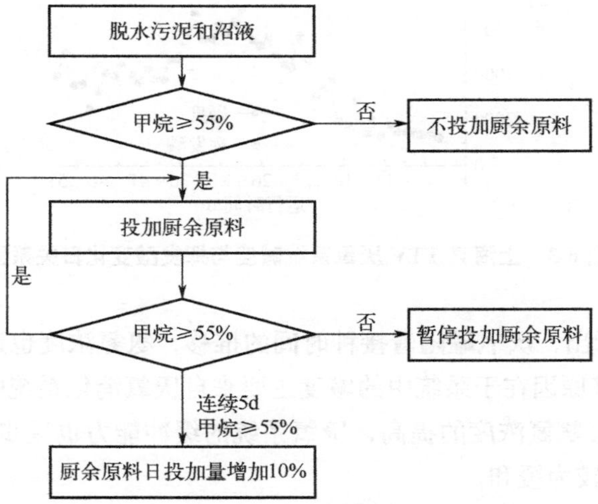

图 6-1　上海某 TTV 厌氧系统启动操作流程

从图 6-2 可以看出，厌氧罐历时 12d 完成 250t 脱水污泥和 795t 沼液的投加。厌氧罐甲烷浓度提升至 55%仅用时 16d，这主要是由于厌氧罐启动过程接种量大、接种比高，可以更快地消耗罐内的氧气，使得罐内快速形成厌氧环境。

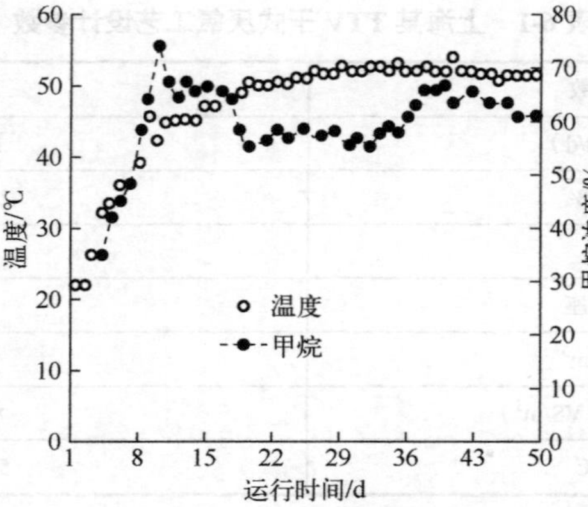

图 6-2 上海某 TTV 厌氧系统甲烷与温度变化日关系图

从图 6-3 可以看出，厌氧罐在第 12 天挥发性脂肪酸浓度仅 2000mg/L 左右，在第 28 天时达到最高值 6860mg/L，此后持续下降至 4000mg/L 左右。

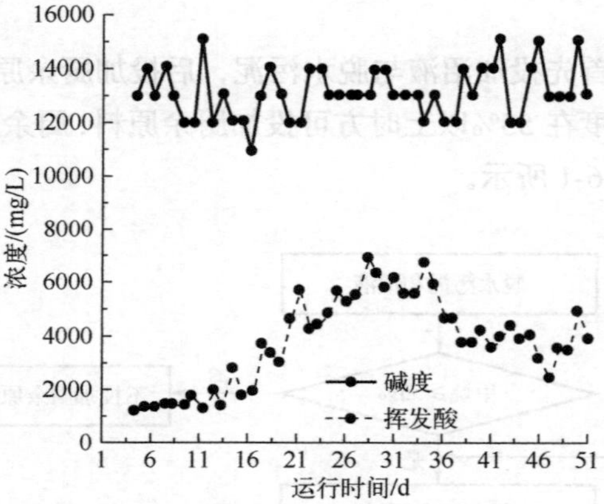

图 6-3 上海某 TTV 厌氧系统碱度与挥发酸变化日关系图

由图 6-4 可以看出，厌氧罐随着接种时间的推移，氨氮浓度也逐步提升，并稳定在 4000mg/L 左右，究其原因在于系统中的碱度主要来自厌氧消化系统中的碳酸氢铵和碳酸铵等铵盐，因此随着氨氮浓度的提高，厌氧系统的缓冲能力也逐步增强。pH 值稳定在 7.8～8.4，波动变化较为缓和。

由图 6-5 可以看出，随着后续进料量的逐步增加，干式厌氧系统有机容积负荷与日产气量呈正比，与单位原料产气量成反比。在 115d 的运行过程中，有机容积负荷提高至 10kg VS/（m^3 · d）以上之后，干式厌氧发酵罐的日产气量相应达到 10000m^3/d，系统平均单位进罐物料产气量达到在 107m^3/t。从数据分布情况分析，当有机容积负荷在 4.5kg VS/（m^3 ·d）以下时干式厌氧日产气量分布在平均趋势线附近，随着有机容积负荷的提高，日产气量的波动也逐渐增加，单位进罐物料产气量前期较高，后期缓慢下降，波动幅度

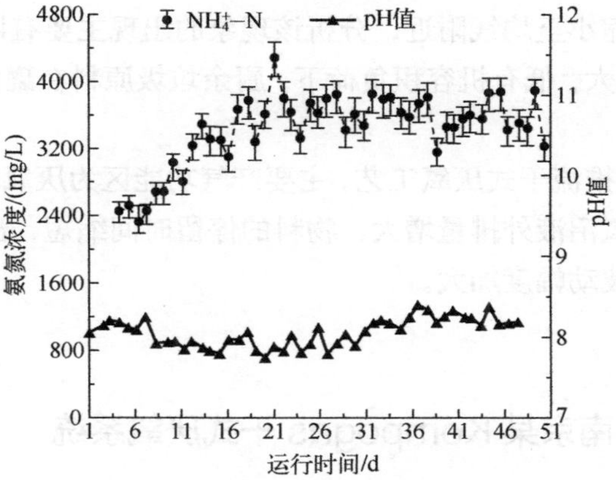

图 6-4 上海某 TTV 厌氧系统 pH 值与氨氮变化日关系图

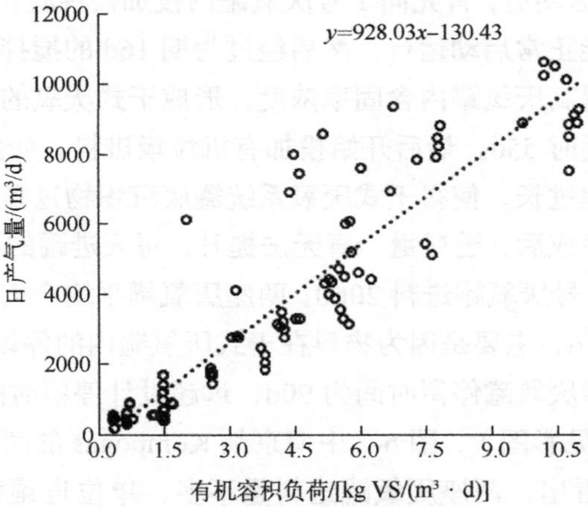

(a) 不同有机容积负荷产气量

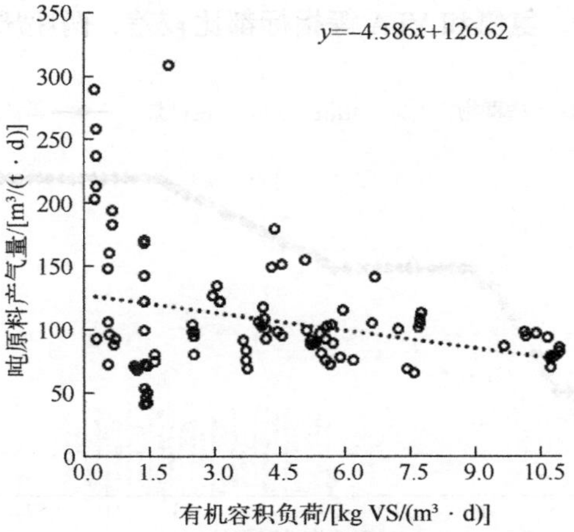

(b) 不同有机容积负荷吨产气趋势

图 6-5 上海某 TTV 厌氧系统不同有机容积负荷产气量与吨产气趋势

前期较大，后期逐渐缩小至均线附近，分析该现象的出现主要有以下2个方面的原因。

① 前期接种量较大，低有机容积负荷下，厨余垃圾原料在罐内的停留时间较长，厌氧消化降解较为彻底；

② 由于采用卧式推流干式厌氧工艺，主要产气功能区为厌氧罐的中后端，当有机容积负荷升高之后，厌氧沼液外排量增大，物料的停留时间缩短，出现了一定的甲烷活性污泥流失，使得产气波动幅度加大。

6.3.1.2 案例二：南京某 Kompogas 干式厌氧系统

南京某 Kompogas 干式厌氧系统设置干式厌氧发酵罐两座，设计单罐处理能力为100t/d。干式厌氧开始启动后，首先向1号厌氧罐内投加接种底物，接种至罐内搅拌器浸没状态，确保搅拌器能正常启动运行；然后经过为期16d的搅拌混合与升温后，开始投加增稠物质，以逐步提高厌氧罐内含固率浓度，形成干式厌氧的推流状态，达到满负荷运行液位，整个过程耗时55d，最后开始投加有机垃圾进料。如图6-6、图6-7所示。

由于接种启动过程过长，使得干式厌氧系统罐底沉积物过多，系统的出料不正常，两座厌氧罐全部启动完成后，进料量一直无法提升。每天进罐的有机垃圾仅30t，其中1号厌氧罐进料10t/d，2号厌氧罐进料20t/d。两座厌氧罐平均产气量只有4200m^3/d，单位进罐物料产气量154m^3/t，主要是因为物料在干式厌氧罐内的停留时间过长，1号厌氧罐停留时间为180d，2号厌氧罐停留时间为90d，远超设计停留时间18d。

从图6-6（书后另见彩图）、图6-7中南京某 Kompogas 的两座厌氧罐进料量和单位原料产气量对比可以看出，两座厌氧罐进料量不多，单位进罐物料产气量也分别达到101m^3/t和187m^3/t的较高水平，但是在运行管理过程中长期低负荷进出料，从图6-8不难发现，厌氧罐内COD、氨氮和VFA等指标都比较差，两座厌氧罐在进料量较低的情

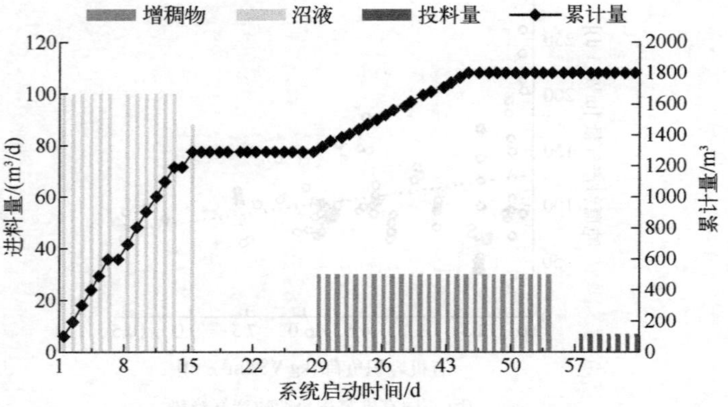

图6-6 南京某 Kompogas1 号厌氧罐接种启动流程

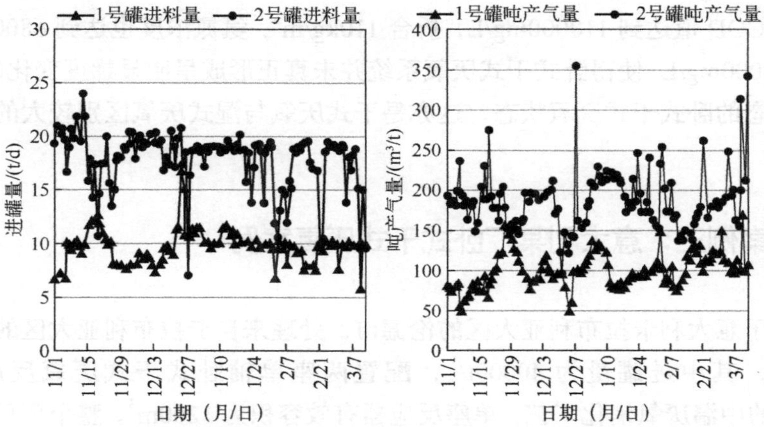

(a) 进料量对比　　(b) 吨产气量对比

图 6-7　南京某 Kompogas 厌氧罐进料量与吨产气量对比

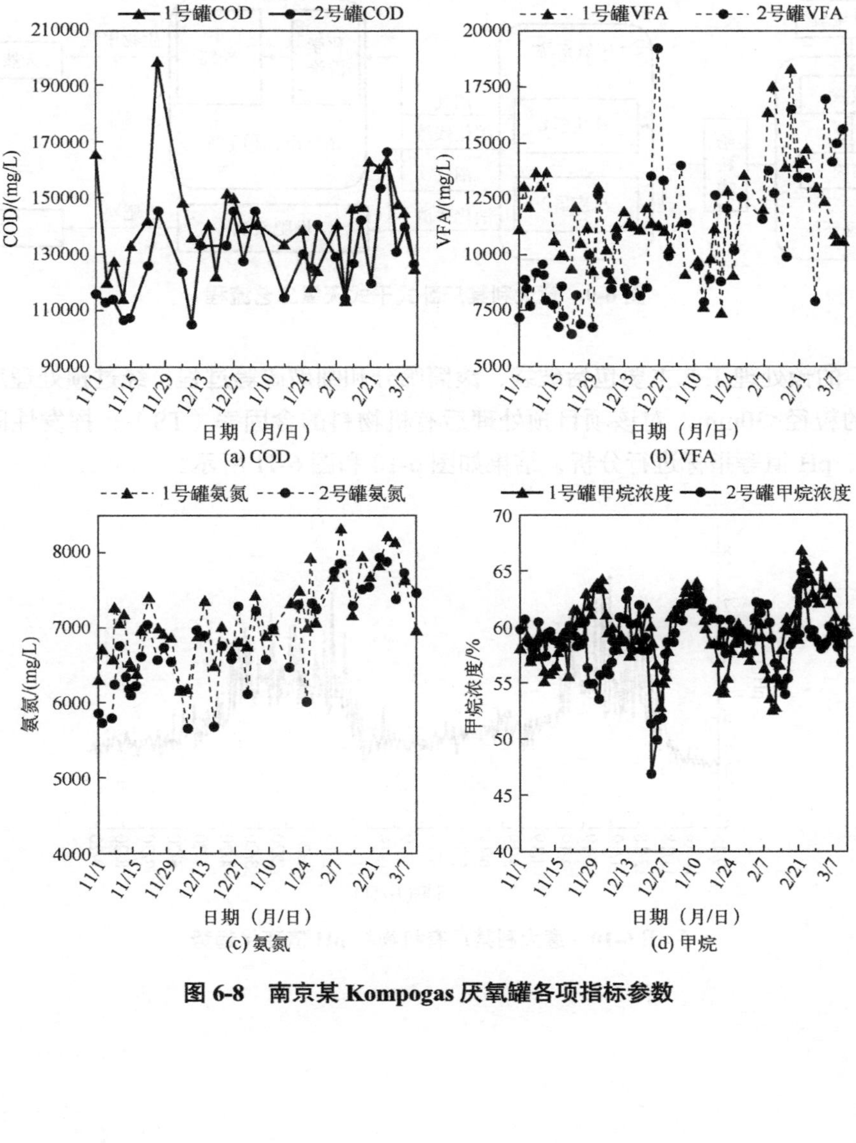

(a) COD　　(b) VFA

(c) 氨氮　　(d) 甲烷

图 6-8　南京某 Kompogas 厌氧罐各项指标参数

况下，罐内 COD 值达到 110000mg/L，折合 110kg/m^3，氨氮浓度也达到 6800mg/L，VFA 浓度达到 10000mg/L，使得卧式干式厌氧系统并未真正形成呈明显梯度变化的推流状态，即推流式流态的卧式干式厌氧状态。这亦是干式厌氧与湿式厌氧区别较大的方面。

6.3.1.3 案例三：意大利某厂卧式干式厌氧案例

该厂位于意大利卡拉布利亚大区的伦德市，处理来自卡拉布利亚大区的分类厨余垃圾 43000t/a，其中进罐量为 40000t/a，配置两座单轴卧式干式厌氧反应器，采用 40℃±0.5℃的中温厌氧消化工艺，单座反应器有效容积为 1200m^3。整个项目的工艺流程如图 6-9 所示。

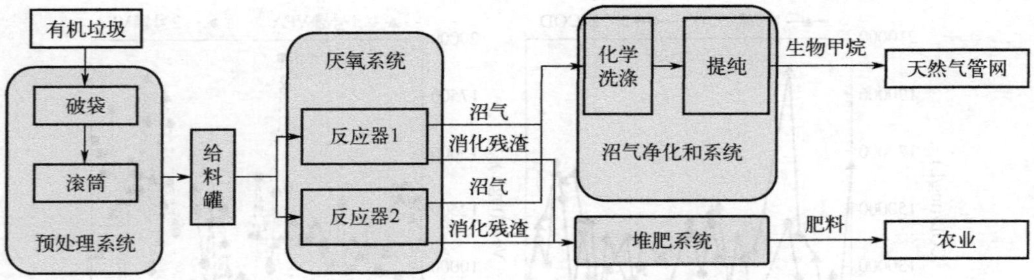

图 6-9 意大利某厂卧式干式厌氧工艺流程

该厂的预处理工艺主要包括破袋、滚筒筛分和细破碎等过程，经过预处理后得到有机物料的粒径<30mm。对该项目预处理后有机物料的含固率（TS）、挥发性固体含量（TVS）、pH 值等指标进行分析，结果如图 6-10 和图 6-11 所示。

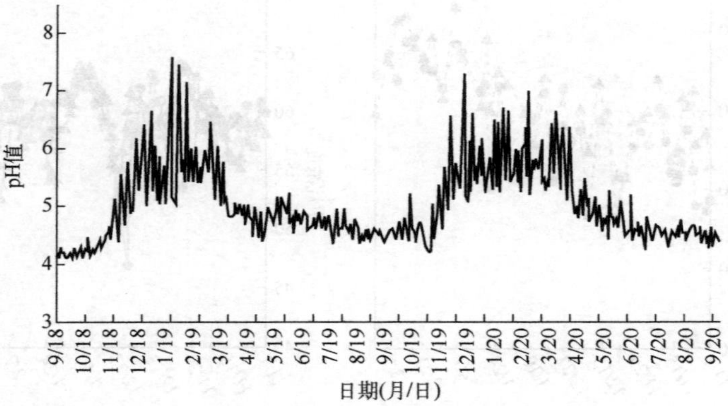

图 6-10 意大利某厂有机物料 pH 值变化趋势

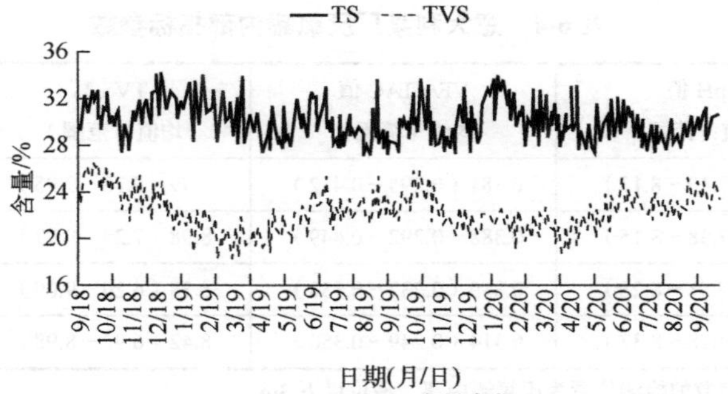

(a) TS、TVS含量变化

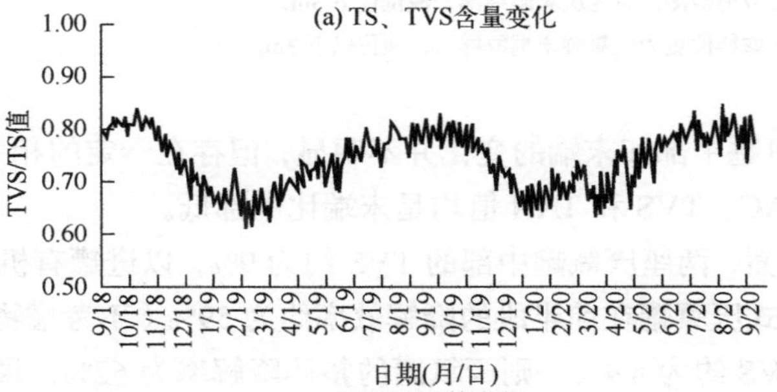

(b)TVS/TS值变化

图 6-11 意大利某厂有机物料的 TS、TVS 含量及其比值变化趋势

如图 6-10、图 6-11 所示，预处理后的有机物料 TS 随着季节变化不大，平均含固率在 30%以上，而 TVS 和 pH 值则呈现出季节性的变化趋势，即每年的 5～11 月期间，气温较高，进厂垃圾中有机质含量较高，6～9 月 TVS 平均为 23.1%，更容易水解产酸，pH 值平均为 4.5；11 月至次年 4 月期间，气温较低，进场垃圾有机质含量偏低，1～4 月期间 TVS 平均为 21%，pH 值平均为 5.7。

随着伦德市厨余垃圾特性的季节变化，其干式厌氧进料亦存在一定的波动。在气温较高的季节，单罐进料量为 51～54t/d，在气温较低的季节，单罐进料量为 55～58t/d。同时，每天的进料平均分配到 24h 内分批次连续投加。单位进罐物料的产气量可以达到 170m^3/d，甲烷浓度达 59%。

表 6-3 为该厂两座厌氧罐产气情况，表 6-4 为厌氧罐连续两年的指标（pH 值、VFA/TAC 值、TVS 和 TAN）变化情况。从数据来看，两座厌氧罐的 pH 值、VFA/TAC、TVS

表 6-3 意大利某厂厌氧罐产气数据

参数指标	1 号厌氧罐（R1）		2 号厌氧罐（R2）	
	沼气	甲烷	沼气	甲烷
甲烷浓度/%	59.22		58.96	
日产气量（标）/（m^3/d）	9661	5709	9865	5829
吨物料产气量（标）/（m^3/t）	177.3	104.8	181.0	107.0
容积产气量（标）/（m^3/m^3 罐容）	8.05	4.76	8.22	4.86

表 6-4　意大利某厂厌氧罐内部指标参数

检测位置	pH 值 均值（范围）	VFA/TAC 值 均值（范围）	TVS/% 均值（范围）	TAN/（g/L） 均值（范围）
1 号罐内	7.90（7.40～8.13）	0.381（0.295～0.452）	8.99（6.78～9.95）	3.79（2.55～4.51）
2 号罐内	7.89（7.38～8.15）	0.388（0.292～0.449）	8.98（7.24～9.97）	3.76（2.78～4.39）
1 号罐沼液	8.01（7.81～8.28）	0.319（0.232～0.358）	8.38（6.20～9.09）	3.55（2.02～4.27）
2 号罐沼液	8.02（7.78～8.37）	0.314（0.249～0.350）	8.42（6.92～8.98）	3.44（2.18～4.16）

注：1. 1 号和 2 号罐内参数的检测位置为厌氧罐中部，液位以下 3m。

2. 1 号和 2 号罐沼液取样位置为厌氧罐末端取样口，液位以下 3m。

和 TAN 数据在厌氧罐中部和末端的变化并不明显，但存在一定的相关性，即 pH 值中部比末端低；VFA/TAC、TVS 和 TAN 值均是末端比中部低。

从降解效率方面，两座厌氧罐中部的 TVS 约为 9%，以进罐有机物料 TVS 为 22.2% 进行分析，两座干式厌氧罐在前半段的降解效率约为 59%（不考虑物料降解产气后体积减小）；末端的 TVS 约为 8.4%，则厌氧罐的整体降解率为 62%，说明有机物料进入卧式干式厌氧后，绝大部分的有机物料在前半段行程中已经被降解消耗完。至于末端氨氮比中部低这一现象，其原因可能是氨氮主要通过微生物降解蛋白质类有机物产生，在厌氧罐后半段行程参与降解和分解过程较少，加上系统搅拌的作用使得厌氧后半程液体中的氨氮释放。

6.3.2 立式干式厌氧系统

6.3.2.1 案例一：杭州某厨余垃圾处理厂

杭州某厨余垃圾处理厂设置两座干式厌氧消化罐（A/B 罐），单罐有效容积为 2500m³，单罐设计处理能力为 80t/d，两罐合计处理能力为 160t/d。项目于 2021 年 4 月 27 日开始厌氧罐接种，5 月 19 日停止接种，累计接种物料 2694t，其中牛粪约 500t，其余为市政污泥。接种完成后，A/B 厌氧罐的平均料位为 14m。由于采用大量含固率较高的接种原料，系统进料后第 3 天，厌氧罐内的物料就产生甲烷气体，随着启动接种量的逐步升高，甲烷浓度快速上升，接种启动 2 周后（5 月 11 日）甲烷浓度达到 50%以上，如图 6-12 所示。

该厂自开始接种至 2021 年 6 月 29 日，进厂物料达到设计负荷量 80%以上。由于进厂物料品质较差，经预处理分选后得到有机物料约 100t/d，实际运行时两个厌氧罐的总有效容积为 4000m³ 左右。从 2021 年 6 月 29 日至 2022 年 1 月 31 日的连续运行数据表明，厨余垃圾平均处理量约为 169t/d，厌氧罐有机物料平均进料约为 96t/d，日产沼气约

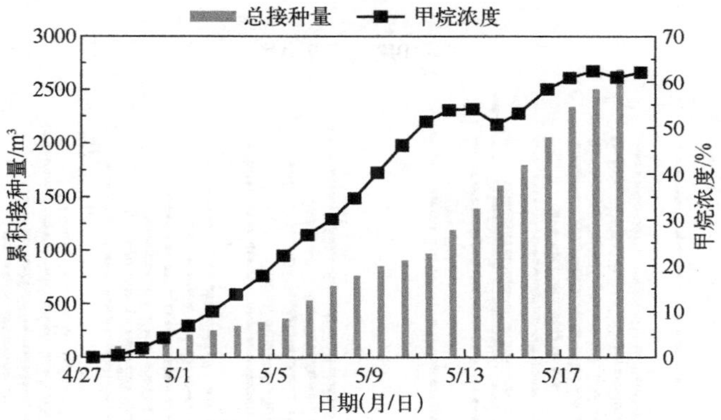

图 6-12 杭州某厨余垃圾处理厂厌氧罐接种启动过程

12216m³/d，单位有机物料产气量达127m³/t，沼气甲烷平均浓度为59%，最大日产气量为18212m³/d，具体如图6-13所示。

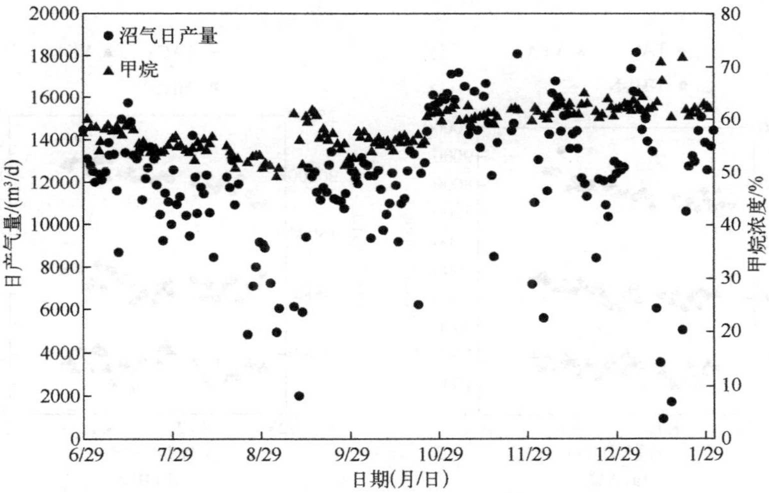

图 6-13 杭州某厨余垃圾处理厂立式厌氧罐产气和甲烷浓度

从产气量和甲烷浓度统计数据可以看出，产气量波动较大。主要有以下两方面原因：

① 预处理系统调试期间，出现设备故障（螺旋卡堵），导致厨余垃圾处理量不足；

② 厌氧进料设备沉砂堵塞或者脱水管路堵塞，导致无法正常进料与出料。

另外，当系统负荷（缓冲体系）足够时，剧烈的进料波动对系统的整体运行并无破坏性影响，表明该干式厌氧系统具有良好耐冲击负荷性能。

从系统的运行参数分析，厌氧系统内的平均COD（总COD）值达到60000mg/L、TAC（总碱度）达19500mg/L、VFA含量达1650mg/L、VFA和TAC的比值为8%、NH_4^+-N含量为4250mg/L，指标参数处于合理区间。具体如图6-14、图6-15所示。

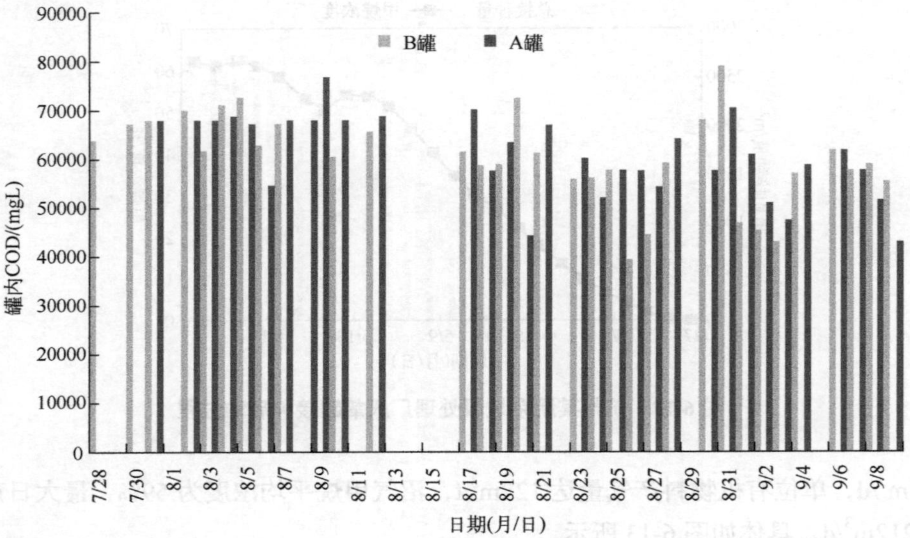

图 6-14　杭州某厨余垃圾处理厂立式厌氧 COD 指标

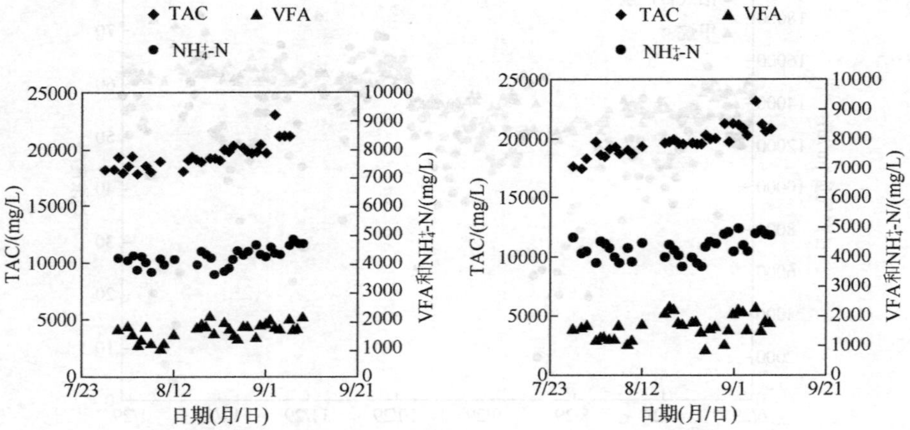

(a) A罐　　(b) B罐

图 6-15　杭州某厨余垃圾处理厂立式厌氧酸、碱和氨氮指标

6.3.2.2　案例二：上海某厨余垃圾处理厂

该厨余垃圾处理厂设置 4 条干式厌氧消化系统，单罐有效容积为 3500m^3，单罐设计处理能力为 100t/d，合计处理能力为 400t/d。厌氧罐接种用时 21d，接种物料 1436t，其中牛粪约 292t，其余 1144t 为湿式厌氧脱水污泥。先期接种 500t 时，罐内气体采用应急排空模式，此后开始沼气并管，开始连续检测甲烷浓度。接种完成后，1 号厌氧罐平均料位为 13m。接种完成后，厌氧罐甲烷浓度达到 50%以上，具体如图 6-16 所示。

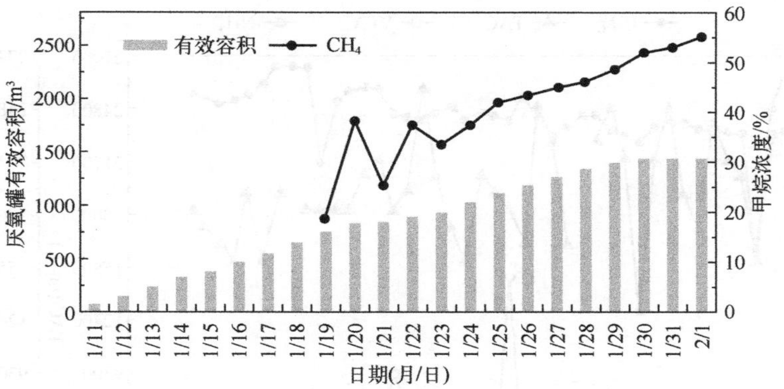

图 6-16 上海某厂厌氧罐接种过程

接种完成后，对厌氧罐进行为期 4d 的罐内指标检测，确认罐内参数稳定之后，开始投加厨余垃圾原料，至液位达到 2600m^3 时，开始脱水系统的带料调试。系统运行期间，有 3 个月的进场原料不足，厌氧罐的进料量不稳定，后期随着原料保证量逐步提升，厌氧罐平均进料量达到 60t/d 左右，厌氧罐物料日均产气量达到了 8000m^3/d，单位进罐物料产气量达到 147m^3/t。如图 6-17 所示。

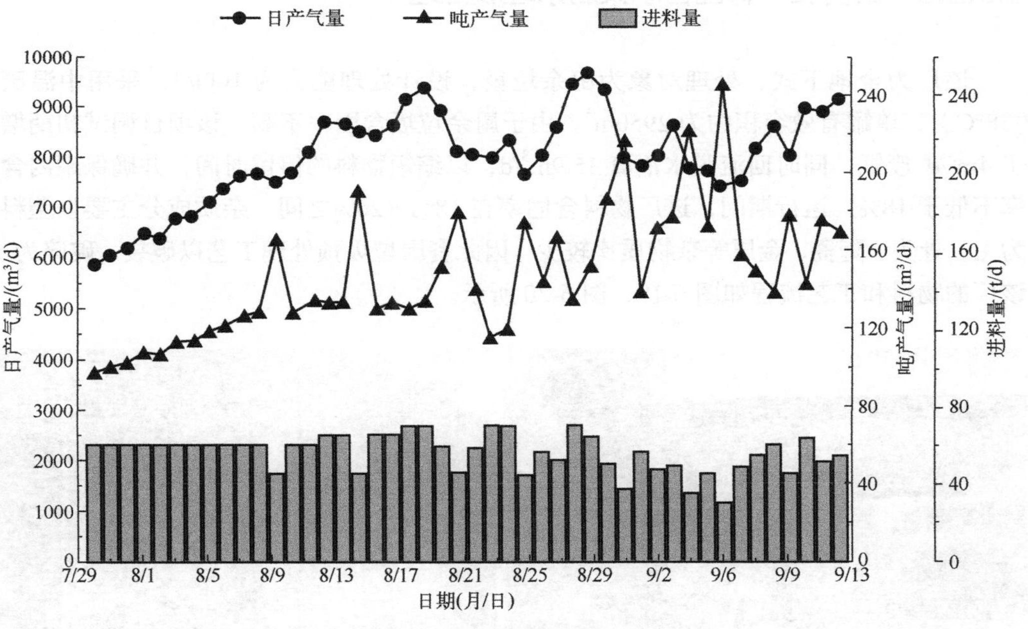

图 6-17 上海某厂厌氧罐进料和产气分析

从罐内指标来看，该厂立式干式厌氧罐在进料达到 60t/d 左右时，罐内 TAC 平均值为 20227mg/L，VFA 平均含量为 5221mg/L，VFA 和 TAC 含量的比值 25.8%，NH_4^+-N 含量为 5323mg/L，平均甲烷浓度为 60.8%，罐内各项指标参数基本合理。如图 6-18 所示。

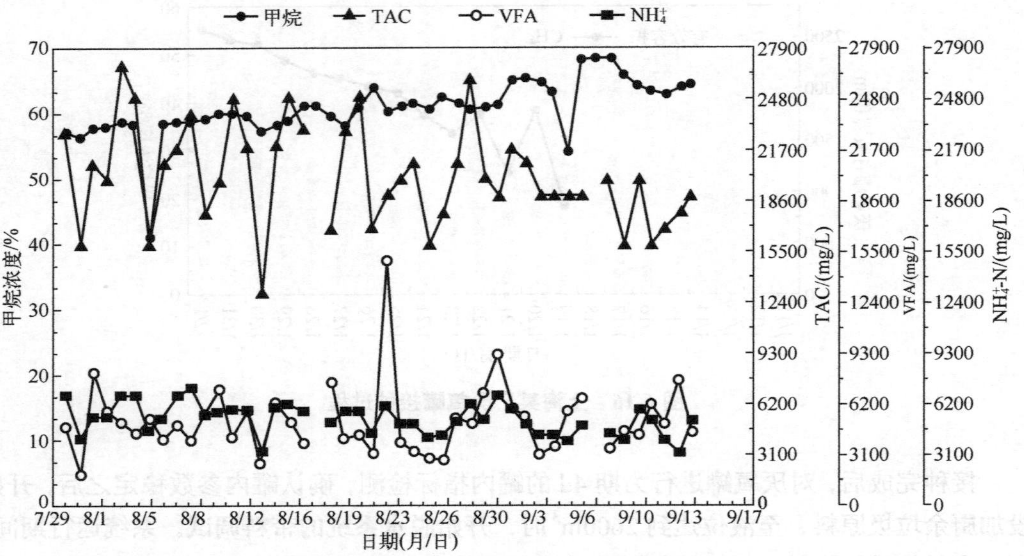

图 6-18　上海某厂厌氧罐各项参数与甲烷分析

6.3.2.3　案例三：韩国首尔某厨余垃圾处理厂

该厂为全地下式，处理对象为厨余垃圾，设计处理能力为100t/d，采用中温厌氧（38℃），单罐有效容积约为2950m^3。由于厨余垃圾含固率不高，该项目调试初期增加了4m^3/d 废纸，同时回流脱水沼渣35.9m^3/d，以缩短物料的停留时间，并确保罐内含固率不低于18%。运行期间，进厂物料含固率在18%～20%之间，杂质成分主要以塑料袋为主，骨头、陶瓷、金属等杂物质比较少，因此餐厨垃圾预处理工艺以破袋、破碎为主，该厂的物料和工艺流程如图 6-19、图 6-20 所示。

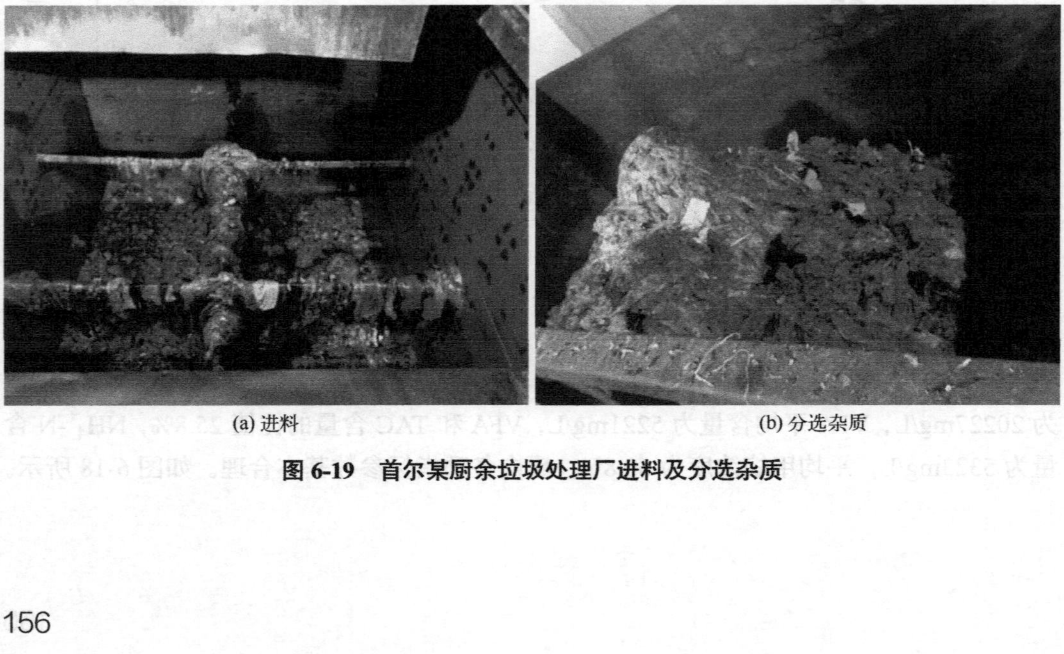

(a) 进料　　(b) 分选杂质

图 6-19　首尔某厨余垃圾处理厂进料及分选杂质

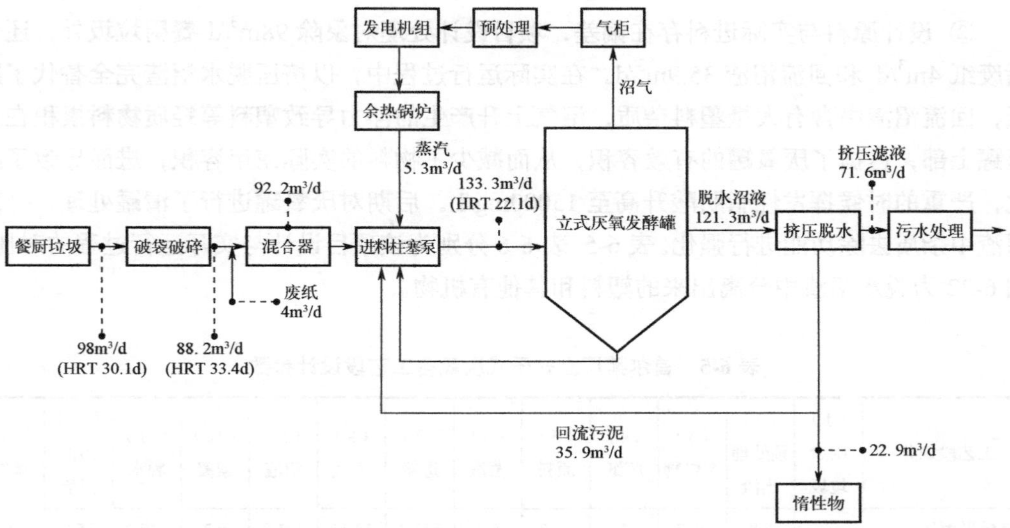

图 6-20　首尔某厨余垃圾处理厂立式干式厌氧工艺流程

进入满负荷运行后，平均月处理量为 2500t 左右，平均日进料量为 83t/d。餐厨垃圾平均产气量为 126m³/t。在系统运行中期，项目出现酸化情况，挥发性脂肪酸升高至 7000mg/L，为了避免系统酸化加剧，相应减小厨余垃圾的处理能力。如图 6-21 所示。

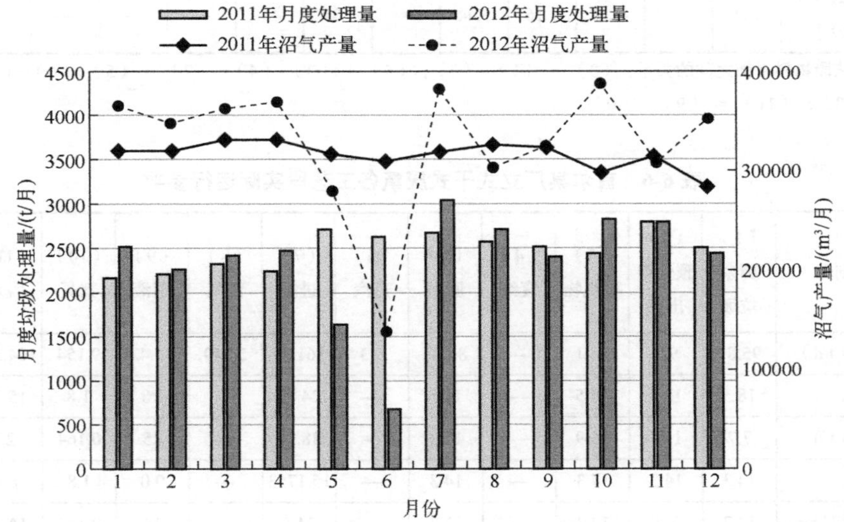

图 6-21　韩国首尔某厂立式项目两年运行数据

分析出现酸化的原因主要有以下两个方面：

① 预处理工艺仅设置破袋和破碎预处理设备，使得厨余垃圾中过多的废塑料、骨头等杂质进入厌氧系统。

② 设计原料与实际进料存在偏差，项目设计处理对象除 98m^3/d 餐厨垃圾外，还包括废纸 4m^3/d 和回流沼渣 35.9m^3/d。在实际运行过程中，以挤压脱水沼渣完全替代了废纸；回流沼渣中含有大量塑料杂质，沼气上升产生的浮力导致塑料等轻质物料累积在厌氧罐上部，占据了厌氧罐的有效容积，从而减少了物料的实际使用容积，进而导致了酸化，严重的时候挥发性脂肪酸升高至 15000mg/L。后期对厌氧罐进行了清罐处理，并对沼渣中杂质去除功能进行强化。表 6-5、表 6-6 分别为该项目设计与实际运行过程的对比。图 6-22 为脱水沼渣中分离出来的塑料和其他有机物。

表 6-5　首尔某厂立式干式厌氧各工艺段设计参数

工艺段划分	(1)厨余垃圾	(2)预处理出渣	(3)有机物	(4)废纸	(5)原料	(6)蒸汽	(7)进罐	(8)沼气	(9)沼液	(10)絮凝	(11)脱水	(12)污泥回流	(13)堆肥
物料平衡/(t/d)	98	9.8	88.2	4	92.2	5.3	133.4	12.12	121.2	9.2	130.4	35.9	22.9
TS/%	18.5	18.5	18.5	95.0	21.8	—	24.5	—	18.0	1.8	16.9	35.0	35.0
总干物质/(t/d)	18.13	1.81	16.32	3.8	20.12	—	32.66	—	21.82	0.16	22	12.54	8.02
VS/%	14.3	14.3	14.3	85.5	17.4	—	17.1	—	9.9	1.8	9.3	1.9	1.9
总挥发性固体/(t/d)	14	1.4	12.6	3.4	16	—	22.84	—	12	0.16	12.17	6.8	4.4
HRT/d	30.1	—	33.4	—	32.0	—	22.1	—	—	—	—	—	—
有机负荷/[kg VS/(m^3·d)]	4.75	—	4.28	1.16	5.44	—	7.74	—	—	—	—	2.31	—

注：各工艺段物料平衡之间的关系：(3) = (1) − (2)；(5) = (3) + (4)；(7) = (5) + (6) + (12)；(9) = (7) − (8)；(11) = (9) + (10)。

表 6-6　首尔某厂立式干式厌氧各工艺段实际运行参数

工艺段划分	(1)厨余垃圾	(2)预处理出渣	(3)有机物	(4)废纸	(5)原料	(6)蒸汽	(7)进罐	(8)沼气	(9)沼液	(10)絮凝	(11)脱水	(12)污泥回流
物料平衡/(t/d)	95.87	9.8	86.1	—	86.07	5.3	161.37	5.949	155.421	9.154	164.575	70
TS/%	18.5	18.5	18.5	—	18.5	—	24.01	—	16	1.8	15.21	32.6
总干物质/(t/d)	17.74	1.81	15.9	—	15.9	—	38.74	—	25	0.164	25	22.82
VS/%	14.3	14.3	14.3	—	14.3	—	15.1753	—	9.0	1.8	8.6	17.4
总挥发性固体/(t/d)	13.7	1.4	12.3	—	12.3	—	24.5	—	14	0.164	14.15	12.18
HRT/d	30.8	—	34.3	—	34.3	—	18.3	—	—	—	—	—
有机负荷/[kg VS/(m^3·d)]	4.64	0.47	4.17	—	4.17	—	8.30	—	—	—	—	—

注：各工艺段物料平衡之间的关系：(3) = (1) − (2)；(5) = (3) + (4)；(7) = (5) + (6) + (12)；(9) = (7) − (8)；(11) = (9) + (10)。

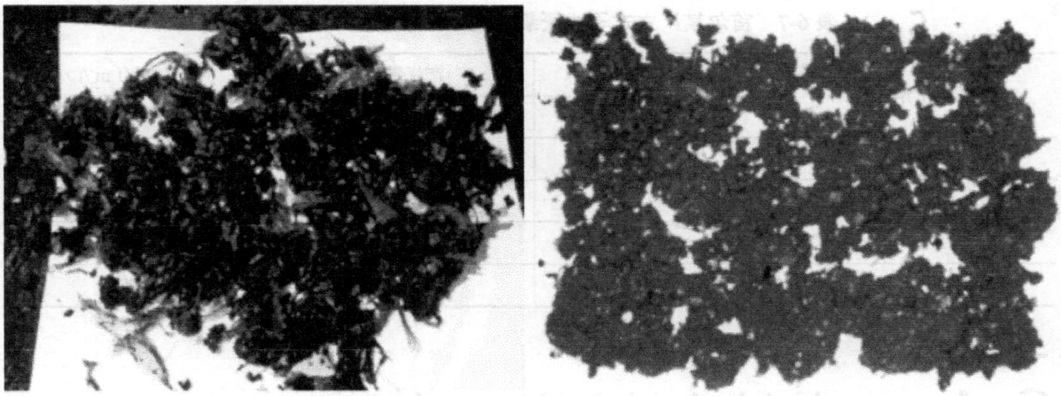

(a) 分离出的废塑料　　　　(b) 分离出的其他有机物

图 6-22　脱水沼渣分离出来的塑料和其他有机物

改造完成后，项目重新启动调试，厨余垃圾进厂量为 98t/d，平均每天分选出来的杂物为 20t/d，最终实际运行负荷维持在 4.4kg VS/（m^3·d）。

根据图 6-23、表 6-7 中的调试数据分析可知，由于立式干式厌氧系统内部无机械搅拌设备，所以其罐内含固率是干式厌氧反应器稳定运行的关键指标，同时预处理过程中轻质杂物的去除率是影响系统稳定运行的重要因素。虽然挤压脱水沼渣的回流对控制罐内含固率很有效，但挤压沼渣中的轻质杂物回流累积不利于厌氧系统的长期稳定运行。

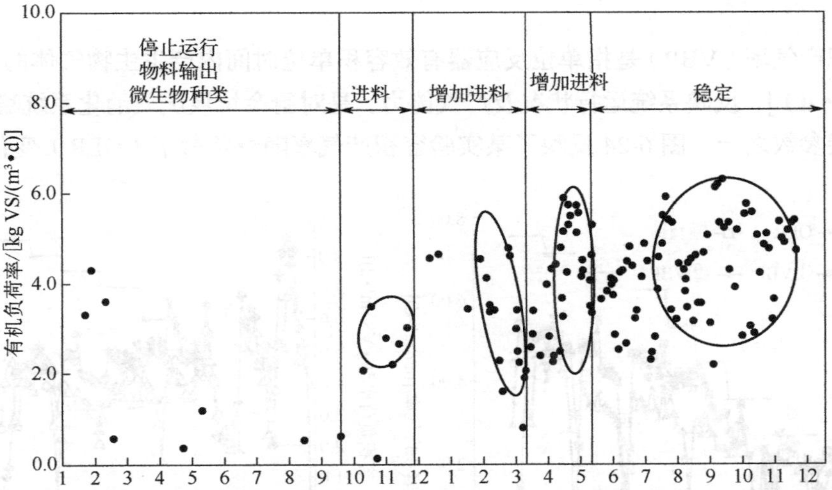

图 6-23　首尔某厂立式干式厌氧二次调试过程

表 6-7　首尔某厂立式干式厌氧后续 2014 ~ 2017 年生产分析

年份/年	垃圾处理量/10^4t	产气量/m^3	吨产气量/（m^3/t）
	3.06	3.06×10^6	100
2014	3.42	4.35×10^6	127
2015	3.39	4.27×10^6	126
2016	3.31	3.96×10^6	120
2017	3.15	4.27×10^6	136

6.4　工艺健康特征体系表征

从上述运行管理案例不难发现，干式厌氧工程案例的常规控制参数主要包括进出料的总固体含量、挥发性固体含量、罐内碱度（VIC）、氨氮、挥发性脂肪酸和容积产气率等参数。工艺参数在厌氧反应器的运行管理过程中主要起到保障系统设备的稳定运行、保证反应器内稳定的微生物生存环境等作用，最终的目的是提高系统的处理能力和产气效率。在不同的工艺参数之间也存在一定的相关性，通过不同工艺指标的对比和对比参数的比值分析，可以提前判断干式厌氧工艺的运行状态。

6.4.1　容积产气率、VS 变化及其预警性能

容积产气率（VBP）是指单位反应器有效容积单位时间内产生生物气体的量[单位为 $m^3/(m^3 \cdot d)$]，反映系统运行状况及产气能力，是对厨余垃圾厌氧消化系统稳定性判定的最直接参数之一。图 6-24 反映了某实验容积产气率随着负荷率（OLR）变化的规律。

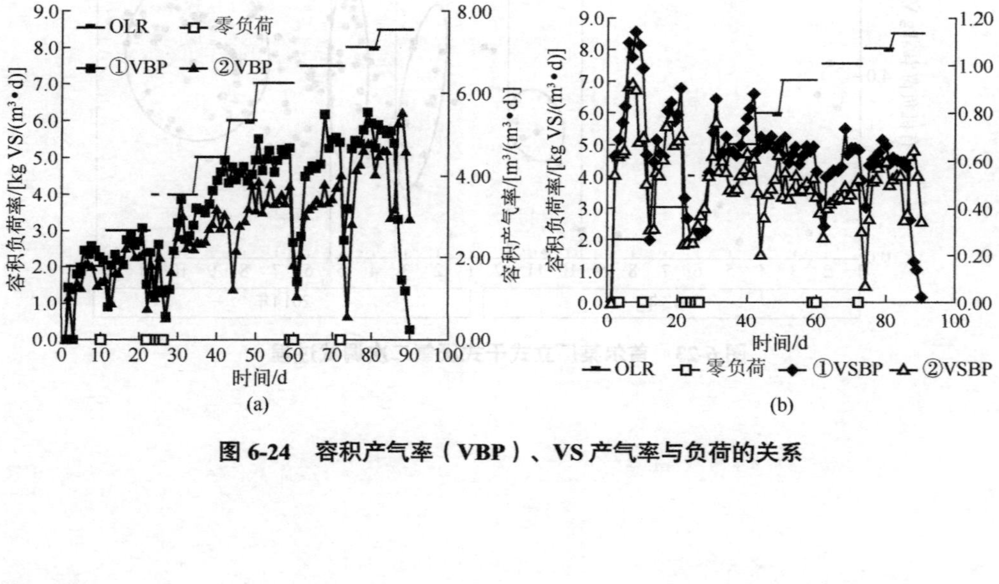

图 6-24　容积产气率（VBP）、VS 产气率与负荷的关系

在负荷提升的初期，随着负荷率增加，反应器容积产气率显著稳定增加。当容积负荷率增加至设计值后，容积产气率达 5.0m^3/（m^3·d）；随着容积负荷率继续增加，容积产气率提升的幅度趋缓，这主要原因是：

① 系统内有效微生物已经受到一定程度的抑制；

② 随着负荷的增加，系统停留时间不足、有机物降解不彻底。图 6-24 中系统内总固体浓度维持在 18.35%±0.5%，挥发性固体物质的含量随容积负荷率的增加逐渐增加（VS 含量由初始的 35%增加至 65%以上）也说明了上述观点。继续增加容积负荷，系统产气过程受到抑制，说明系统内部代谢过程受阻，进入失衡状态。

由上述分析可知，干式厌氧系统内挥发性固体含量在一定范围内与容积产气率呈正相关，但罐内挥发性固体含量的变化趋势较为缓慢，需要通过较长时间的数据统计分析来进行判断。

6.4.2 COD、VFA 的变化及其预警性能

图 6-25 中，VFA 和 COD 随着实验负荷率的增加呈现增加趋势。在容积负荷率由 6.0kgVS/（m^3·d）增加至 7.5kgVS/（m^3·d）过程中，沼渣离心液中 COD 浓度增至 12000mg/L，同时 VFA 有小幅增加，但其增加速度小于 COD，保持在 2000mg/L 以下；当容积负荷率由 7.5kgVS/（m^3·d）增至 8.5kgVS/（m^3·d）时，系统中 COD 与 VFA 浓度剧增。可见，系统受容积负荷率的影响较大，中间产物出现明显积累，具有一定的指示性。

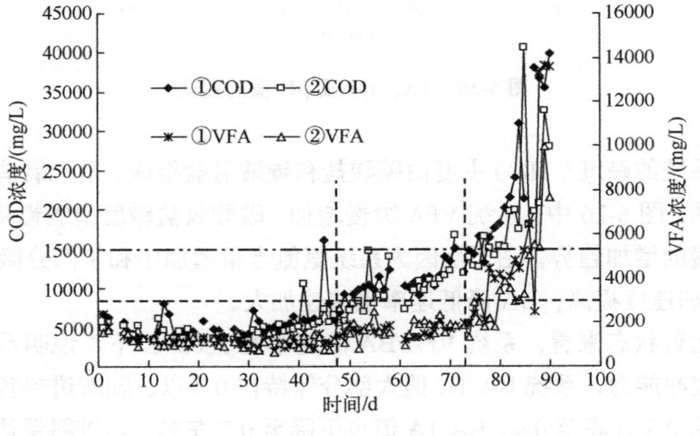

图 6-25　COD、VFA 与负荷的关系

挥发性脂肪酸主要在有机物料的水解阶段产生，以乙酸、丙酸和丁酸三种为主。在干式厌氧系统中，厌氧罐内含固率比较高，有机物料水解酸化后，扩散效果较差，当干

式厌氧罐出现挥发性脂肪酸抑制时其总挥发性脂肪酸含量通常会超过 8000mg/L，或者挥发性脂肪酸中乙酸含量超过 2000mg/L。

解决挥发性脂肪酸抑制的主要措施是降低有机容积负荷，其次是通过短期的污泥回流稀释降低厌氧反应器中挥发性脂肪酸的累积，必要时可通过添加碱性药剂调节。添加碱性药剂能将其中的游离酸转化为盐，以降低其对微生物的抑制效果，当然挥发性脂肪酸最终仍需通过厌氧微生物的消耗降解，以根本性减少挥发性脂肪酸的累积。

6.4.3 碱度、碳酸氢盐碱度以及 pH 值的变化及其预警性能

图 6-26 汇总了本实验中沼液离心脱水后清液的总碱度（TA）、沼渣混合液的碳酸氢盐碱度（BA）和 pH 值随容积负荷增加的变化情况。

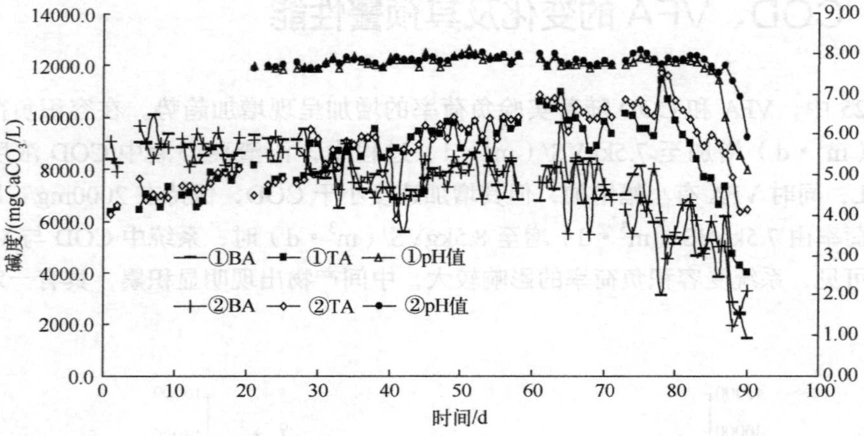

图 6-26 TA、BA 及 pH 值的变化

厌氧消化系统的碱度（TIC）主要由碳酸盐和碳酸氢盐组成，是厌氧消化反应器内最主要的缓冲体系。图 6-26 中，系统 VFA 缓慢增加，碳酸氢盐碱度呈缓慢降低趋势，系统总碱度却呈缓慢的增加趋势，主要是因为系统氨氮含量增加中和了部分微增的 VFA。后期随着 VFA 增加速度提高，BA 降低速率也快速加大。

从系统的运行状态来看，系统 VFA/BA 值基本处于 0.3 以下，说明系统缓冲能力较好，具备一定缓冲能力，系统 BA/TA 值大部分保持在 0.8 以。随着进料负荷的增大，系统 VFA/BA 值由 0.3 升高至 0.4，BA/TA 值也下降至 0.7 左右，当进料量达到临界时，系统内 VFA/BA 值急剧增加，累积的 VFA 量已经完全超出了 BA 的消耗能力，BA/TA 值也下降至 0.4～0.7。

综上所述，针对负荷冲击，系统总碱度和 pH 值响应程度较 BA 滞后些，三者对厨余垃圾厌氧消化系统失衡的预警性排序如下：BA > TA > pH 值。厌氧系统的缓冲体系是否

平稳是系统能否稳定运行的重要保证；从指标参数分析，当 BA/TA 值≥0.8 时，VFA/BA 值<0.3，系统可以安全稳定地运行。

6.4.4 TKN、TAN 的变化及其预警性能

图 6-27 通过实验表达了厨余垃圾厌氧消化系统中凯氏氮（TKN）和氨氮（TAN）随时间的变化关系。试验前 80d 随着容积负荷的增加，TKN、TAN 逐渐增加；TKN 增长速率略大于 TAN 增长速率。TKN 包括有机氮和无机氮两部分，有机氮几乎均以氨基酸的形式存在，也就是说厨余垃圾中氮素代谢途径畅通，没有受到抑制。

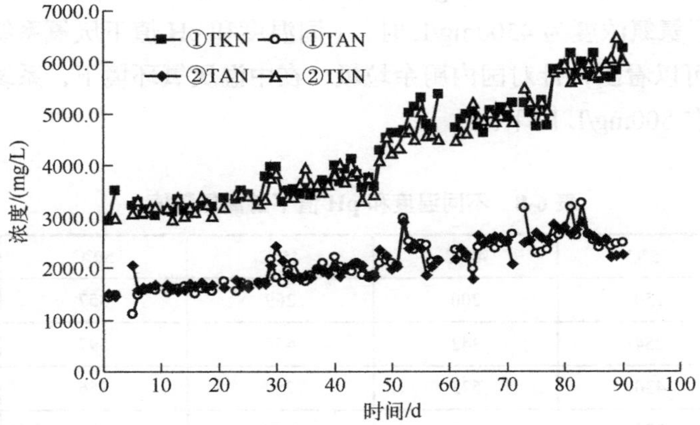

图 6-27 TKN 及 TAN 的变化

氮元素也是微生物生长繁殖的必需元素。有机物料经过干式厌氧系统消化后，氮元素主要形态为游离氨分子和铵盐形态的无机氮。当厌氧系统中的 TAN 浓度过高时，容易对厌氧微生物产生毒性抑制，系统的降解效率就会出现下降，厌氧系统的挥发性脂肪酸升高。Kavhanian 提出了两种氨氮抑制的机理解释：

① 甲烷合成酶通道被铵根离子占据，影响了甲烷合成效率；

② 游离氨分子（与水分子大小相同）在渗透压作用下进入甲烷菌细胞内部，引起甲烷菌细胞内部质子失衡或者缺钾现象，导致甲烷菌中毒。

两者存在一个动态平衡，具体如下述公式所示：

$$\{NH_3\}=\frac{0.94412\{NH_4^+\}_{Ges}}{1+10^{pK_a\text{-}pH}} \tag{6-7}$$

$$pK_a=0.0925+\frac{2728.795}{t+273.15} \tag{6-8}$$

式中 $\{NH_4^+\}_{Ges}$——指厌氧反应器中的氨氮浓度，mg/L；

$\{NH_3\}$——游离氨的浓度，mg/L；

t——厌氧反应器温度，℃；

pH——厌氧反应器内部 pH 值。

针对氨氮或者游离氨的抑制阈值，目前还没有一个统一的标准。不少研究表明，当游离氨浓度在 300～800mg/L、氨氮浓度在 1500～3000mg/L 时会发生厌氧菌抑制现象。也有一些研究表明，即使氨氮浓度达到 4000mg/L 时厌氧系统也没有出现厌氧菌抑制现象，并将这一情况解释为甲烷菌的耐受性得到了驯化。这些研究成果主要在湿式厌氧系统中得出，在干式厌氧系统中还未见有较为系统的报道。在国内已有厨余垃圾干式厌氧的工程案例中，氨氮值控制在 4500mg/L 左右时干式厌氧系统均能稳定运行。

表 6-8 列出了氨氮浓度为 4500mg/L 时，不同温度和 pH 值下厌氧系统中游离氨浓度计算值。从表中可以看出，针对国内厨余垃圾，在中温厌氧环境下，系统中的游离氨浓度绝大部分维持在 800mg/L 以下。

表 6-8　不同温度和 pH 值下游离氨数值　　单位：mg/L

pH 值	35℃	40℃	45℃	50℃	55℃
7.5	150	200	269	357	467
7.75	254	342	456	597	765
8.0	430	573	750	956	1193
8.25	709	923	1171	1447	1741

第7章

干式厌氧工程常见问题及措施

- ▶ 预处理环节常见问题
- ▶ 厌氧系统运行常见问题
- ▶ 解决措施

7.1 预处理环节常见问题

7.1.1 沥水

预处理环节在以下两个阶段会产生沥水：第一阶段是料坑沥水；第二阶段为预处理设备（螺旋）沥水。图 7-1 为沥水现状实物图（书后另见彩图）。

(a) 抓斗取料

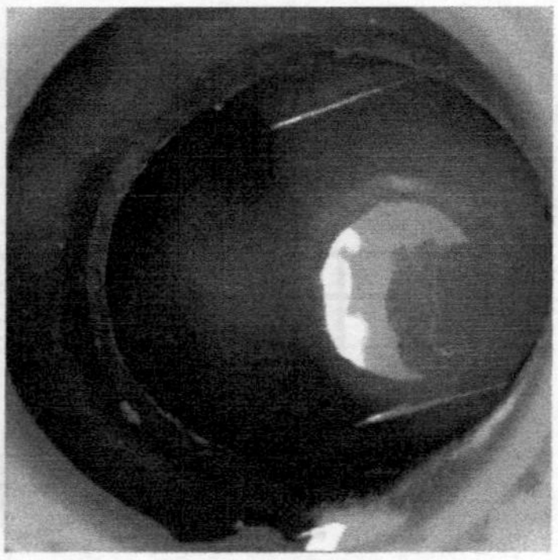

(b) 通孔沥水

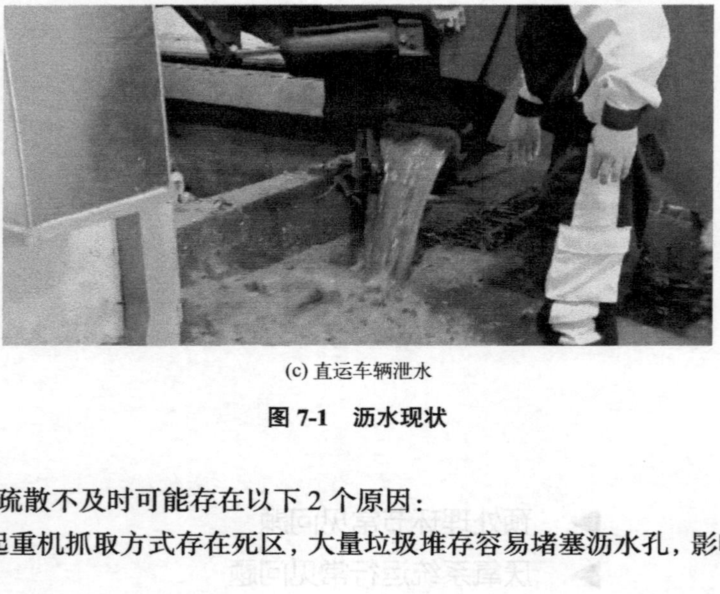

(c) 直运车辆泄水

图 7-1 沥水现状

料坑沥水疏散不及时可能存在以下 2 个原因：

① 抓斗起重机抓取方式存在死区，大量垃圾堆存容易堵塞沥水孔，影响了料坑沥水的快速导流；

② 车辆卸料高峰时段，料坑内接纳大量随转运车辆倾倒的游离态沥水，短时间不能及时泄出，导致料坑沥水超量蓄积。

在预处理环节，料坑通孔沥水和螺旋沥通不顺畅会影响分选后有机物料的含固率，有机物料含固率过低会导致物料输送困难，如图 7-2 所示。

(a) 人工分拣积水　　(b) 车间污水收集池积渣

(c) 缓存料仓漏料　　(d) 沥水管道堵塞

图 7-2　预处理环节沥水问题

我国北方地区一些城市，由于进厂的厨余垃圾含固率较高，基本没有游离水，所以厨余垃圾转运车辆进入卸料大厅完成卸料后，一般不用冲洗车辆尾部。总体而言，北方地区厨余垃圾含水率低，各预处理单元产生的沥水较少。图 7-3 为北方地区某厂进厂厨余物料（书后另见彩图）。

图 7-3　北方地区某厂进厂厨余物料

7.1.2 人工分拣及物料转运

国内厨余垃圾的分类水平参差不齐，有些城市的进厂厨余垃圾不可避免会掺杂大件垃圾，为保障预处理系统的连续稳定运行，人工分拣成为厨余垃圾预处理环节的必要工段。因此，在实际生产过程中，除了配备分拣工人外，还需要统筹考虑人工分拣出的大件垃圾物料（图 7-4）的搬运与处置。

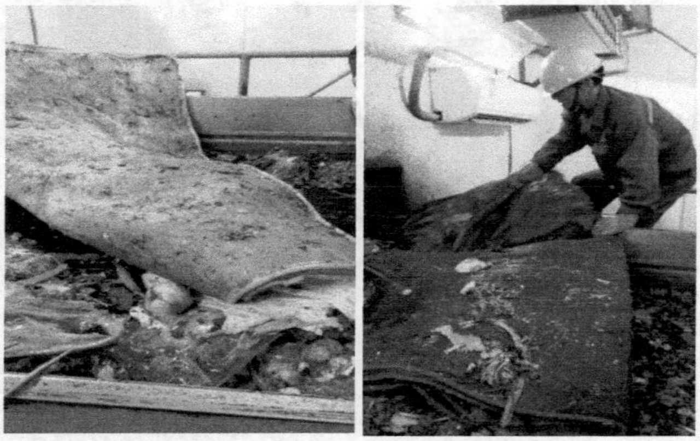

(a) (b)

图 7-4 人工分拣的大件物品

在垃圾分类水平较差的城市，进厂厨余垃圾品质较差，人工拣选分拣出的易碎和惰性大件物品种类多、尺寸大（图 7-5），这些物品如不经破碎处理，难以通过皮带输送机输送外运，因此针对分类效果很差的地区，厨余垃圾预处理环节需预留人工分拣工位以及大件垃圾的输送与临时存放空间。

(a) 板房铝合金板材 (b) 大件织物 (c) 大件床垫

图 7-5 某厂人工分拣大件垃圾现状

7.1.3　设备磨损与维护

生物质破碎机采用机械撞击研磨方式对厨余垃圾进行破碎。在厨余垃圾混杂惰性杂质较多时，破碎机的破碎锤头实际寿命会显著减少，例如由原设计寿命 5000～10000h 减少至 2000h 左右，此时破碎锤头更换成本显著增高，同时造成厨余垃圾预处理系统出渣率周期性偏高。

生物质破碎机（图 7-6 和图 7-7）是厨余垃圾预处理环节容易磨损的设备，除需定期更换锤头外，为维持破碎机的高效运行，破碎机的筛网亦应定期采用高压冲洗等有效措施做好清洁维护。

图 7-6　生物质破碎机结构

(a)　　(b)

图 7-7　生物质破碎机刀轴磨损状况

7.1.4 物料粒径

生物质破碎机通过筛网可以将大部分的轻质杂质过滤拦截，但往往由于破碎机摆锤的强大破碎功能，有机质被破碎得过于细碎，这对干式厌氧后端的脱水系统造成很大的影响：一方面使螺杆挤压脱水机的拦截效果变差，从而增加离心脱水工段的负荷；另一方面导致厌氧系统内部缺少结构性物质，厌氧罐内物料含固率低，罐底和管道的沉砂风险大大增高。因此，物料破碎后的粒径不宜太细小。

7.2 厌氧系统运行常见问题

7.2.1 酸化控制

厌氧发酵罐出现酸化情况后，可通过添加片碱（NaOH）调节罐内 pH 值，外加片碱会使系统 pH 值快速上升，从系统恢复情况来看，采用添加片碱方式快速恢复系统 pH 值是可行的，但是干式厌氧发酵系统酸化后系统恢复周期较长。

7.2.2 厌氧罐内含固率

干式厌氧罐内物料的含固率不宜低于 20%，含固率太低会导致罐内物料分层的风险，而且厌氧产沼效率会降低。

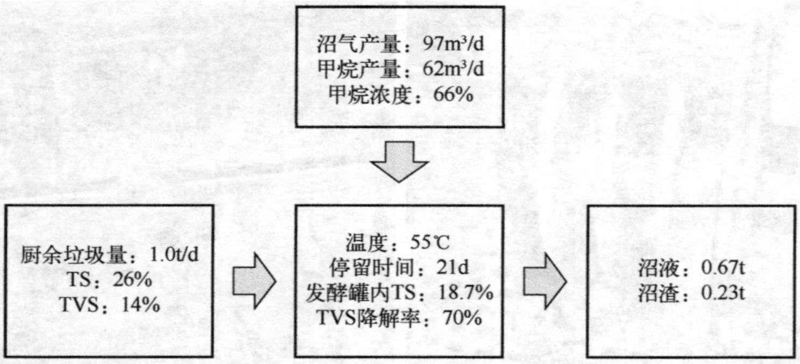

图 7-8 厨余垃圾常见高温干式厌氧物料平衡

根据图 7-8 的物料平衡分析，1t 厨余垃圾原料通过干式厌氧系统可以产生沼气 $97m^3$，折合甲烷 $62m^3$，最终产生 0.67t 的沼液和 0.23t 的沼渣。由物料平衡分析可知，单纯的厨余垃圾原料进行干式厌氧发酵必须解决厌氧罐内含固率低的问题。

7.2.3 厌氧罐内浮沫

干式厌氧系统运行失衡时，厌氧罐内会出现浮沫污泥（图7-9），浮沫的产生也会造成严重的后果，如浮沫上升进而堵塞高压水封管和沼气出气管会导致厌氧罐罐内沼气压力升高。为了确保厌氧罐安全，超过容许压力会自动启动罐顶紧急泄压阀。

图7-9 干式厌氧罐内的浮沫

浮沫主要由气体泡沫、絮状污泥构成。浮沫产生一方面是由于厨余垃圾含碳量较高，碳氮比失衡；另一方面是由于干式厌氧罐内的含固率偏低，存在一定的分层现象，导致絮状污泥上浮，最终形成浮沫。为了保障厌氧罐安全运行，可以通过添加适量的消泡剂，用于消减厌氧罐内的浮沫。实验证明，消泡剂可以实现快速消减浮沫，效果也较明显，但是作为工程化应用，成本偏高，亦不便操作。

7.3 解决措施

针对厨余垃圾干式厌氧运行过程中出现的酸化、厌氧罐含固率低、罐内分层以及浮沫等问题，结合厨余垃圾厌氧过程机理，通过罐外回流沼渣等措施，实现了厨余垃圾干式厌氧系统的稳定运行。

7.3.1 酸化控制

干式厌氧工艺运行过程中物料含固率高，当出现酸化状况时通常是因为进料量过大或者进料分配不合理。因此，可以从降低进料量和提高污泥浓度两个途径予以控制。

通常情况下，短期内降低进料量是避免干式厌氧系统酸化加剧的稳妥措施。在酸化情况不严重的情况下干式厌氧系统可以通过自身的缓冲体系减轻并消除酸化的现象。正常情况下，当系统的进料量降低之后系统产生沼气中的甲烷浓度会有所上升。随着时间的延长，在日常的检测中挥发性脂肪酸的浓度也会逐渐下降，经过一段时间的低负荷运行，系统内挥发性脂肪酸的浓度也逐渐降低至正常值，碱度亦随之上升达到正常运行值。

当干式厌氧系统恢复正常并达到较高负荷后，为了避免再次出现酸化的情况，可以通过优化进料时间的分配来调控，例如前期是8h进料制，后续可以调整为12h进料制。通过优化进料时间的分配，避免干式厌氧原料进入反应器后产生局部酸化而影响到反应器整体的状态。

提高污泥浓度是缓解系统酸化的辅助手段，当反应器内部出现挥发性脂肪酸升高的现象后，可以采用加强内部回流的方式来改善反应器局部环境。

7.3.2 含固率控制

干式厌氧反应器内含固率变化较慢，从某中试案例（图7-10、图7-11）也可以发现，随着反应器内进料量的增加，反应器的产气量和含固率亦在缓慢上升。在实际工程案例中，干式厌氧反应器内含固率低通常是厌氧启动初期辅料添加不足或者长期进料量偏

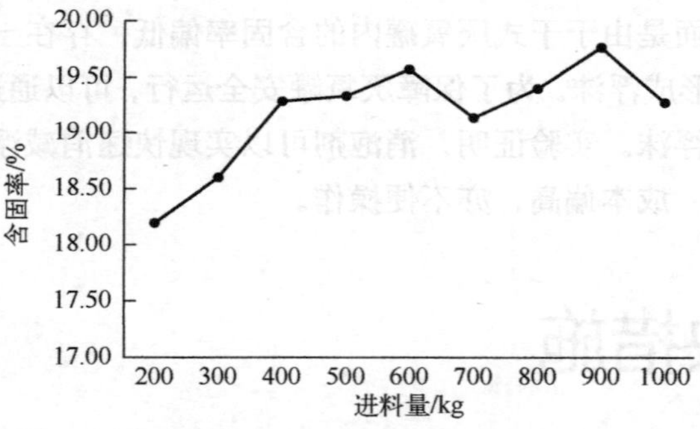

图 7-10 工艺优化后罐内含固率变化

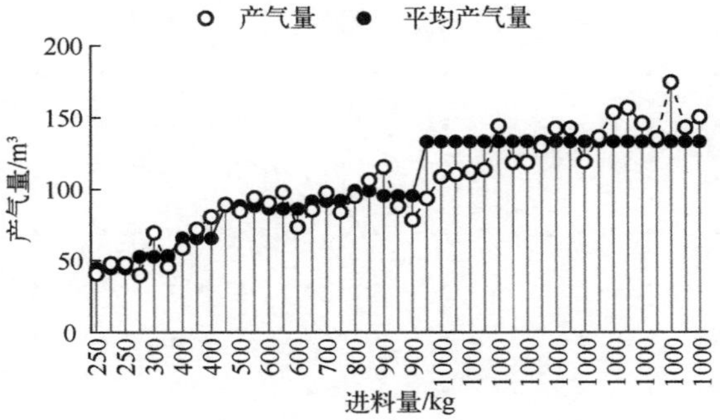

图 7-11 工艺优化后系统产气量变化情况

低、导致反应器内污泥发生内源消化引起。因此，解决措施以添加辅料为主，以其他措施为辅。

添加辅料是解决干式厌氧低含固率的主要措施，当反应器内含固率达到设定值后宜提高进料量以维持反应器稳定的含固率。

无论是通过增加辅料还是进料量来调控干式厌氧反应器内部含固率，重点都在于原辅料的含固率不能太低，当然原辅料含固率也不是越高越好，且其含固率应同相应输送设备的输送性能相匹配。

如果增加原辅料量都无法持续满足反应器内含固率的调控需求，亦可以考虑调整厌氧罐的液位或者采用脱水污泥回流的方式来保证干式厌氧反应器内部的含固率。

7.3.3 浮沫控制

干式厌氧系统产生浮沫的原因比较多，常见原因包括：

① 反应器不正常代谢，也可能是无机颗粒上浮导致；

② 反应器内细小絮状污泥含量过高，产生的沼气散逸不通畅；

③ 反应器有机物含量过高，例如挥发酸等指标高、挥发性固体含量高，或者反应器内丝状菌等杂菌膨胀等，导致反应器内物料黏度增加。

一般而言，干式厌氧系统产生浮沫都是上述多种因素叠加的结果。一旦发生浮沫膨胀，反应器必须停止进料，减轻负荷，必要的时候还要降低液位，避免浮沫膨胀之后堵塞沼气管道引起更严重的后果。

控制浮沫的措施有多种方式，通常包括加快排泥缩短厌氧菌泥的停留时间、稀释反应器内物料、降低物料黏性、应急情况投加消泡剂以避免浮沫膨胀堵塞气路。

第8章 干式厌氧工程工艺指南

- ▶ 预处理工艺设计
- ▶ 厌氧系统工艺设计
- ▶ 其他要求

8.1 预处理工艺设计

8.1.1 预处理组合工艺的选择

① 家庭厨余垃圾原料按分类效果可划分为源头精细分类、源头干湿分类和源头不分类三种类型，源头精细分类指原料中的有机质含量可以达到 80%左右，含水率为 75%左右，杂质含量较少，预处理应考虑沥水与预脱水措施；源头干湿分类指原料中有机质含量为 65%左右，含水率为 70%左右，根据转运方式宜合理采用集中预泄水措施；源头不分类指原料中有机质含量约 60%，含水率约为 65%或者更低，原料中杂质异物、大件垃圾多，预处理宜采用多级筛分组合工艺。

② 根据家庭厨余垃圾原料分类效果合理选择家庭厨余垃圾预处理工艺路线。源头精细分类的厨余垃圾宜采用一级筛分工艺，源头干湿分类的厨余垃圾宜采用二级筛分工艺，源头不分类的厨余垃圾宜采用三级筛分工艺。

③ 公共厨余垃圾原料组分受地域和季节影响较大，预处理应考虑长条纤维类有机物料的切碎粒径、含水率高的瓜果蔬菜的沥水和预脱水以及编织袋和塑料瓶等杂质的去除。

④ 家庭厨余垃圾和公共厨余垃圾预处理线宜独立设置。

8.1.2 厨余预处理系统优化设计

8.1.2.1 料坑与抓斗

① 料坑的有效容积宜按照日处理规模的 50%临时缓存计算，并满足 3～5 车次物料堆存的容积，料坑应日产日清。

② 料坑的平面尺寸应大于抓斗最大张角直径的 2.0 倍，料坑卸料口应设置车挡、渗滤液导排设施。

③ 料坑的除臭进风口的位置应避开抓斗转驳、混料和投料等操作的影响范围。

④ 料斗应靠近料坑中线或边线布置，以方便抓斗安全投料。料斗的高度应方便抓斗操作室观察料斗输送设备的启停和投料状态。

8.1.2.2 输送设备

① 皮带输送机宜水平布置，如安装倾角大于 10°时宜选用具有防滑构造的输送皮带。

② 两条皮带输送机连接处或者皮带输送机与其他设备连接处应设置便于拆卸的减震软连接和软帘，以方便皮带刮料器、清扫器等辅助配件的维护。

③ 皮带输送机顶部防护罩和底部接渣盘宜采用方便拆卸的卡扣连接，并预留一定空间，便于皮带输送机的清洁维护。

④ U型无轴螺旋输送机长度>6m时，其内部衬板宜采用尼龙衬板，以减小因无轴输送螺旋的变形引起的设备抖动和噪声。

⑤ U型螺旋输送机之间或者螺旋输送机与其他设备连接处应设置减震软连接。螺旋输送机之间的连接溜槽长度应大于1.5倍螺距，且连接溜槽位置应设置可拆卸的检修清堵口。螺旋输送机与其他设备连接时，连接处应预留足够大的容积，避免物料卡堵。

8.1.2.3 破碎机

① 破碎机的刀轴孔径应根据其位置和预处理工艺确定，当破碎机布置于预处理系统前端时，刀轴孔径按照以下要求选取：当采用一级筛分预处理工艺时，破碎机应具有细破碎功能，其刀轴孔径宜为100mm；当采用二级筛分预处理工艺时，破碎机应具有粗破碎功能，其刀轴孔径宜为200mm，当采用三级筛分预处理路线时，破碎机应具有破袋功能，其刀轴孔径宜为300mm。

② 破碎机位于预处理系统后端、用于有机物料破碎时，其刀轴孔径应满足干式厌氧工艺和设备的进料粒径要求。

8.1.2.4 滚筒筛

① 针对高含水率、高有机质含量的厨余垃圾，滚筒筛内部应配备破袋刀，其筛孔孔径宜为100mm；针对低含水率、低有机质含量的厨余垃圾，滚筒筛不要求具有破袋功能，其筛孔孔径宜<80mm。

② 滚筒筛应配置照明、视频监控以及开关门保护和急停等连锁保护功能，以方便运行维护。

8.1.2.5 碟盘筛

① 碟盘筛的安装角度应合理选取。针对高含水率、高有机质含量的厨余垃圾，碟盘筛应稍向上倾斜，即筛上物出口比进料口高度高；针对低含水率、低有机质含量的厨余垃圾，碟盘适宜水平安装或者筛上物出口比进料口低。

② 碟盘筛孔径应根据预处理工艺流程要求合理选择。碟盘筛用作一级筛分时，其分

孔径宜参考滚筒筛孔径选取；碟盘筛用作二级筛分时，其筛分孔径宜根据后端物料粒径控制需求适当调整，一般<60mm。

③ 碟盘筛上部及出料口上部宜设置可方便拆卸和观察的护罩，并配套相应的巡检和维护平台。

8.1.2.6　磁选机

① 磁选机宜位于一级筛分后的皮带输送机上方或者皮带输送机出料端的端头位置。

② 磁选机位于皮带输送机上部时，与物料之间的距离宜<12cm；如皮带输送机入料输送设备为螺旋输送机，磁选机前端的皮带输送机上宜设置匀料装置；有机物料进入中间料仓前宜通过磁选进一步去除金属残留物。

8.1.2.7　其他

① 粗破碎机、滚筒筛、碟盘筛以及生物质破碎机等大型动荷载设备应采取有效的减振措施。

② 工艺设备之间应设置软连接，避免上下游工艺设备间的振动源传递与叠加。

③ 厨余垃圾沥水如采用地沟导排，应在末端收集池前设置预沉渣池，地沟应采用密封盖板；厨余垃圾沥水如采用管道收集，宜结合服务范围设置若干沉渣箱。

④ 厨余垃圾沥水收集和外排宜明管敷设，并应在关键部位或根据需要间隔设置快拆检修段，以便快速拆卸、清堵和维护。

⑤ 厨余预处理车间除臭风管布置以及风管同设备的连接位置应考虑检修行车以及设备拆卸维护的影响。

⑥ 厨余预处理车间的工艺设备（含行车等）布置均应考虑必要的检修通道，以满足巡检和维护的要求。

8.2　厌氧系统工艺设计

8.2.1　卧式干式厌氧系统

8.2.1.1　卧式干式厌氧进料技术要求

① 卧式干式厌氧进料系统按照 24h 连续均匀进料配置，并应设置有机质中间料仓

或暂存料坑，储存容量应满足日处理量要求。

② 中间料仓应配备沥水收集、出料机构和匀料器等设施，沥水收集池宜设置格栅装置，避免沥水中渣物堵塞沥水外排管路。

③ 中间料仓出料宜采用液压滑架，液压滑架有推出式（液压机构在出料口后端）和拉出式（液压机构在出料口前端），出料端应设置匀料装置。

④ 卧式干式厌氧系统的进料量通过设置称重计量控制，称重计量应配备可调节水平高低的伸缩调节装置。称重装置分为连续式和序批式。连续式称重装置采用位于螺旋输送机或者皮带输送机 4 个支撑处的电子称重传感器。序批式称重装置通常配套有物料混合装置和柱塞泵进料装置，一般每个批次进料量大约为 3t。

⑤ 卧式干式厌氧进料装置分为柱塞泵进料和螺旋进料，最大处理量一般取 10 ～ 15m^3/h。采用柱塞泵进料时应配备螺旋进料器辅助进料。采用螺旋进料时，瞬时进料容积不应超过进料螺旋入口小料斗的 2/3，同时应设置阻旋开关保护装置，避免进料螺旋的堵塞冒料。

⑥ 当卧式干式厌氧采用螺旋进料时，宜在进料螺旋进料口旁设置可燃气体报警装置。

⑦ 与卧式干式厌氧进料相配套的所有有轴螺旋，其输送轴的轴径必须大于允许进料最长粒径的 1/3，即轴的周长必须大于最长物料的长度，以避免物料对轴的缠绕。

⑧ 采用柱塞泵进料时，其螺旋进料器通常布置于上端料斗的底部，并配套相应的拆卸检修口，便于螺旋进料器的维护。采用螺旋进料时，应在进料螺旋入料口处开设相应的拆卸检修口，便于进料螺旋堵塞时清堵。

⑨ 当有机物料中间缓存采用料坑方式时，宜采用抓斗起重机配合进料，且抓斗起重机应能全自动抓取物料实现卧式干式厌氧系统自动进料。

8.2.1.2 卧式干式厌氧罐技术要求

① 卧式干式厌氧罐按搅拌形式划分单轴搅拌厌氧罐和多轴搅拌厌氧罐。

② 卧式干式厌氧罐的进料口通常设置于运行液位的中上部，以确保沼气不会从进料口处泄漏。

③ 进料装置需要与干式厌氧搅拌连锁，即进料装置运行投料时，卧式干式厌氧的搅拌器装置必须处于搅拌运行状态。如采用多轴搅拌干式厌氧罐，进料装置运行时，位于进料端的第一个搅拌器必须处于运行状态。

④ 卧式干式厌氧罐的换热系统应以热水为媒介换热，中温厌氧（35～40℃）运行的厌氧罐可以采用热水盘管或者夹套钢管换热，热水温度建议<70℃，同时考虑换热管材的等级要求。高温厌氧（50～55℃）运行的厌氧罐应采用夹套钢管换热，热水温度应>80℃，同时考虑换热系统的换热面积等参数。

⑤ 卧式干式厌氧罐的取样口应不少于 3 个，间隔一定距离布置于厌氧罐的前、中和后端。正常运行工况下取样口应浸没于液面以下 0.5m 处。

8.2.2 立式干式厌氧系统

8.2.2.1 立式干式厌氧进料技术要求

① 立式干式厌氧进料应采用大流量柱塞泵进料，为保证立式干式厌氧回混比，柱塞泵每小时处理量宜大于有机物进料量的 3 倍，同时泵送缸直径宜大于物料平均粒径的 3 倍。柱塞泵的选型还需要考虑物料的含固率，通常不大于 35%，对于含固率超过 35%的物料，应加大回流量或者进行必要的稀释处理。

② 立式干式厌氧配套的管式回流螺旋的螺旋轴径应不小于物料平均长度的 1/3。

③ 立式干式厌氧罐底部所配套的管式螺旋之间宜采用法兰连接，且在螺旋进料口端设置检修盲板，盲板孔径宜大于管式螺旋管径的 2/3。

④ 立式干式厌氧进料系统配套的混料箱或者料斗必须配套有轴螺旋进料器，有轴螺旋进料器技术要求参考卧式干式厌氧柱塞泵类型的进料要求。

⑤ 立式干式混料箱或者料斗应设置视镜观察口、厨余物料进口、沼液回流口、出料口、人孔和检修口等。其中厨余进料口和沼液回流口布置于混料箱或者料斗的前端，出料口布置于混料箱或者料斗的后端，有轴螺旋进料器贯穿布置于混料箱前后端的底部，出料口连接柱塞泵进料口。视镜观察口通常布置于混料箱或者料斗的顶部，配套清洗管道，便于观察物料状态和进料螺旋是否缠绕等情况。

⑥ 混料箱及其附属管道还应配套相应阀门、仪表等，并采取有效的防护措施，避免物料飞溅造成对仪表传感器造成污染。

8.2.2.2 立式干式厌氧罐技术要求

① 立式干式厌氧罐应以碳钢罐为主，厌氧罐采用锥体形式，并配套双阀，其中靠近厌氧罐锥底的阀门为一级阀门，为常开备用阀门，宜为手自一体气动阀；一级阀门后端为工作阀（二级阀门），宜为液压阀。

② 一级阀门与厌氧罐出料口之间、一级阀门和二级阀门之间、二级阀门与返料螺旋之间的法兰宜短节连接，短节长度一般以能满足安装法兰螺栓的长度为限。

③ 一级阀门与二级阀门之间的短接应预留高压冲洗口和静压液位计。高压冲洗口接管的管径宜不小于 DN50，压力为 10 MPa，流量为 $10m^3/h$；静压液位计量程取 10 MPa。

高压冲洗时联动互锁可作为出料口堵塞的判据。

④ 立式干式厌氧罐取样口应沿罐体立面分别设置上、中、下 3 处取样口，取样口应配套接渣槽及冲洗水管。

⑤ 立式干式厌氧的换热保温参考卧式干式厌氧罐技术要求。

8.2.3 干式厌氧出料与脱水

① 干式厌氧出料通常有柱塞泵出料、真空罐出料和螺旋出料 3 种模式。采用柱塞泵出料时，宜选用单缸柱塞泵，缸径大小宜为物料平均粒径的 3 倍以上；采用真空罐出料时，其配套的管道管径大小宜为物料平均粒径的 3 倍以上，以保证物料输送通过性；螺旋出料主要应用于立式干式厌氧工艺，出料螺旋宜采用有轴螺旋，螺旋轴径应不小于最大允许物料长度的 1/3，或者与平均物料粒径的长度相同。

② 干式厌氧脱水系统应根据后端沼液处理要求设置多级脱水工艺，挤压脱水沼渣含水率不宜高于 60%，离心脱水后沼渣含水率不宜高于 80%。

③ 出料系统能力应与脱水系统容量相匹配。采用柱塞泵出料时，其配套一级螺杆挤压脱水机的缓存罐容积为 4～5 个柱塞泵冲程量。当采用真空罐出料时，其配套的一级螺杆挤压脱水机的缓存罐与真空罐有效容积相同。当采用螺旋出料时，其配套的一级螺杆挤压脱水机的缓存罐可结合项目实际空间适当放大。

④ 干式厌氧系统的一级挤压脱水机布置不宜过高，以降低干式厌氧出料输送高度与管道阻力。例如，一级挤压脱水机可布置于接渣间正上方的二楼平台，挤压出渣可直接从出渣口落入接渣车。

⑤ 出料装置与一级螺杆挤压脱水机之间的输送管道应平缓提升。输送管道应间隔设置法兰连接和冲洗口，以便于冲洗和拆卸清堵。

⑥ 干式厌氧宜采取少量多次方式出料，以便间隙排出底部种杂质物。

⑦ 干式厌氧系统的出料应与脱水系统的一级螺杆挤压脱水机及相关附属阀门仪表连锁，可采取固定时间点自动出料和人工操作自动出料两种控制方式。

⑧ 一级挤压脱水沥液宜经过预沉砂装置静置沉淀，去除部分重杂质颗粒后，再进入二级脱水系统或者暂存池。由于干式厌氧出料采用少量多次方式操作，所以预沉砂装置的大小可结合项目单次最大出料量选取。

⑨ 预沉砂装置应设置一个溢流口和多个出料口，配套沉渣提升装置等，正常生产工况下，以溢流出料为主，每日生产结束后可打开其他出料口，降低预沉砂装置的液位，同时去除底部沉积重杂质。

⑩ 一级挤压脱水宜选择螺杆挤压脱水机，二级脱水可以选择离心脱水或螺杆挤压脱水机。

⑪ 当出水 SS 要求不高时，可以采用“一级挤压脱水+预沉砂装置+二级离心脱水”

两级脱水；当出水 SS 要求较高时，可以采用“一级挤压脱水+预沉砂装置+二级离心脱水+三级离心脱水”三级脱水。如出水水质有更高的要求，可以在三级离心脱水后增加气浮预处理工艺。

8.3　其他要求

① 干式厌氧系统进、出料的工艺管道应平直、顺畅，出料管线长度宜短、提升高度不宜过高。

② 干式厌氧进、出料系统的柱塞泵、液压站、螺旋进料器等设备和装置布置应预留足够的检修空间。

③ 干式厌氧进料系统料应考虑应急接种装置或功能区域，以满足接种或添加辅料调节碳氮比时的操作要求。

④ 预处理系统内污水收集、干式厌氧消化和脱水区域的管道拆卸、清掏抢修，难免存在大颗粒、长条形杂质颗粒，以上区域的泵送设备宜采用容积式输送泵或者螺旋式离心泵。

⑤ 露天放置的出料泵、真空罐、取样口等容易产生沼液泄漏的设备应设置围堰，以免污水、污物进入雨水管网。

⑥ 北方地区所有位于室外的供水、冲洗管道和工艺管道均应配套保温甚至伴热，以防冻裂。

⑦ 干式厌氧系统宜采用二级供电电源。

第9章

干式厌氧消化工程典型案例

- ▶ 青岛市小涧西生化处理厂改扩建暨青岛厨余垃圾处理工程
- ▶ 南京江北废弃物综合处置中心一期
- ▶ 重庆洛碛餐厨垃圾处理厂
- ▶ 上海生物能源再利用项目一期
- ▶ 上海生物能源再利用项目二期

9.1 青岛市小涧西生化处理厂改扩建暨青岛厨余垃圾处理工程

9.1.1 项目概述

① 项目名称：青岛市小涧西生化处理厂改扩建暨青岛厨余垃圾处理工程。
② 建设地点：小涧西固体废物综合处置园区内，填埋场一期东侧。
③ 干式厌氧技术：Strabag 水平短轴干式厌氧。
④ 处理对象：青岛市市南区、市北区、崂山区、李沧区、城阳区的厨余垃圾。
⑤ 建设规模：家庭厨余垃圾 500t/d。
⑥ 建成投运时间：2023 年 1 月。

9.1.2 垃圾组分

该项目处理垃圾的组分见表 9-1。

表 9-1　小涧西生化处理厂处理垃圾组分

序号	组分	含量/%
1	厨余类	≥65
2	杂质	≤35
3	含水率	65～75

9.1.3 主体工艺介绍

工程总体工艺流程如图 9-1 所示。

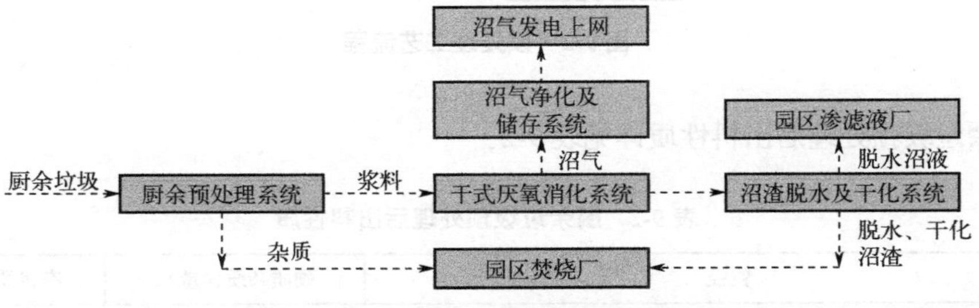

图 9-1　青岛市小涧西生化处理厂改扩建暨青岛厨余垃圾处理工程总体工艺流程

如图 9-1 所示，厨余垃圾进场后卸料至垃圾坑，通过抓斗提升至预处理线，预处理后的有机物料送入后端的干式厌氧消化系统，分选出的杂质送入园区焚烧厂；厌氧过程产生的沼气经过储存、净化后发电自用，余电上网；厌氧消化后的发酵液进行脱水及干化，液相送至园区渗滤液厂，固相送入园区焚烧厂。

9.1.4 预处理工艺介绍

本项目厨余垃圾采用“人工拣选+机械分选”的预处理工艺（图 9-2）。厨余垃圾由运输车卸至垃圾料坑，由抓斗提升至板式给料机，经皮带输送机输送至人工拣选平台，除去影响后续机械设备运行的干扰物（如玻璃瓶、超大粒径杂质、砖石等大颗粒硬物质），然后送至破碎机，将袋装的厨余垃圾破袋，以便进入后续处理设备。滚筒筛筛孔直径为 120mm，筛上物出渣，筛下物料进入碟盘筛进行筛分，碟盘筛筛网直径为 55mm，筛下物以有机质为主，通过输送机进入干式厌氧中间储料系统；筛上物与滚筒筛筛上物汇总进入出渣单元。

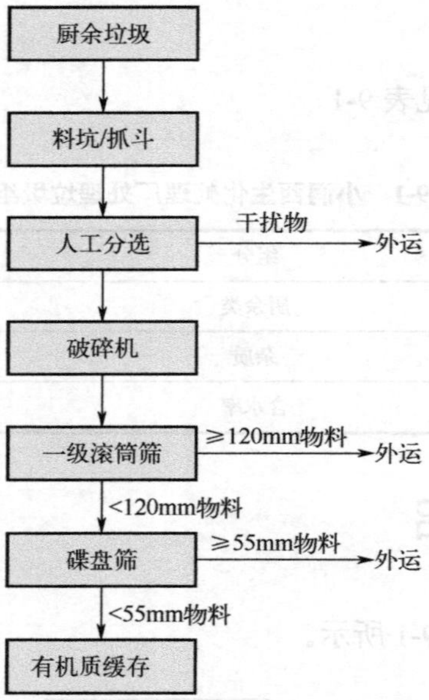

图 9-2 预处理工艺流程

厨余垃圾预处理后出料性质详见表 9-2。

表 9-2 厨余垃圾预处理后出料性质

粒径	硬质杂质含量/%	有机质含量/%
平均粒径≤60mm，且粒径≥60mm 的物质不超过 10%	≤5	≥65

9.1.5 厌氧工艺介绍

干式厌氧消化系统包括中间储料系统及厌氧消化系统两个部分。预处理后的有机垃圾通过皮带输送至中间储料罐。由中间储料罐出来的物料，通过输送机、螺旋给料机被均匀送到 3 组厌氧消化罐内。消化罐采用机械搅拌器进行搅拌，以防止物料表面结壳和沉积。每天通过出料装置排放的物料进入脱水间。

如前所述，消化罐实现 24h 均匀进料，保证生物气均匀地产生，便于选配后续设备，充分利用生物气。厌氧消化工艺参数见表 9-3。

表 9-3　厌氧消化主要工艺参数

序号	项目	单位	数值
1	物料进罐能力	t/d	300
2	消化罐有效容积	m^3	2400×3
3	设计负荷	kg VS/（m^3·d）	7.5
4	停留时间	d	24
5	消化温度	℃	约 35
6	甲烷产量（标）	m^3	34905
7	甲烷含量	%	≥55

9.1.5.1　中间储料系统

预处理后的有机垃圾输送至中间储料仓（图 9-3）。中间储料仓具有预消化功能，同时平衡预处理工作时间（8h）和厌氧消化罐进料时间（24h）之间的差异。

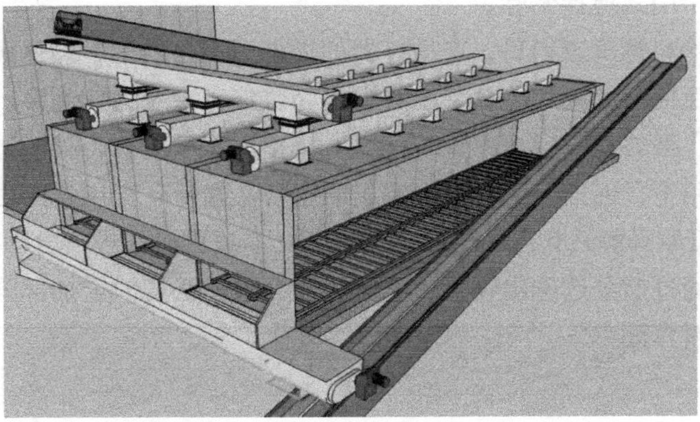

图 9-3　中间储料仓

将厨余垃圾预处理环节选出的有机垃圾，通过输送机送至中间储料仓，再通过布料螺旋在中间料仓内布料，螺旋输送机设置于料仓的顶部，从顶部向料仓内均匀布料。当一个料仓储满物料后可自动切换至另一料仓进行供料。

（1）布料系统

在布料螺旋的作用下将来自预处理工段的有机质送至3套储料仓内；在自动控制系统作用下由液压驱动的活动推杆将料仓内物料定时定量地输送至指定消化罐进行厌氧消化。物料在中间储料单元内平衡缓冲预处理车间和厌氧车间的工时不同，消化物料在储料单元内暂存一定时间，沥水和预消化可改善其消化性能。

储料仓的设计应避免物料的起拱和架桥，并考虑污水和臭气的收集。储料仓出料口的设计应避免物料堵塞，便于清理。

（2）液压滑架出料系统

在每个小隔仓内设有两套液压驱动的活动推杆，通过液压油缸推杆的往复式运行将料仓内的物料输送至储料仓的仓口，卸至出料螺旋上。液压驱动站由配设变频器的电机驱动，根据后续物料流量需求及测定值进行频率的调整，调节物料输出量，实现可靠稳定的生产运行。

9.1.5.2 厌氧消化系统

厌氧消化工艺的核心是厌氧反应器，本项目的厌氧反应器采用水平推流短轴搅拌厌氧反应器，主体为卧式长方体形钢筋混凝土箱体，箱体中心长轴两端分别为带进料螺旋的进料端和连接真空出料系统的出料端，在厌氧反应器内，从进料端到出料端，沿反应器长轴方向，均匀布置了8台垂直于长轴方向的水平布置的搅拌轴，每个搅拌轴上面带有均匀分布的4个门式搅拌桨叶。

有机垃圾从给料螺旋进料后，在搅拌器的搅拌下混合均匀，确保满足生化反应的均质性要求；进入反应器的固相物料，水解酸化为浆液，在水力作用下，逐渐由进料端往出料端缓慢移动，最终经真空出料系统出料，排出厌氧反应器，移动过程中，有机质在厌氧微生物的作用下，逐渐分阶段进行有机质水解、酸化、产甲烷的生物转化和生化反应，最终完成有机质降解转化产生沼气的全过程。本项目设计进料含固率为20%～35%，垃圾状况差时，通过前分选选出物料、中间料仓沥水，必要时增加部分园林垃圾或回流沼液方式控制进料含固率。

9.1.5.3 沼渣脱水系统

沼渣脱水系统由螺杆挤压系统、二级脱水系统组成。

自厌氧反应器真空出料的沼渣高压输送至一级螺杆挤压脱水机上部的缓存罐，物料经阀门控制后通过进料段的料槽自流入螺杆挤压脱水机，在脱水机内由变径螺旋带动物料前行，螺旋为变径式设计，出料端有气顶挡板，物料在挡板受阻被越压越紧，内含液体经筛孔流出，完成挤压过程，压力可以通过出料口气顶挡板调整，直到物料达到设定的含水率。经螺杆挤压机挤压脱水后的固相含水率为55%～60%，通过螺旋输送机送至出渣间，由自卸车直接运送至垃圾焚烧厂焚烧处理。螺杆挤压脱水机筛孔直径为5mm，粒径<5mm 的固形物也会通过筛孔进入挤压脱水的液相，固形物主要是未消解转化的有机质纤维，以及部分泥沙、碎玻璃、砂石等杂质，含固率为10%～15%，螺杆挤压脱水不能直接进污水处理系统，需要进行二级脱水处理，以满足渗滤液处理厂进水要求。

脱水机用可拆卸的检查盖板覆盖，便于在任何时候对滤网进行检查和清理。螺杆挤压脱水机设计处理能力应与厌氧出料流量匹配，并能适应进料含固率和进料量在一定范围内的变化。

挤压脱水后沼液中含有部分泥沙、细碎贝壳、玻璃等惰性物和未消化降解的纤维类固相，为减少二次挤压脱水负荷和防止中间缓存池沉积，需要先进行惰性物分离，分离采用“沉淀+螺旋捞渣”工艺，即一级脱水液相在惰性物分离装置内进行分层沉降，上清液溢流外排至缓存池，惰性物在分离装置内沉降并由斜螺旋缓慢出渣，经惰性物分离装置去除的液相中的砂子等固相物，与一级挤压脱水后的沼渣一并外运焚烧，液相流入缓存池，泵送至二级螺杆挤压脱水机进行再次固液分离。

二级脱水采用微滤螺杆挤压脱水机，其工作原理与一级螺杆挤压脱水机技术原理一样、结构类似，即利用变径螺旋移动物料，在顶端随着物料聚集形成压力，将物料中的水分挤压出来，但螺杆螺旋片间距更小，更适合小粒径物料的脱水，同时筛孔孔径为1.25mm，亦可根据实际需要更换孔径。与一级螺杆挤压脱水机不同的是，二级挤压脱水机自带絮凝剂混凝搅拌罐，沼液分离时需要添加絮凝剂并充分搅匀后，再进二级螺杆挤压脱水机脱水。

工作时，经惰性物分离装置去除泥沙等惰性杂质的沼液，在缓存池内缓存，由隔膜泵泵送至混凝剂搅拌罐，添加絮凝剂并充分搅拌，由进料口进入挤压脱水机，水相经过滤栅板流出，固相部分通过变径螺杆的缓慢旋转和推送，逐步送至挤压脱水机的出料处，此处螺杆的锥形变径与筛网间距越来越小，形成污泥料塞，推送的污泥逐渐增多，挤出压力逐渐加大，将多余水分挤出，达到挤压脱水的目的。

挤出的污泥含水率约为72%，不能直接送焚烧处理，需要先进行干化去除水分，将含水率控制在60%以下后，再与一级螺杆挤压脱水机出料一并送至焚烧厂焚烧处理。

9.1.6 总图布局

青岛市小涧西生化处理厂改扩建暨青岛厨余垃圾处理工程位于青岛市城阳区小涧西生活垃圾处理园区内，西侧为已封场生活垃圾填埋堆体，北侧为小涧西生活垃圾焚烧厂，东侧为泰和路，南侧为桃源河。本项目占用厂区内原后处理Ⅱ、初堆肥和精堆肥堆放车间用地。对原后处理Ⅱ、初堆肥和精堆肥堆放车间等进行拆除处理。厂区新增厨余垃圾干式厌氧设施，新建综合预处理车间、干式厌氧进料间、干式厌氧罐、干式厌氧出料间、沼气净化装置、沼气柜、火炬、沼渣沼液处理车间、沼气发电机房及锅炉房以及其他生产或管理配套建、构筑物。

改扩建实施后，本工程厂区平面功能分为两大区域，即堆肥生产区（原工程保留）和厨余垃圾厌氧处理区。综合考虑厂区内工艺流程的顺畅性、厂区的功能性要求，以及厂区周边的环境、景观要素，确定厂区的平面位置，详见图 9-4。

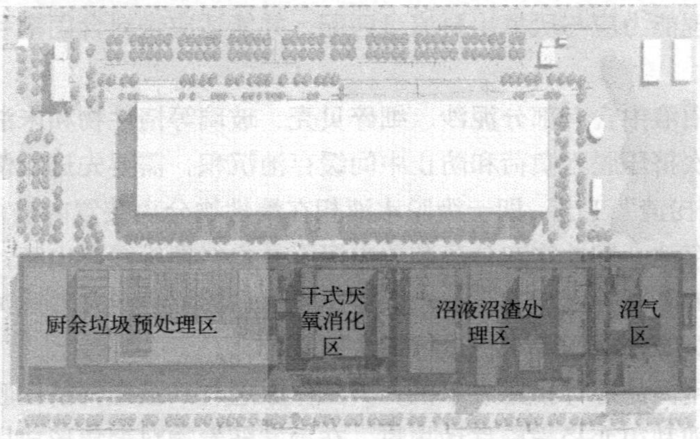

图 9-4 青岛市小涧西生化处理厂改扩建暨青岛厨余垃圾处理工程总平面布置图

1）堆肥生产区

位于场地东侧，为原生化处理厂卸料大厅、前分选车间、生化处理车间保留。

2）厌氧处理区

按工艺系统可分为厨余垃圾预处理区、干式厌氧消化区、沼液沼渣处理区、沼气区。

① 厨余垃圾预处理区由综合预处理车间组成，在厂区北侧空地场址新建，靠近园区进厂 16m 宽道路，便于厨余垃圾的进料。厨余垃圾综合预处理车间为本工程最大体量的建筑单体，与园区内生活垃圾焚烧厂以进厂道路对称布置，视觉景观效果较佳。

预处理车间北侧布置除臭装置，工艺产臭过程主要为预处理及车辆卸料过程，除臭装置区紧邻恶臭产生源，有利于就近处理工艺臭气，减少除臭风量损失，且节约用地。

② 干式厌氧消化区包括干式厌氧进料间、干式厌氧罐、干式厌氧出料间等，位于厨

余垃圾预处理区的南侧，便于预处理后厨余垃圾物料的输送。

③ 沼液沼渣处理区位于干式厌氧消化区南侧，包括沼液沼渣处理车间、组合池，用于厌氧沼液、沼渣脱水及干化处理。

④ 沼气区包括沼气发电机房及锅炉房、沼气净化装置、沼气柜、封闭式火炬。考虑到沼气柜等建构筑物的防爆要求，将该区放置在工艺布置的最南侧。

3）厂区出入口

位于厂区东北角，外接市政道路，进厂道路宽度 16m。

本项目主要经济技术指标见表 9-4。

表 9-4　主要经济技术指标

序号	名称	单位	指标	备注
1	厨余垃圾处理规模	t/d	500	
2	用地面积	m^2	32810	约 49 亩（1 亩≈666.67m^2）
3	建筑面积	m^2	14926	
4	建、构筑物占地面积	m^2	17738	
5	道路、场地铺砌面积	m^2	5229	
6	绿地面积	m^2	9843	
7	容积率		0.64	
8	建筑密度	%	32	
9	绿地率	%	32	
10	劳动定员	人	48	

9.1.7　主要设备清单

本项目主要设备见表 9-5。

表 9-5　主要设备清单

序号	设备名称	规格型号	数量	单位	备注
一、厨余垃圾预处理系统					
1	垃圾抓斗及起重机	起重量 10t，斗容 5m^3	1	套	
2	链板输送机（含卸料斗、匀料器）	斗容 30m^3	2	套	

续表

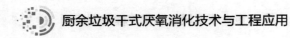

序号	设备名称	规格型号	数量	单位	备注
一、厨余垃圾预处理系统					
3	沥水输送系统	螺杆泵扬程 25m，处理能力：$20m^3/h$	1	套	含螺杆泵 2 台，变频
4	人工拣选平台	4 个工位	2	套	
5	破碎机	处理能力：31.25t/h	2	台	
6	磁选机		2	台	
7	滚筒筛	处理能力：31.25t/h	2	台	
8	碟盘筛	处理能力：31.25t/h	2	台	
9	输送设备（皮带、螺旋）		1	批	
二、干式厌氧及脱水系统					
1	活动地板	梯形顶推装置	3	套	
2	液压滑架出料系统	液压滑架出料系统	1	套	
3	辅料投加系统	含辅料破碎机、辅料输送系统等	1	套	
4	厌氧反应器螺杆挤压进料系统	漏斗阀门，处理能力：12.5t/h	3	套	
5	厌氧罐搅拌器 A	含扭力支撑、电机、减速机、搅拌桨叶、搅拌轴	3	套	
6	厌氧罐搅拌器 B	含扭力支撑、电机、减速机、搅拌桨叶、搅拌轴	21	套	
7	安全装置	含正负压保护、爆破片、过压喷嘴隔断、沼气集成顶盖、检修人孔	1	套	
8	真空出料系统	满足工艺要求	1	批	
8.1	真空发生器	旋片真空泵，功率 7.5kW	2	套	
8.2	真空出料罐	压力/真空罐，约 $4m^3$	3	套	
8.3	高压空气站	螺杆式空压机	2	套	
8.4	高压空气罐	高压罐，约 $2m^3$	3	套	
9	加热及换热系统	满足工艺要求	3	套	
10	螺杆挤压脱水机	处理能力 15～$20m^3/h$，功率 37kW	3	台	
11	二级脱水设备	处理能力 6～$10m^3/h$，功率 4.5kW	3	台	
12	絮凝剂制备及投加系统	满足工艺要求	1	套	

9.1.8 实际运行效果

该干式厌氧系统实际运行效果见表 9-6。

表 9-6　实际运行效果

序号	项目	单位	数值
1	运行温度	℃	40
2	单罐罐内物料容积	m^3	2300
3	进罐物料含固率	%	37.0
4	进罐物料 VS 含量	%	66.0
5	罐内物料含固率	%	13.0
6	罐内物料 VS 含量	%	58.6
7	VS 降解率	%	69.0
8	甲烷浓度	%	58
9	吨进罐垃圾产气量	m^3/t	139
10	容积产气率	$m^3/(m^3 \cdot d)$	1.79
11	罐内有机负荷	$kg\ VS/(m^3 \cdot d)$	4.3
12	产气率	$m^3/kg\ VS$	0.57

9.2　南京江北废弃物综合处置中心一期

9.2.1　项目概述

① 项目名称：南京江北废弃物综合处置中心一期工程。

② 建设地点：南京市浦口区江北环保产业园内。

③ 处理对象：南京市厨余垃圾、餐厨垃圾、废弃食用油脂。

④ 建设规模：厨余垃圾 200t/d，餐厨垃圾 400t/d，废弃食用油脂 50t/d。

⑤ 处理工艺：厨余垃圾采用预处理+干式厌氧，餐厨垃圾采用预处理+湿式厌氧，废弃食用油脂采用除杂+离心制取毛油。

⑥ 干式厌氧技术：Kompogas 干式厌氧技术。

⑦ 建成投运时间：2023 年 1 月。

9.2.2　垃圾组分

项目处理垃圾组分见表 9-7，实际进料情况如图 9-5 所示。

表 9-7　南京市江北废弃物综合处置中心一期厨余垃圾组分

序号	项目	含量/%
1	厨余类	≥85
2	杂质	≤15
3	含水率	70～80

图 9-5　项目实际进料情况

9.2.3　厨余垃圾主体工艺介绍

厨余垃圾采用“预处理+卧式长轴干式厌氧+沼气发电”主体工艺。

如图 9-6 所示，厨余垃圾进场后卸料至料槽，通过链板输送机提升至预处理线，预处理后的有机物料送入后端的干式厌氧消化系统，分选出的杂质送入园区焚烧厂，沥水和挤压液相送至餐厨垃圾湿式厌氧消化系统协同处理；厌氧过程产生的沼气经过储存、净化后发电自用，余电上网，厌氧消化后的发酵液进行脱水及干化，外运处置，沼液经厂内处理至地表水Ⅳ类水质标准后回用，固相送入园区焚烧厂。

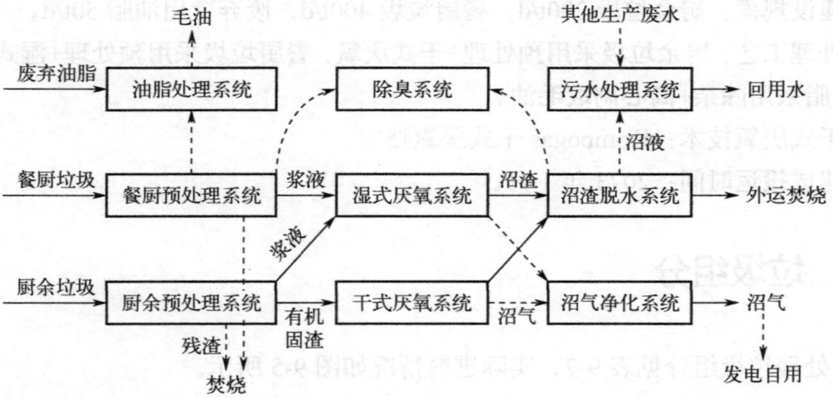

图 9-6　江北废弃物综合处置中心一期总体工艺流程

9.2.4　厨余垃圾预处理工艺介绍

厨余垃圾采用“人工拣选+多级筛分+挤压固液分离”的预处理工艺。如图 9-7 所示，厨余垃圾由运输车卸至垃圾料槽，由输送机提升给料，经破袋滚筒初步破袋后，进入人工拣选平台，拣出影响后续机械设备运行的干扰物（如玻璃瓶、超大粒径杂质、砖石等大颗粒硬物质），然后送至一级滚筒筛筛分，筛网孔径为 120mm，筛上物作为残渣外运，筛下物料经细破碎后进入星盘筛进行二级筛分，二级筛筛网直径为 55mm，筛下物有机质再经挤压一体机进行固液分离，降低固相有机质的含水率，最后通过 X 射线分选机去除其中的重杂质，输送至干式厌氧中间储料系统；筛上物与滚筒筛筛上物汇总进入出渣单元。

厨余垃圾预处理后出料性质详见表 9-8。

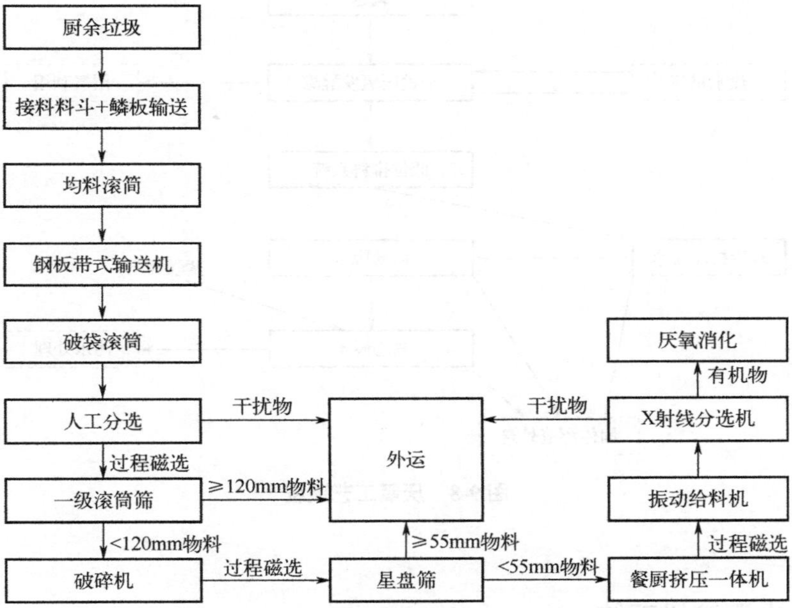

图 9-7　厨余垃圾处理工艺流程

表 9-8　厌氧罐进料组成特征

粒径	硬质杂质含量/%	有机质含量/%	含水率/%
平均粒径≤60mm，且粒径≥60mm 的物质不超过 10%	≤5	≥75	70～80

9.2.5 干式厌氧工艺介绍

干式厌氧消化系统包括中间储料系统、厌氧消化系统和脱水系统三个部分。预处理后的有机垃圾通过皮带输送至中间储料池。由中间储料池出来的物料，通过抓斗、输送机、螺旋给料机均匀送到两组厌氧消化罐内。消化罐采用机械搅拌器进行搅拌，以防止物料表面结壳和沉积。每天通过出料装置排放的物料进入脱水间脱水。如图 9-8 所示。

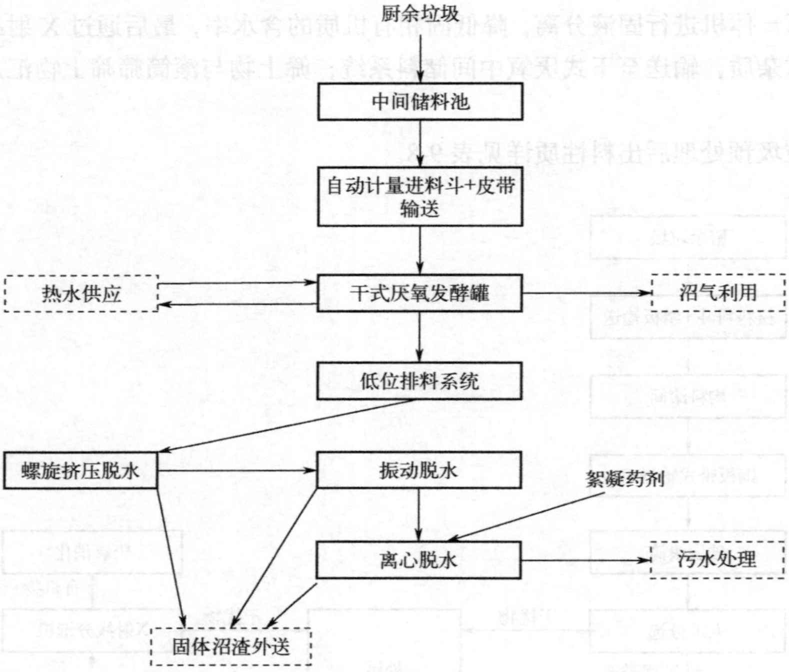

图 9-8 厌氧工艺流程

9.2.5.1 中间储料系统

预处理后的有机固相输送至中间储料系统，中间储料采用钢筋混凝土储料池，总容积为 350m^3，能储存 2～3d 的物料。中间储料池有两大功能：一是预消化、储存调节功能，用以平衡预处理工作时间（8h）和厌氧消化罐进料时间（24h）之间的差异，并能避免来料波动造成的影响，维持厌氧系统的均匀进料；二是便于添加和混匀辅料，可方便添加牛粪、木屑等辅料，有利于厌氧启动操作，以及运行过程结合来料和厌氧罐运行状况，适时添加辅料以调节厌氧进料含水率和碳氮比。中间储料池采用抓斗混料，并给后续厌氧系统供料。

9.2.5.2 厌氧消化系统

厌氧消化工艺的核心是厌氧反应器，本项目的厌氧反应器为卧式长轴搅拌厌氧反应器，采用 Kompogas 工艺。主体反应器为卧式钢结构桶体结构，内设一根纵向长轴搅拌轴，上装数个搅拌桨；桶体两端分别为带进料螺旋的进料端和连接柱塞泵的出料端，如图 9-9 所示。

图 9-9 厌氧反应器外观

预处理后的有机垃圾通过进料螺旋输送机进入厌氧发酵罐。同时，从发酵罐出料处循环回来的接种物通过另一线路进入到发酵罐入料侧，保证消化过程立即开始。有机垃圾从给料螺旋进料后，在搅拌器的搅拌下，物料混合均匀，确保生化反应的均质性要求；进入反应器的固相物料，水解酸化为浆液，在重力作用下，逐渐由进料端往出料端缓慢移动，最终经尾端柱塞泵单元出料，排出厌氧反应器，移动过程中，有机质在厌氧微生物的作用下，分阶段进行有机质水解、酸化、产甲烷的生物转化和生化反应，最终完成有机质降解转化产生沼气的全过程。

干式厌氧反应器实际运行采用中高温厌氧发酵，温度为 48～49°C，停留时间为 30～35d，根据物料负荷进行调整。缓缓转动的搅拌器可以达到最佳产气效果，搅拌桨的特殊构造可以避免消化物中的重物质沉淀。厌氧罐内使用的纵向搅拌器是全焊接结构，无螺钉连接，因此使用寿命长。

所有发酵罐的易磨损部件或运动部件都可以从外部装卸。因此，磨损部件可以在不停止发酵罐运行和清空发酵罐的前提下进行更换。发酵罐内部无螺钉或可拆卸连接。

本项目设两座干式厌氧反应器，主要设计参数见表 9-9。

表 9-9　厌氧系统设计参数

序号	项目	单位	数值
1	物料进罐能力	t/d	110
2	消化罐有效容积	m^3	1800×2
3	设计负荷	kg VS/(m^3·d)	5~6
4	停留时间	d	33
5	消化温度	℃	48~49
6	甲烷产量	m^3	12000
7	甲烷含量	%	≥55

9.2.5.3　沼渣脱水系统

沼渣脱水系统由螺杆挤压脱水、振动脱水、离心脱水三级脱水组成。

厌氧罐出料通过柱塞泵输送至脱水系统螺旋料斗，经螺旋送至一级脱水机，因厌氧罐出料含有较多纤维类物质，故一级脱水采用螺杆挤压脱水，脱水后固相含水率为55%~60%，外运焚烧处置。挤压液相含固率仍有10%~15%，且含有一定量细碎骨头、贝壳等杂质，无法直接进入污水处理系统或离心脱水机，因此二级脱水采用振动脱水机。振动脱水机通过可调整带梯度的振动盘内的筛网，采用0.8~1.2mm 的聚氨酯筛网将液体振动分离出去。筛网的倾斜方向与固体出料口相对，使得固体物料沿着筛网形成斜坡上升，直到物料在出口落下。振动过程中液体从筛网孔间落下，进入缓冲池暂存，最终泵送至三级离心脱水机进一步脱水，脱水残渣运至干化系统处理，污水排入沼液储池，送至污水处理系统处理。

9.2.6　总图布局

江北废弃物综合处置中心一期位于江北区环保产业园内，西侧为山体，西南侧为已建的南京江北焚烧厂，南侧为灰渣填埋场，东侧为危废处理厂。一期工程用地 $9hm^2$。

一期工程厂区布置综合考虑物料流线顺畅、交通组织、管理便利、安全管理、周边环境影响、臭气控制等因素，划分为七大功能分区，具体如图 9-10 所示。

① 管理区。管理区位于场地西南角，布置综合楼、倒班休息楼等。

② 预处理车间。位于管理区以东，场地东南角，靠近生产出入口，便于垃圾的进料。预处理车间为本工程最大体量的建筑单体，位于南侧环保大道和东侧九峰山路交叉口的西北侧，可起到厂区设施视觉屏障作用。

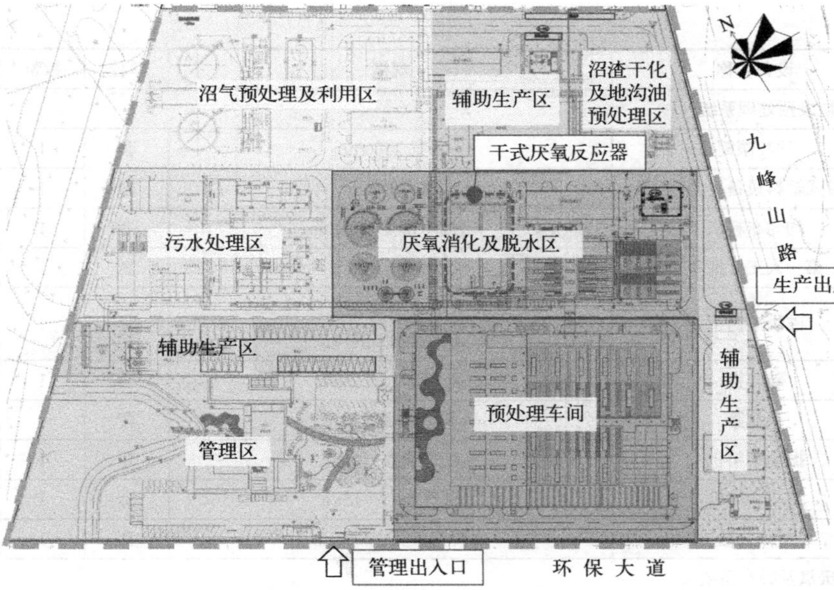

图 9-10 江北废弃物处置中心一期总平面布置图

③ 厌氧消化及脱水区。包括湿式厌氧及脱水系统、干式厌氧及脱水系统等相关设施，紧邻预处理区北侧，便于预处理后物料的输送。

④ 沼渣干化及地沟油预处理区。位于厌氧发酵区东北侧，包括沼渣干化车间及地沟油预处理车间。

⑤ 沼气预处理及利用区。本区内含有沼气预处理设施、沼气柜、封闭式火炬、毛油罐、发电机房、锅炉房等。部分设施设在防爆区内，并用防爆围栏隔离。

⑥ 污水处理区。位于厌氧消化区西侧，便于厌氧后的沼液输送至污水处理区处理，布置有污水生化反应池、综合水处理车间等。

⑦ 辅助生产区。在管理区和生产区之间、预处理区东侧等区域设置辅助生产区，分别布置消防泵房、初雨事故池、洗车间、变电所、停车场等设施。

9.2.7 主要设备清单

一期工程主要设备清单见表 9-10。

表 9-10 江北废弃物处置中心一期主要设备清单

序号	设备名称	规格	单位	数量	备注
一	厨余垃圾预处理系统				
1	板式给料机（含卸料槽）	槽板宽 2500mm	套	1	

续表

序号	设备名称	规格	单位	数量	备注
一	厨余垃圾预处理系统				
2	均料滚筒	带宽 2500mm	套	1	
3	钢板带式输料设备（含料斗）	宽 1800mm	套	1	
4	均匀布料机	适用于带宽 1800mm	套	1	
5	第一人工分拣室	7000mm（长）×5000mm（宽）×6600mm（高）	套	1	
6	破袋滚筒筛	筛分粒径 120mm，滚筒直径 2.45m，有效筛分长度 8m	套	1	
7	破碎机	处理量 15～20t/h	套	1	
8	星盘筛	筛分粒径 55mm	套	1	
9	振动给料机	处理能力：15t/h	套	1	
10	挤压一体机	处理能力：15t/h	套	1	
11	X 射线分选机	传送带宽 1200mm	套	1	
二	干式厌氧及脱水系统				
1	抓斗起重机	抓斗容积 $2m^3$	套	1	
2	发酵罐进料螺旋	无轴螺旋，处理能力：15t/h，$35m^3/h$	台	2	
3	干式厌氧发酵罐	容积 $1800m^3$	套	2	
4	厌氧罐搅拌器	功率 30kW	台	2	
5	出料泵	柱塞泵，处理能力：$12m^3/h$	套	2	
6	回混泵	柱塞泵，处理能力：$12m^3/h$	套	2	
7	螺杆挤压脱水机	$8～10m^3/h$	台	2	
8	振动脱水机	$8～10m^3/h$	台	2	
9	离心脱水机	处理量 $6～8m^3/h$，干泥量 460kg/h	台	2	

9.2.8 实际运行效果

该干式厌氧系统实际运行效果见表 9-11。

表 9-11　江北废弃物处置中心一期厌氧系统实际运行效果

序号	项目	单位	数值
1	运行温度	℃	48±1
2	单罐罐内物料容积	m^3	1800
3	进罐物料含固率	%	25～30
4	进罐物料 VS 含量	%	80
5	罐内物料含固率	%	10～14
6	罐内物料 VS 含量	%	50

续表

序号	项目	单位	数值
7	VS 降解率	%	70
8	甲烷浓度	%	60
9	吨进罐垃圾产气量	m^3/t	145
10	容积产气率	$m^3/(m^3 \cdot d)$	3
11	罐内有机负荷	$kg\ VS/(m^3 \cdot d)$	4.4
12	产气率	$m^3/kg\ VS$	0.6

9.3 重庆洛碛餐厨垃圾处理厂

9.3.1 项目概述

① 工程名称：洛碛餐厨垃圾处理厂。

② 建设地点：重庆市渝北区洛碛镇桂湾村。

③ 处理对象：重庆市厨余垃圾、餐厨垃圾、市政污泥、废弃食用油脂。

④ 建设规模：厨余垃圾 1000t/d，餐厨垃圾 2100t/d，市政污泥 600t/d，废弃食用油脂 100t/d。

⑤ 处理工艺：厨余垃圾采用预处理+干式厌氧，餐厨垃圾采用预处理+湿式厌氧，市政污泥采用热水解+协同湿式厌氧，废弃食用油脂用来制取生物柴油。

⑥ 干式厌氧技术：Dranco 立式干式厌氧、Kompogas 水平长轴干式厌氧、Thoeni 水平长轴干式厌氧；本部分仅介绍 Dranco 立式干厌氧应用情况。

⑦ Dranco 厌氧系统建成投运时间：2023 年 5 月。

9.3.2 垃圾组分

垃圾处理厂收集的厨余垃圾中，家庭厨余垃圾组分如表 9-12 所列，其他厨余垃圾组分如表 9-13 所列。

表 9-12 家庭厨余垃圾组分

单位：%

组分	有机物	纸类	橡塑类	织物类	木竹类	砖瓦陶瓷类	玻璃类	金属类	其他	含水率
占比	72.50	4.00	12.50	3.00	0.70	0.30	3.50	0.35	3.15	69.50

表 9-13 其他厨余垃圾组分

组分	质量分数/%	含水率/（kg/kg 湿基）
蔬菜渣类	73.7	0.80
肉骨碎片类	6.0	0.65
动物内脏类	1.7	0.60
动物毛发类	2.3	0.35
塑料泡沫类	6.9	0.77
纸类	3.7	0.60
稻草园林类	2.7	0.40
金属类	0.5	0.40
其他	2.5	0.45
合计	100.0	0.75

9.3.3 厨余垃圾主体工艺介绍

厨余垃圾采用“预处理+干式厌氧+沼气发电/沼气提纯”主体工艺。

如图 9-11 所示，厨余垃圾进场后卸料至料槽，通过链板输送机提升至预处理线，预处理后的有机物料送入后端的干式厌氧消化系统，分选出的杂质送入园区焚烧厂；厌氧

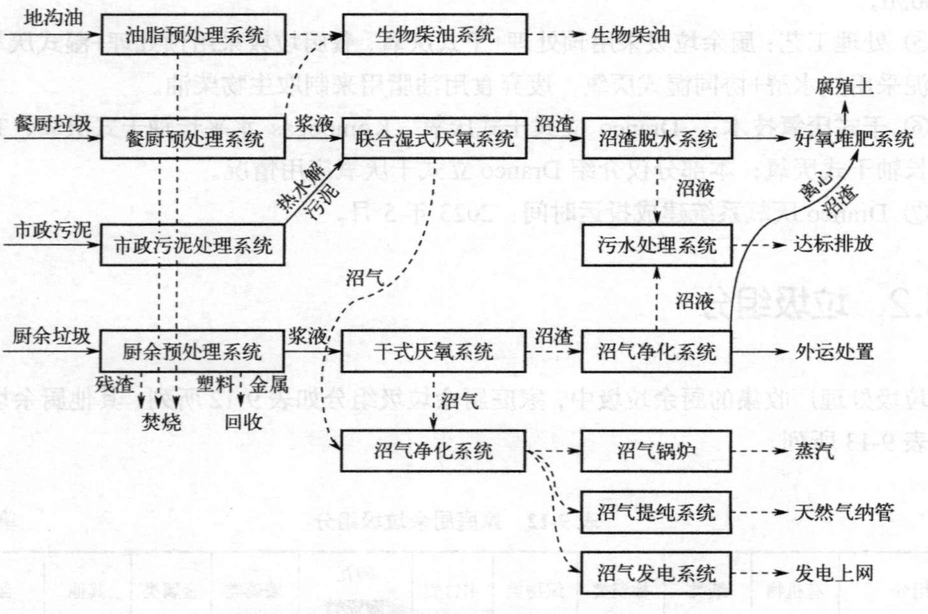

图 9-11 洛碛餐厨垃圾处理厂总体工艺流程

过程产生的沼气经过储存、净化后经锅炉生产蒸汽自用，剩余沼气一部分发电上网，另一部分提纯制取天然气，厌氧消化后的发酵液进行脱水，外运处置，沼液经厂内处理达标后排放至城市污水厂，固相送入园区焚烧厂。

9.3.4 厨余垃圾预处理工艺介绍

厨余垃圾预处理采用“粗分选+有机质分选+可回收物分离”工艺。如图 9-12 所示，厨余垃圾收集车经称重计量后，进入厨余垃圾预处理车间二层卸料。料槽中垃圾通过板式给料机及皮带输送投入粗破碎机中，经破碎机后袋装垃圾基本全部破除，大件物料被撕碎成 250mm 以下尺寸，保证后续机械设备稳定运行，加强处理线的可靠性。然后，物料先经过 80mm 的碟盘筛筛分，将物料分为尺寸 80mm 以上的物料（以可回收物及大件

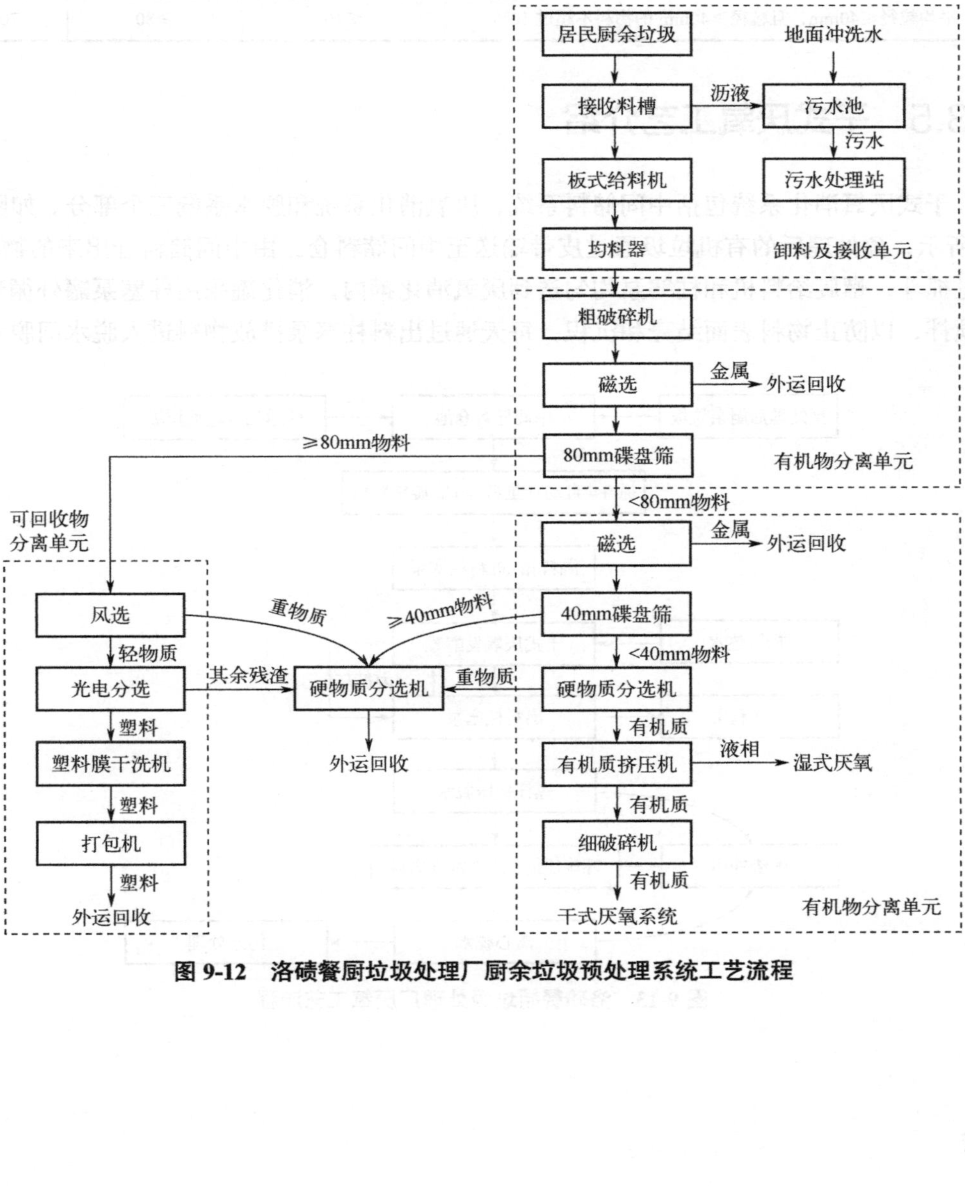

图 9-12 洛碛餐厨垃圾处理厂厨余垃圾预处理系统工艺流程

杂质为主）及80mm以下物料（以有机质及无机玻璃砂砾为主）。对于尺寸80mm以下物料设置磁选、40mm碟盘筛、硬物质分选机、有机质挤压机和细破碎机，最大程度将厨余垃圾中的有机物挑选出来，去除杂质，同时满足后续干式厌氧发酵进料粒径及含水率要求。对于尺寸80mm以上物料设置风选、光电分选和塑料膜干洗机，提高可回收物和其他物料分离的效果，最大程度将聚乙烯（PE）、聚丙烯（PP）及薄膜塑料等可回收物挑选出来。

厨余垃圾预处理设置两条生产线，设计处理能力为50t/h，每天设备运转时间按10～12h考虑，两班制运行。

厨余垃圾预处理后出料性质详见表9-14。

表9-14　厨余垃圾预处理后出料性质

粒径	硬质杂质含量/%	有机质含量/%	含水率/%
平均粒径≤40mm，且粒径≥40mm的物料不超过10%	≤10	≥80	70

9.3.5　干式厌氧工艺介绍

干式厌氧消化系统包括中间储料系统、厌氧消化系统和脱水系统三个部分。如图9-13所示，预处理后的有机垃圾通过皮带输送至中间储料仓。由中间储料仓出来的物料，通过抓斗、螺旋给料机和柱塞泵均匀送到厌氧消化罐内。消化罐采用柱塞泵罐外循环进行搅拌，以防止物料表面结壳和沉积。每天通过出料柱塞泵排放物料进入脱水间脱水。

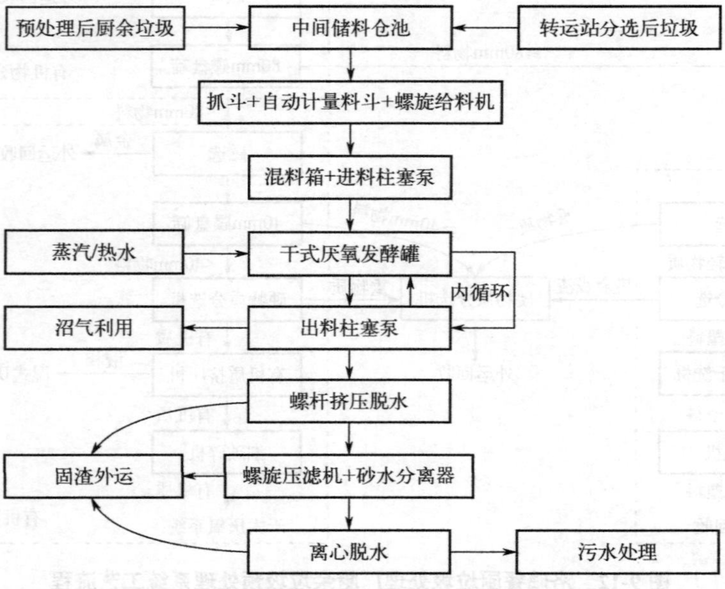

图9-13　洛碛餐厨垃圾处理厂厌氧工艺流程

9.3.5.1 中间储料系统

本项目中间储料采用钢筋混凝土储料仓，接收前端预处理来料和转运站预处理后的垃圾，两个储料仓总容积为 $1900m^3$，能储存 1～2d 的物料。中间储料仓有三大功能：一是预消化、储存调节功能，用以平衡前端来料和厌氧消化罐进料时间（24h）之间的差异，并能避免来料波动造成的影响，维持厌氧系统的均匀进料；二是接收前端二次转运站预处理后的厨余垃圾，该部分无需再经厂内预处理，可直接进入厌氧系统；三是便于添加和混匀辅料，可方便地添加牛粪、木屑等辅料，有利于厌氧启动操作，以及运行过程中结合来料和厌氧罐运行状况，适时地添加辅料以调节厌氧进料含水率和碳氮比。中间储料仓采用抓斗混料，并给厌氧系统供料。

9.3.5.2 厌氧消化系统

厌氧消化工艺的核心是厌氧反应器，本项目为立式厌氧反应器，采用比利时 Dranco 工艺。主体反应器为立式钢结构锥体结构，罐体内部无搅拌器，厌氧反应器采用柱塞泵对物料大比例回流混合之后，通过 3 根直径为 1m 的垂直管道均匀输送到厌氧罐顶部。出料方式采用柱塞泵出料。

该工艺最大的特点是新旧物料的大比例混合，确保了物料均匀混合，罐内物料从顶部到锥底，平均 2～4d 循环 1 次，有机物料在罐内的停留时间为 20～30d，进料含固率在 25%～40%，粒径控制在 40mm 以下。

厌氧罐内没有搅拌设备或气体喷嘴，靠物料自身重力下降，结构简单免维护，消化罐的锥形设计解决了传统发酵罐上层浮渣、下层沉淀的分层问题。反应器内无机械传送部件，方便检修，提高了系统的稳定性。

本项目设 3 座干式厌氧反应器，厌氧系统设计参数见表 9-15。

表 9-15 厌氧系统主要设计参数

序号	项目	单位	数值
1	物料进罐能力	t/d	100×3
2	消化罐有效容积	m^3	2900×3
3	设计负荷	kg VS/（m^3·d）	5～6
4	停留时间	d	29
5	消化温度	°C	55
6	甲烷产量	m^3	30000
7	甲烷含量	%	≥55

9.3.5.3 沼渣脱水系统

厌氧沼渣脱水系统由螺杆挤压脱水、螺旋压滤机、砂水分离器、离心脱水四级脱水组成。

厌氧罐出料通过柱塞泵输送至脱水系统螺杆挤压脱水机，因厌氧出料为含油较多的纤维类物质，故一级脱水采用螺杆挤压脱水，脱水后固相含水率为55%~60%，外运焚烧处置。挤压液相含固率仍有10%~15%，且含有一定量细碎骨头、贝壳等杂质，无法直接进入污水处理系统或离心脱水机，因此二级脱水采用螺旋压滤机。螺旋压滤机将液体和小粒径固渣进一步分离，压滤液流至储罐内，储罐内的液体通过砂水分离器和旋流除砂器进行循环除砂，除砂后的液相最终泵送至离心脱水机进一步脱水，脱水残渣外运焚烧，污水排入沼液储池，送至污水处理系统处理。

9.3.6 总图布局

如图9-14所示，本项目包括厨余预处理车间、中间储料车间、厌氧罐区以及脱水车间。总体按照物料流线顺序进行排布，预处理后的物料通过皮带经皮带廊道输送至中间储料车间内的料坑内。物料在料坑内缓存，再通过抓斗抓至进料系统，再由输送系统送至厌氧罐区。

厨余垃圾经厌氧罐消化后，消化液再通过输送出料装置送至脱水车间，经多级脱水后，沼液送至厂区的污水处理系统处理。

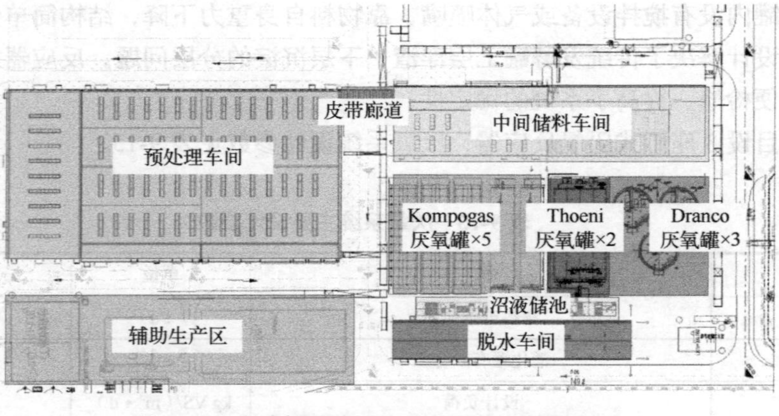

图9-14 洛碛餐厨垃圾处理厂总平面布置图

9.3.7 主要设备清单

本项目主要设备见表9-16。

表 9-16 洛碛餐厨垃圾处理厂主要设备清单

序号	设备名称	型号/规格/性能	单位	数量
一	预处理系统			
1	进料板链机（带料槽）	容量 $100m^3$，链板宽 2000mm	台	2
2	均料器	直径 1200mm；宽度 2000mm	台	2
3	粗破碎机	破碎粒径 250mm	台	2
4	除铁器		台	4
5	碟盘筛	筛分孔径 80mm	台	2
6	风选机	型号：1FHZ0025A	台	2
7	滚筒筛	筛孔孔径 60mm	台	2
8	硬物质分选机		台	2
9	有机质挤压机		台	2
10	感应分选机（NIR）	S-2800 型	台	1
11	塑料膜干洗机	型号：1FGX1236A	台	1
12	打包机	型号：JPW150QT	台	1
13	有机质破碎机	型号：Aries1600	台	1
二	厌氧及脱水系统			
1	垃圾抓斗起重机	抓斗容量≥$3.2m^3$	台	2
2	餐厨残渣接料装置	容量≥$30m^3$	台	2
3	餐厨残渣柱塞泵	处理能力≥10t/h	台	2
4	自动计量进料斗	容量≥8t	台	3
5	厌氧罐进料螺旋	输送能力≥$12m^3/h$	批	1
6	铁盐投加装置		套	1
7	混合器	双轴桨叶式螺旋混料器	台	3
8	进料柱塞泵	处理能力≥75t/h	台	3
9	立式干式厌氧发酵罐	有效容积 $2900m^3$	台	3
10	出料螺旋		批	1
11	出料及回流物料输送器	具备计量和加热功能	台	2
12	出料柱塞泵	处理能力≥10t /h	台	3
13	螺杆挤压脱水机	处理能力≥8t/h	台	3
14	离心脱水机	处理能力≥$16m^3/h$	台	2
15	压滤液储罐	含搅拌器	台	1
16	螺旋压滤机	处理能力≥6t/h	台	1
17	离心进料泵	处理能力≥$20m^3/h$	台	3
18	沼液储罐	容量≥$50m^3$	台	1
19	压滤液输送泵	处理能力≥$10m^3/h$	台	4
20	絮凝剂制备装置		台	2
21	絮凝剂加药泵		台	3
22	除砂设施		套	1

9.3.8 实际运行效果

该干式厌氧系统实际运行效果见表 9-17。

表 9-17 洛碛餐厨垃圾处理厂干式厌氧系统实际运行效果

序号	项目	单位	数值
1	运行温度	℃	42±1
2	单罐罐内物料容积	m^3	2900
3	进罐物料含固率	%	20～40
4	进罐物料 VS 比例	%	80
5	罐内物料含固率	%	18～28
6	罐内物料 VS 比例	%	45～55
7	VS 降解率	%	78
8	甲烷浓度	%	60
9	进罐垃圾产气量	m^3/t	160
10	容积产气率	$m^3/(m^3 \cdot d)$	6
11	罐内有机负荷	kg VS/($m^3 \cdot d$)	9
12	产气率	m^3/kg VS	0.5～0.6

9.4 上海生物能源再利用项目一期

9.4.1 项目概述

① 项目名称：上海生物能源再利用项目一期。

② 建设地点：上海市老港镇的老港固体废弃物综合利用基地内，老港渗滤液处理厂东侧。

③ 干式厌氧技术：TTV 隧道窑干式厌氧工艺。

④ 处理对象：上海市中心城区（黄浦区、徐汇区、长宁区、杨浦区、虹口区、静安区）的湿垃圾。

⑤ 建设规模：餐饮垃圾 400t/d，厨余垃圾 600t/d。

⑥ 建成投运时间：2019 年 10 月。

9.4.2 垃圾组分

该项目处理的餐饮垃圾和厨余垃圾组分分别见表 9-18 和表 9-19。

表 9-18　一期餐饮垃圾组分

序号	项目	单位	数值
1	餐饮类含量	%	≥85
2	杂质含量	%	≤15
3	含水率	%	80～90

表 9-19　一期厨余垃圾组分

序号	项目	单位	数值
1	厨余类含量	%	≥70
2	杂质含量	%	≤30
3	含水率	%	60～75

9.4.3 主体工艺介绍

如图 9-15 所示，餐饮垃圾采用“大物质分拣→精分制浆→除砂除杂→油水分离”的预处理工艺，预处理后浆料进入湿式厌氧系统进行厌氧发酵，有效利用有机质进行产沼气，回收资源。

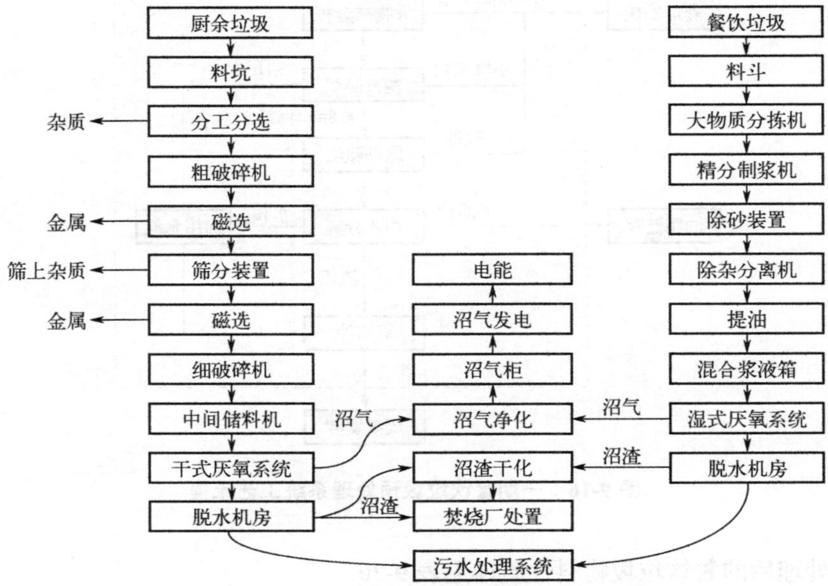

图 9-15　上海生物能源再利用项目一期工艺流程

厨余垃圾采用“人工分拣→粗破碎机→磁选→筛分装置→磁选→细破碎机”的预处理工艺，预处理后浆料进入干式厌氧系统进行厌氧发酵，有效利用有机质进行产沼气，回收资源。

厌氧发酵后的沼渣先后经螺杆挤压脱水和振动筛脱水，残渣外运焚烧，沼液进入离心脱水系统进一步脱水至含水率不高于80%后，沼渣进入后续沼渣干化系统，脱水滤液外排至老港综合填埋场二期配套渗滤液工程进行后续处理。

9.4.4 预处理工艺介绍

9.4.4.1 餐饮垃圾预处理

餐饮垃圾预处理系统包括接收输送单元、分选制浆单元、除砂除轻飘物单元、油水分离单元。预处理分选杂质由车辆运至焚烧厂，毛油作为产品定期外运，预处理后的液相浆料进入湿式厌氧系统。

预处理系统工艺流程如图9-16所示。

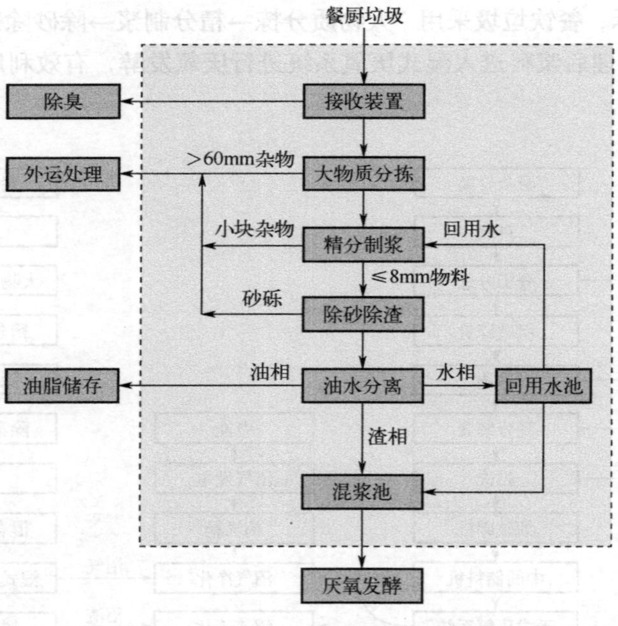

图9-16　一期餐饮垃圾预处理系统工艺流程

经预处理后的餐饮垃圾物料性质详见表9-20。

表 9-20 一期预处理后餐饮垃圾物料性质

含固率/%	进料粒径/mm	进料有机质含量/%
9	≤8	≥85

9.4.4.2 厨余垃圾预处理

厨余垃圾预处理系统主要包括接料粗破、厨余筛分和出渣三个处理单元。

厨余垃圾采用“人工分选+机械分选”的预处理工艺。如图 9-17 所示，厨余垃圾由运输车卸至垃圾料坑，由抓斗提升至板式给料机，经皮带输送机输送至人工拣选平台，拣出影响后续机械设备运行的干扰物（如玻璃瓶、超大粒径杂质、砖石等大颗粒硬物质）；然后送至粗破碎机。粗破碎机将物料破碎至粒径<250mm，之后经一级磁选，筛分出金属物质。磁选后的物料进入碟盘筛进行筛分，碟盘筛筛网尺寸为 60mm×80mm，筛上物通过渣料皮带输送至出渣系统，筛下物以有机质为主，经二级磁选，再次筛分出金属物质，之后进入细破碎机，将物料破碎至粒径<40mm 后由皮带输送机输送至干式厌氧进料缓存坑。

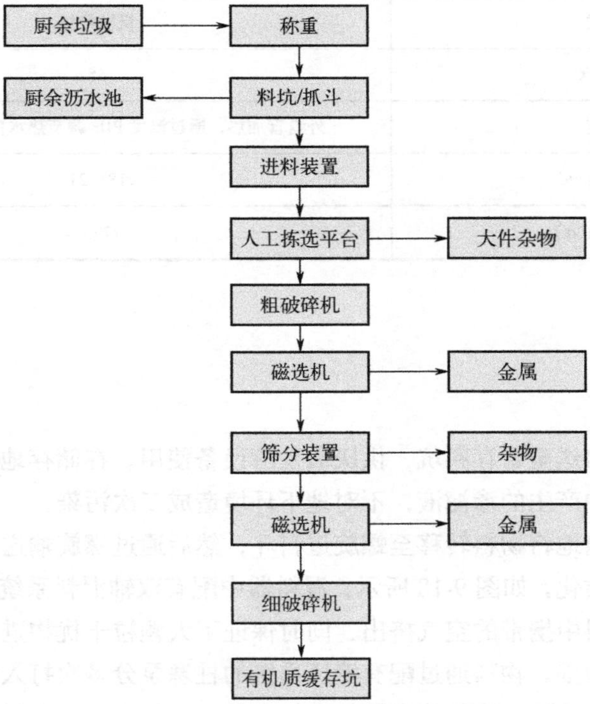

图 9-17 一期厨余垃圾预处理系统工艺流程

厨余垃圾预处理后出料性质详见表 9-21。

表 9-21　一期厨余垃圾预处理后出料性质

粒径/mm	硬质杂质含量/%	含水率/%
≤40	≤10	60～70

9.4.5 厌氧工艺介绍

干式厌氧系统的主要设计参数如表 9-22 所列。

表 9-22　一期干式厌氧消化主要工艺参数

厌氧形式	干式高温厌氧消化反应器
厌氧罐数量/座	3
单罐有效容积/m^3	1800
单罐处理能力/（t/d）	75
搅拌形式	机械搅拌
设计温度/℃	55
恒温控制	外盘管加热，通过温度 PID 调节热水自动阀门开启度
水力停留时间/d	18～21
沼气产量/（m^3/d）	27357

9.4.5.1 进料单元

经预处理后的物料送至暂存料坑，供厌氧发酵设备使用。在储存地面有地漏接口，可以收集在堆放过程中产生的渗滤液，不对地下环境造成二次污染。

抓斗系统定时定量地将物料转移至螺旋进料斗，然后通过螺旋输送机送至混料器，混料器进行物料的均质化。如图 9-18 所示，混料器中配有双轴混料系统，使得物料被充分挤压与混合，将物料中携带的空气挤出，同时保证了大颗粒干扰物进一步的破碎，不会对罐内造成过多的磨损。物料通过配有液压系统的柱塞泵分多次打入罐内。混料器与发酵罐由一个加热套管连接，该加热套管是内外套管，由热水循环来保证物料在进罐前的预热，可使得物料进料时的温度在 40℃左右。

图 9-18　混料器及柱塞泵

9.4.5.2　厌氧消化单元

物料通过加热套管后进入物料缓存车间以外的核心卧推式厌氧发酵系统。如图 9-19 所示，该发酵罐体内安装长约 35m、重 35t 的搅拌器，而且该搅拌器无需在罐内安装任何支撑。圆形的罐底配合搅拌器的搅拌半径使得在整个罐中没有任何搅拌死角，充分保证物料在罐内的无障碍移动，不会出现堵塞等情况。在罐底外侧布置有加热盘管，使得整个罐体保证 55℃的高温发酵。该搅拌器维持 1/3r/min 的慢速搅拌，给予物料充分的发酵稳定性。慢速搅拌也为搅拌器末端提供了超强扭矩，能够充分搅动下层物料。

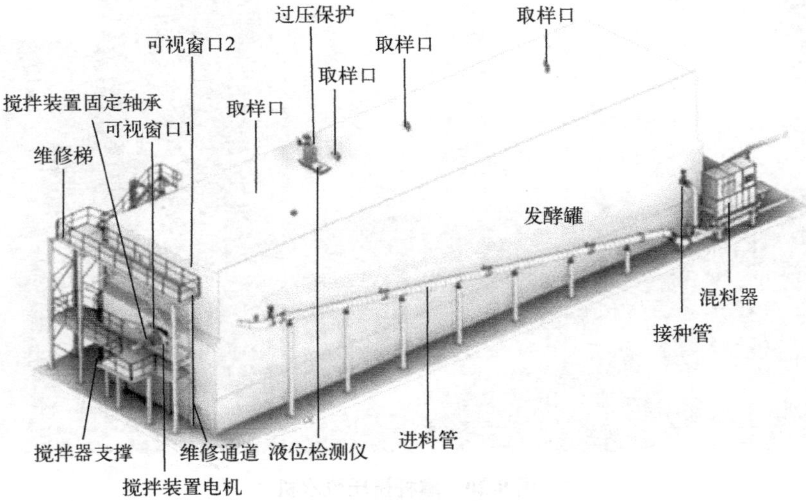

图 9-19　干式厌氧罐示意图

9.4.5.3 出料单元

经过 35m 长的发酵路径后，物料由一个液压柱塞泵抽出。由于物料经过搅拌器的充分搅拌，即使在出料口也不会出现分层的现象，所以该厌氧系统只有一个出料口。在出料口上端有一个回流管道，这个管道由一个液压柱塞泵驱动，将物料输送至进料端与新物料进行混合接种。

9.4.5.4 脱水单元

物料通过出料柱塞泵抽出后会直接由密闭的管道输送至脱水车间。从进料到出料的整个过程中都是由密闭管道完成的。所以该系统在室外不会有任何臭气产生。在脱水车间中沼液首先经过螺杆挤压脱水机（图 9-20），脱水后的液相进入振动脱水机（图 9-21），挤压及振动脱水的沼渣通过车辆外运焚烧，脱水上清液进入后续离心脱水机，并配置加药系统，离心脱水后的液相进入厂区污水调节池，离心脱水沼渣分两路，正常工况下进入后续沼渣干化系统，当沼渣干化检修时离心脱水沼渣外运焚烧。

图 9-20　螺杆挤压脱水机

图 9-21　振动脱水机

9.4.6　总图布局

厂区按功能共分为八大区域，即综合管理区、预处理区、厌氧消化区、沼气预处理及存储区、沼气及沼渣处理区、除臭区、附属配套设施区和预留用地，如图 9-22 所示。

1）综合管理区

主要包括综合楼一座，布置在场地西南侧，与综合预处理车间之间有绿化带相隔；此外，该区域还包括管理区门卫、停车场等管理配套建构筑物。

2）预处理区

位于场地西北侧，紧邻生产出入口，主要单体建筑为综合预处理车间，综合预处理车间内包括卸料大厅、餐饮垃圾预处理车间、厨余垃圾预处理车间、化验室、仓库等。

3）厌氧消化区

位于场地中心，紧邻综合预处理车间，主要包括干式厌氧罐、干式沼液池、湿式均质罐、湿式厌氧罐、湿式沼渣罐、湿式沼液罐、脱水机房、固液分离车间、调节池等。

4）沼气预处理及存储区

位于厌氧消化区东侧，主要包括沼气柜、沼气净化装置、火炬等。

5）沼气及沼渣处理区

位于厂区东北侧，主要单体为沼气及沼渣利用车间。

6）除臭区

位于厂区北侧，紧邻综合预处理车间和沼渣处理区，臭气收集便利。

7）附属配套设施区

位于厂区西侧，预处理车间以西，包括油罐区、消防水池及泵房、初雨事故池等。

8）预留用地

位于场地东南侧，作绿化布置，作为厂区储备用地。

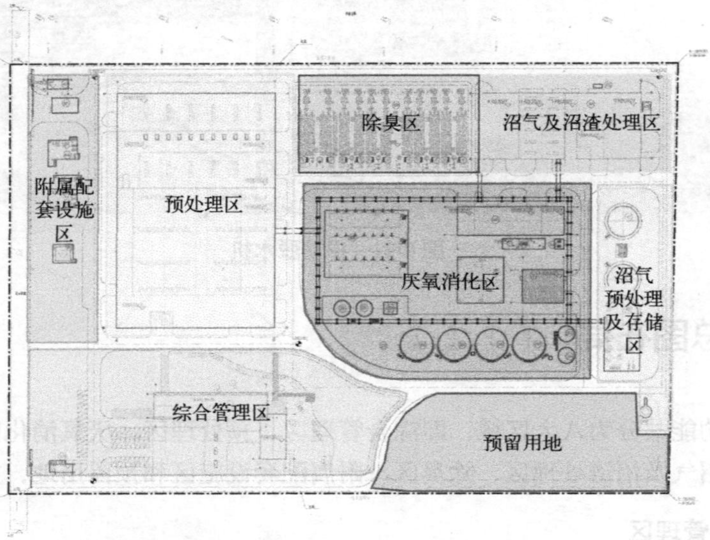

图 9-22　上海生物能源再利用项目一期总平面布置图

主要经济技术指标见表 9-23。

表 9-23　一期主要经济技术指标

序号	名称	单位	数量	备注
1	项目用地面积	m^2	84342	约 127 亩
2	建筑面积	m^2	23307	
3	建、构筑物占地面积	m^2	28064	
4	道路、场地铺砌面积	m^2	23772	
5	绿地面积	m^2	32506	
6	容积率		0.26	
7	建筑系数	%	33.2	
8	绿地率	%	38.5	

续表

序号	名称	单位	数量	备注
9	围墙长度	m	1118	
10	大门	座	2	

9.4.7　主要设备清单

本项目主要设备见表 9-24。

表 9-24　一期主要设备清单

编号	名称	规格	单位	数量	备注
1	残渣收集箱		台	1	
2	振动脱水机	处理量 5～7m^3/h，N = 4.4kW	台	2	
3	干式离心脱水 PAM 制备装置	N = 2.25kW	台	1	加药装置+加药泵
4	振动脱水沼渣无轴螺旋输送机	双向，输送量 10t/h，螺旋直径 = 360mm，长 6m，N = 3kW	台	1	正反转
5	沼渣刮板输送机	输送量 10t/h，N = 9.2kW	台	1	
6	离心沼液回流泵	处理量 10m^3/h，H = 10m，N = 2.2kW	台	1	配套水箱，撬装设备
7	PAM 加药泵	处理量 1m^3/h，H = 30m，N = 0.75kW	台	8	
8	PAM 制备装置	处理量 3000L/h，N = 3kW	台	2	
9	螺杆挤压固渣输送机	输送量 25t/h，螺旋直径 = 500mm，长 23.5m，N = 18.5kW	台	1	
10	螺杆挤压脱水机	处理量 5～7m^3/h，N = 22kW	台	2	
11	干式离心脱水机	处理量 10m^3/h，N = 52kW	台	2	
12	湿式离心脱水机	处理量 8～13m^3/h，N = 45kW+18.5kW	台	6	转鼓直径 500mm
13	离心脱水沼渣无轴螺旋输送机 1	双向输送量 10t/h，螺旋直径 = 360mm，长 14.5m，N = 7.5kW	台	1	正反转
14	离心脱水沼渣无轴螺旋输送机 2	输送量 10t/h，螺旋直径 = 360mm，长 10m，N = 5.5kW	台	1	
15	离心脱水沼渣无轴螺旋输送机 3	输送量 10t/h，螺旋直径 = 360mm，长 10m，N = 5.5kW	台	1	
16	脱水污泥输送机	输送量 10t/h，螺旋直径 = 360mm，长 4m，N = 3kW	台	1	
17	湿物料储存仓		台	1	
18	柱塞泵		台	2	

注：表中 N 为设备功率；H 为泵的扬程。

9.4.8 实际运行效果

该干式厌氧系统实际运行效果见表9-25。

表9-25 一期干式厌氧系统实际运行效果

序号	项目	单位	数值
1	运行温度	℃	43
2	单罐罐内物料容积	m^3	2000
3	进罐物料含固率	%	30
4	进罐物料VS比例	%	83
5	罐内物料含固率	%	18
6	罐内物料VS比例	%	45
7	VS降解率	%	73
8	甲烷浓度	%	58
9	进罐垃圾产气量（标）	m^3/t	140
10	容积产气率（标）	$m^3/(m^3 \cdot d)$	3.25
11	罐内有机负荷	$kg\ VS/(m^3 \cdot d)$	6.2
12	产气率	$m^3/kg\ VS$	0.55

9.5 上海生物能源再利用项目二期

9.5.1 项目概述

① 项目名称：上海生物能源再利用项目二期。

② 建设地点：上海市老港镇的老港固体废物综合利用基地内，老港渗滤液处理厂东侧。

③ 干式厌氧技术：立式干式厌氧SMEDI工艺。

④ 处理对象：上海市中心城区（黄浦区、徐汇区、长宁区、杨浦区、虹口区、静安区）的湿垃圾。

⑤ 建设规模：餐饮垃圾900t/d，厨余垃圾600t/d，同时兼具上海生物能源再利用项目一期由于垃圾分类后引起的产能缺口。

⑥ 建成投运时间：2022年10月。

9.5.2　垃圾组分

该项目处理的餐饮垃圾和厨余垃圾组分见表 9-26 和表 9-27。

表 9-26　二期餐饮垃圾组分

序号	项目	单位	数值
1	含水率	%	84
2	杂质含量	%	14
3	油脂含量	%	4

表 9-27　二期厨余垃圾组分

序号	项目	单位	数值
1	含水率	%	79
2	杂质含量	%	10～12
3	分拣后 VS 含量	%	80

9.5.3　主体工艺介绍

根据总体工艺流程（图 9-23），本项目主要由以下几个系统组成。

① 餐厨垃圾预处理系统：餐厨垃圾经收集后运至综合处理车间进行餐厨垃圾预处理，分离油水、残渣后达到厌氧消化的原料要求。

② 厨余垃圾预处理系统：厨余垃圾经收集后运至综合处理车间，分离出残渣、金属等杂质后，达到厌氧进料要求。

③ 厌氧及脱水系统：湿垃圾预处理后有机浆料及一期多余有机浆料进入厌氧发酵罐进行厌氧发酵，有效利用湿垃圾的有机质生产沼气、回收资源，沼渣经离心脱水后进入沼渣利用系统，经造粒+干化后作为有机肥料或制备有机肥料的原料外运。

④ 沼气净化与利用系统：沼气净化后达到锅炉用气要求，供厂区各系统使用，有效实现资源化，剩余沼气进入沼气发电系统进行沼气发电，产生的电量输送至老港综合填埋场二期配套渗滤液工程的开关站内；同时考虑应急火炬燃烧系统，当设备需要检修等特殊情况时可进行应急燃烧处理。

⑤ 沼渣利用系统：厌氧离心脱水沼渣干化后作为有机肥或有机肥原料外售。

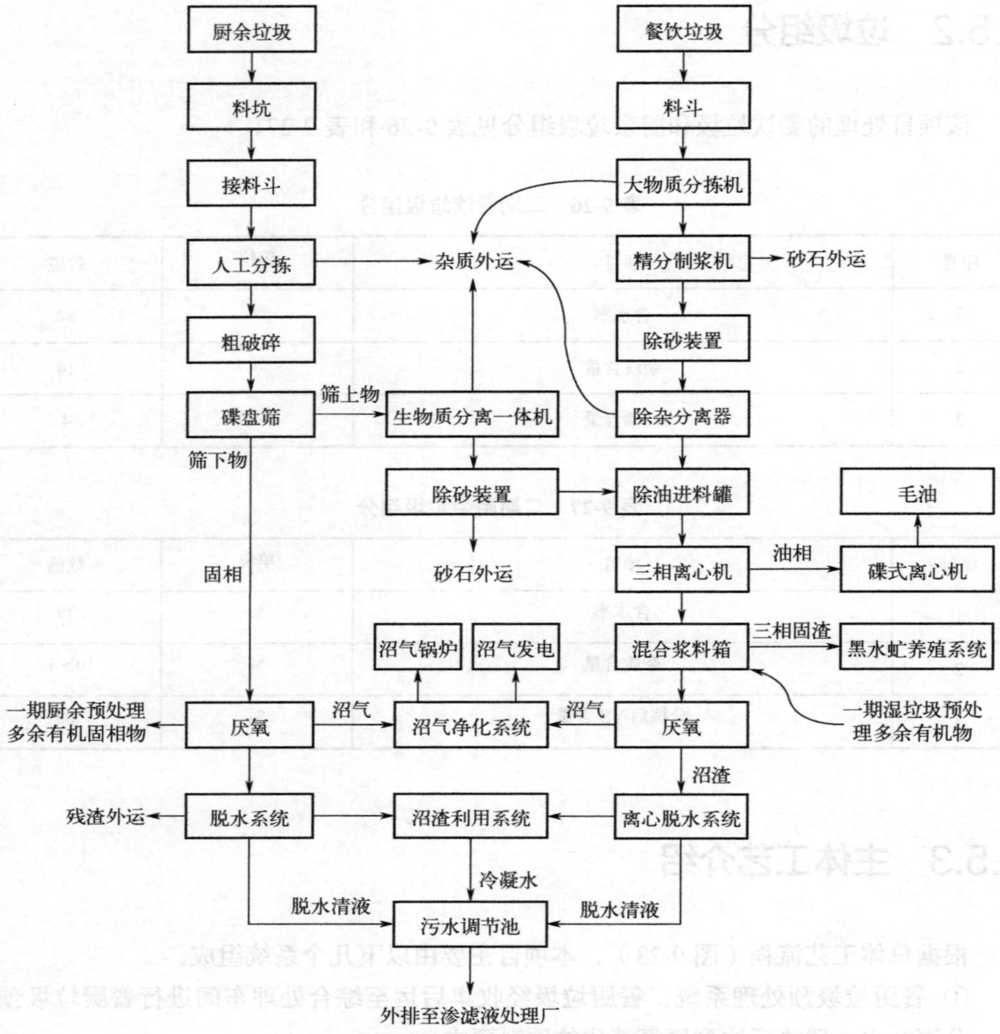

图 9-23　上海生物能源再利用项目二期工艺流程

9.5.4　预处理工艺介绍

9.5.4.1　餐饮垃圾预处理

餐饮垃圾预处理系统包括接收输送单元、分选制浆单元、除砂除轻飘物单元、油水分离单元。预处理分选杂质由车辆运至焚烧厂，毛油作为产品定期外运，预处理后的液相浆料进入湿式厌氧系统。

预处理工艺流程如图 9-24 所示。

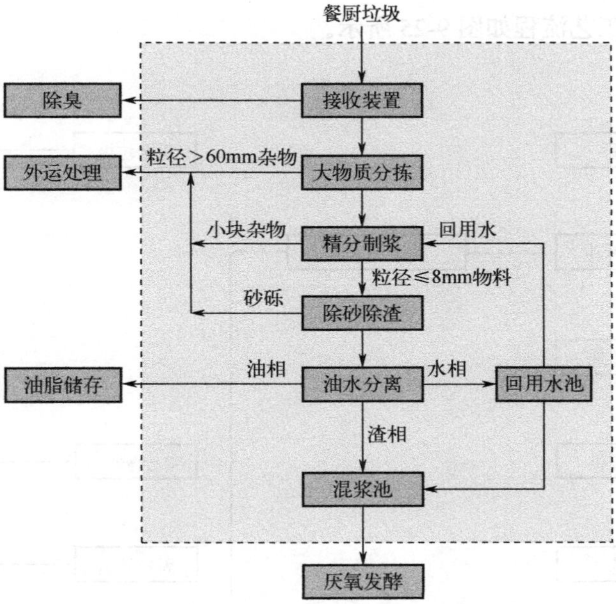

图 9-24　二期餐饮垃圾预处理系统工艺流程

经预处理后的餐饮垃圾物料性质详见表 9-28。

表 9-28　二期预处理后餐饮垃圾物料性质

含固率/%	进料粒径/mm	进料有机质含量/%
10～12	≤8	≥90

9.5.4.2　厨余垃圾预处理

厨余垃圾采用“破碎+筛分”的预处理工艺。由于上海已执行生活垃圾分类，为防止垃圾分类后厨余进料性质出现反复，保留人工拣选工艺；同时，对一期厨余工艺进行简化，厨余垃圾由运输车卸至垃圾料坑，由抓斗提升至垃圾进料斗，料斗内物料通过螺旋提升至人工分拣皮带后进入人工拣选小屋，去除大物质后进入粗破碎机，将物料破碎至粒径<200mm，之后经磁选去除金属物质，磁选后物料被螺旋输送进入筛网直径为 40mm 的碟盘筛进行筛分，筛下物直接进入厌氧消化系统。为进一步提高有机质的利用率，筛上物可进入细破碎及生物质分离一体机进行生物质分离，生物质分离一体机（分选、制浆）处理后的物料进入厌氧系统，由于垃圾分类后厨余垃圾中的含油率有所增加，生物质分离机分离后的物料需先行进行除砂除杂和除油后才能进入厌氧系统。

厨余垃圾预处理工艺流程如图 9-25 所示。

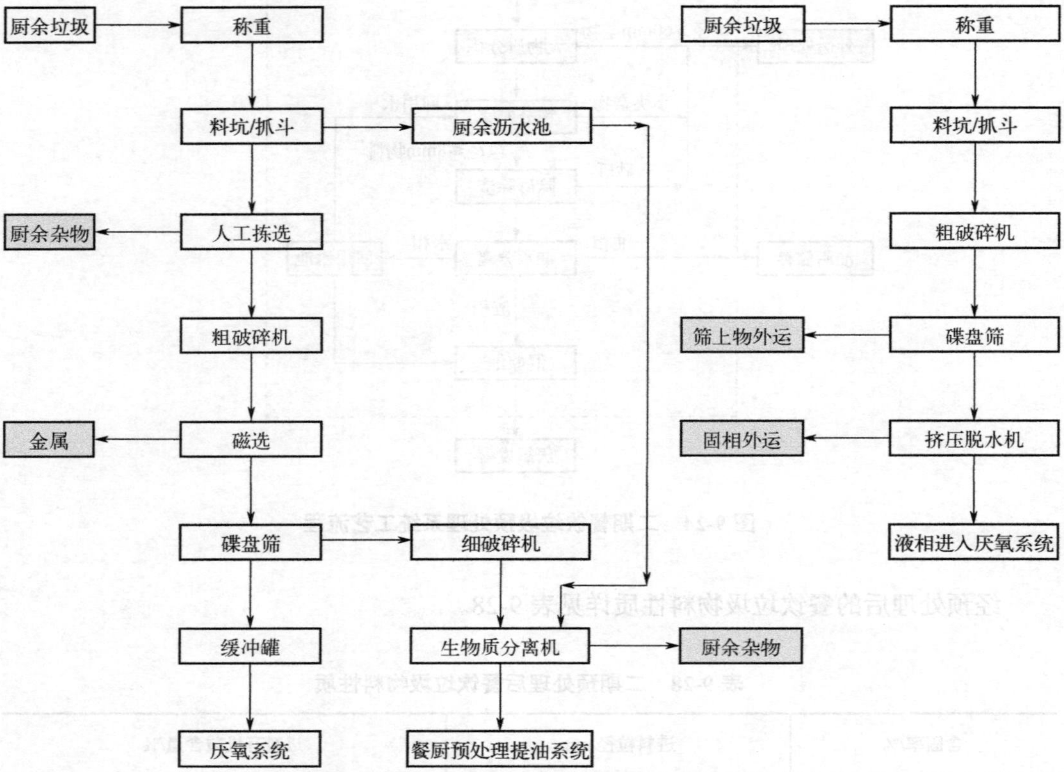

图 9-25　二期厨余垃圾预处理系统工艺流程

厨余垃圾经预处理后出料性质详见表 9-29。

表 9-29　二期厨余垃圾预处理后出料性质

粒径/mm	硬质杂质含量/%	含固率/%
≤40	≤10	18 左右

9.5.5 厌氧工艺介绍

该项目厨余垃圾碟盘筛筛下物含固率在 18%左右，在预处理工艺段除砂较为困难。因此，需采用自带除砂功能的厌氧罐——立式中温厌氧消化罐。系统由进料单元、厌氧消化单元、出料单元、辅助单元等组成，包括缓存料仓、进料柱塞泵、返混箱、循环柱塞泵、立式厌氧罐、出料柱塞泵、螺旋输送设备、液压刀闸阀组等主要工艺设备。

主要工艺流程如图 9-26 所示，浆料进入厌氧区域的进料返混箱，厌氧采用连续进料，进料时间与预处理时间一致，为 12h。厌氧罐返混料通过厌氧罐底部倾斜螺旋输送至返混箱，返混比例为（1∶5）~（1∶8）可调。新鲜料和返混料在返混箱内通过机械搅拌混合均匀后落料至循环柱塞泵，泵送至厌氧罐顶部，厌氧罐顶部设置 3 个进料点。同时，在返混箱内设置外盘管加热，满足厌氧热量补充需求，并在返混箱内预留蒸汽加热接口。

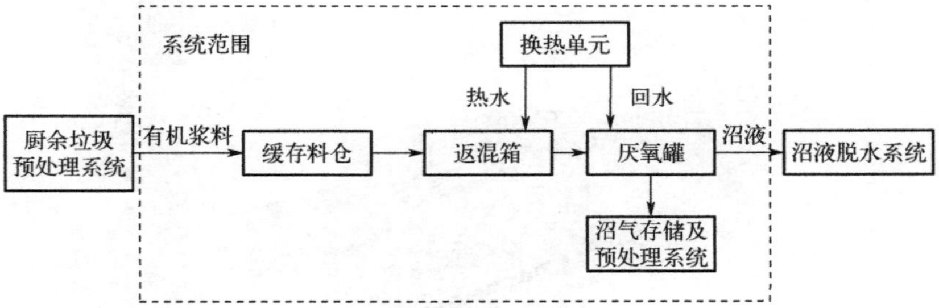

图 9-26　二期干式厌氧系统工艺流程

立式干式厌氧的进料与混合系统所采用的柱塞泵通常为双缸型式柱塞泵，双缸型式柱塞泵具有输送量大、压力高的特点，通过配套输送进料螺旋，输送进料螺旋既可以实现新鲜物料与回流物料的混合，还可以给柱塞泵提供充足的物料供给，保证物料将柱塞泵腔填满。其常见的结构如图 9-27 所示。

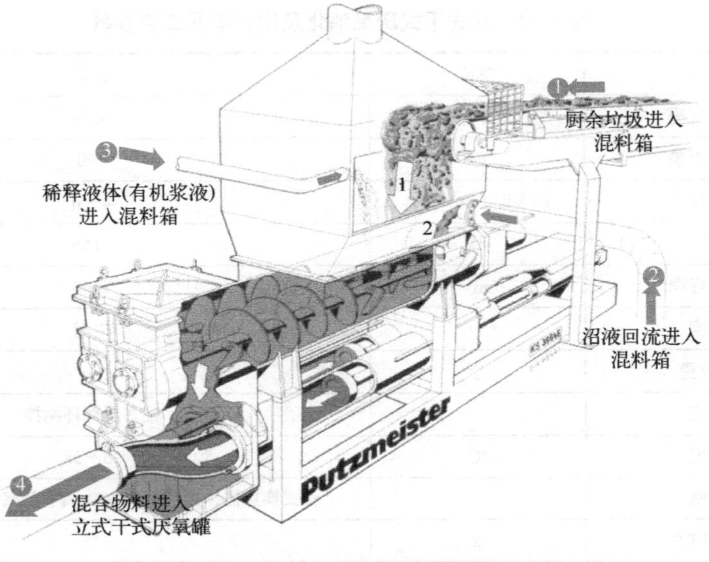

图 9-27　立式干式厌氧进料与混合系统

与卧式干式厌氧一样，立式干式厌氧的出料通常只有厨余垃圾进料量的90%左右，因此出料柱塞泵流量都比较小。在相同的处理量情况下，单缸柱塞泵泵送缸径较大，允许通过的物料粒径明显偏大。这一特性更为适合干式厌氧系统的出料和泵送。从结构来看，单缸柱塞泵构造较为简单，便于清洁维护。当出现管道堵塞的时候，也可以通过反向抽吸的方式将堵塞管道中的物料从进料口处设置卸料盲板，疏通管道。出料柱塞泵如图 9-28 所示。

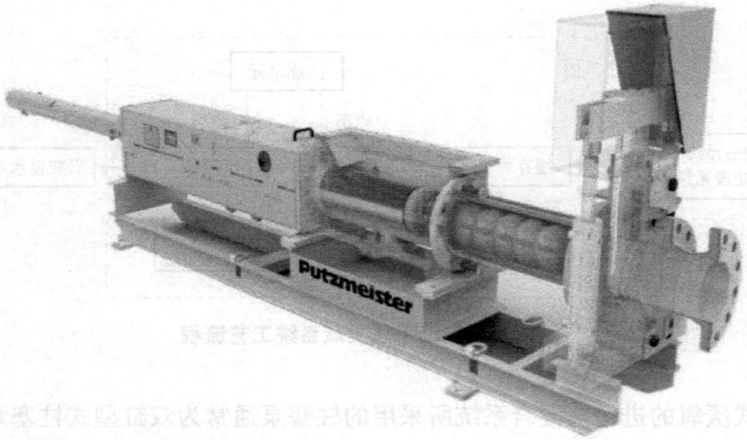

图 9-28　立式干式厌氧出料柱塞泵

干式厌氧消化及出料单元主要工艺参数如表 9-30 所列。

表 9-30　立式干式厌氧消化及出料单元工艺参数

厨余垃圾	单位	数量
厌氧设计规模	t/d	400
单罐设计规模	t/d	100
容积负荷	kg VS/（m^3·d）	4～6
VS 降解率	%	≥65
单罐有效容积	m^3	3500
发酵温度		中温
发酵罐数量	个	4
搅拌形式		柱塞泵循环搅拌
设计温度	℃	35～38
恒温控制		管式换热器，通过温度 PID 调节蒸汽自动阀门开启度
水力停留时间	d	35

9.5.6　总图布局

根据功能，共分为以下几个区域。

① 综合处理区：位于场地南侧，紧邻生产出入口，主要单体建筑为综合处理车间。

② 厌氧区：主要包括高低浓度厌氧罐、均质罐、液罐等，位于场地中部，紧邻预处理车间和沼气预处理系统，保证物流的通畅。

③ 沼气预处理及利用区：位于厂区东侧，包括沼气柜、沼气净化装置、锅炉房及发电机房。

④ 黑水虻养殖区：用于黑水虻处理 30t/d 的餐厨垃圾预处理三相固渣。

⑤ 辅助设施区：包括门卫、初期雨水池。

⑥ 预留用地：分别位于场地北侧和场地东南侧，预留远期黑水虻养殖区域及毛油利用区。

二期总平面布置如图 9-29 所示。

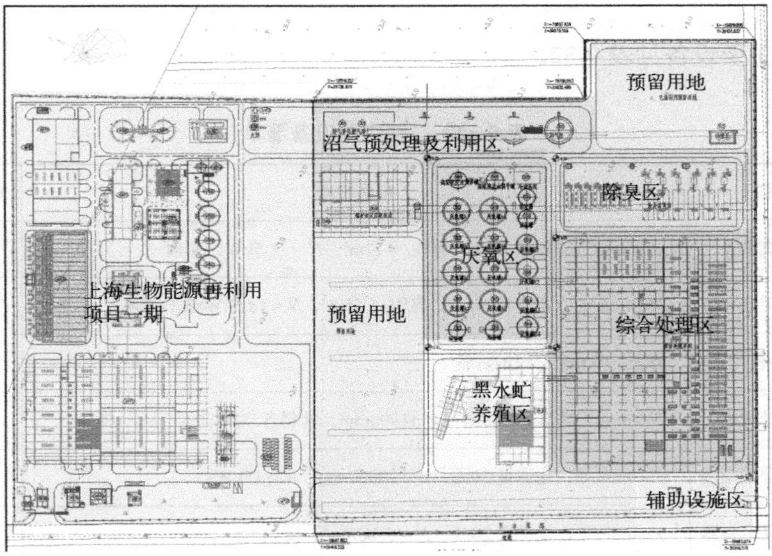

图 9-29　二期总平面布置图

主要经济技术指标见表 9-31。

表 9-31　二期主要经济技术指标

序号	名称	单位	数量	备注
1	总用地面积	m^2	129576.90	

续表

序号	名称	单位	数量	备注
2	建筑面积	m^2	36569	计容面积 34699m^2
3	建、构筑物占地面积	m^2	45973	
4	道路、场地铺砌面积	m^2	29004	
5	绿地面积	m^2	38872.95	
6	容积率		0.27	
7	建筑系数	%	35.48	
8	绿地率	%	30	

9.5.7 主要设备清单

本项目主要设备见表 9-32。

表 9-32 二期主要设备清单

序号	名称	规格材质	单位	数量	备注
1	接种螺旋料斗	ϕ500mm，输送量 15t/h，容积 ＝12m^3，N＝18.5kW，变频	台	1	
2	缓存料仓	ϕ500mm×2，输送量 30t/h，容积 ＝55m^3，N＝18.5kW×2（变频）	套	4	
3	配料仓	容积 ＝1.0m^3，碳钢防腐	台	4	
4	接种提升螺旋	ϕ500mm，输送量 15t/h，L＝11900mm，物料含水率 80%，N＝15kW	台	3	
5	有机物料分配螺旋	ϕ500mm×2，输送量 30t/h，L＝20000mm，N＝15kW×2	台	1	
6	进料柱塞泵进料器	ϕ350mm×2，输送量 20t/h，N＝5.5kW×2，变频	台	4	
7	进料柱塞泵	20t/h，出口 DN200，100bar（1bar＝10^5Pa），液压驱动	台	4	
8	进料集成液压站	N＝110kW	台	2	
9	接种集水坑潜污泵	处理量 10m^3/h，H＝20m，N＝2.2kW	台	1	
10	进料间集水坑潜污泵	处理量 10m^3/h，H＝20m，N＝2.2kW	台	1	
11	分料插板阀	材质 SUS304，N＝2.2kW	台	3	
12	返料螺旋	ϕ500mm，输送量 50～80t/h，长 7.8m，N＝7.5kW，变频	台	4	

续表

序号	名称	规格材质	单位	数量	备注
13	出料螺旋	ϕ475mm，输送量 15t/h，5.6r/min，长 7.1m，N = 4.0kW	台	4	
14	循环柱塞泵进料器	2×ϕ420mm，输送量 50～80t/h，N = 30kW，变频	台	4	
15	除砂提升螺旋	ϕ300mm，输送量 15t/h，长 3.5m，N = 4.0kW	台	2	
16	返混箱搅拌机	轴长 5.5m，搅拌直径 2.5m，防爆电机，N = 15kW，变频	台	4	
17	返混箱	长 5.5m，ϕ2500mm（内壁），有效容积 25m^3，外盘管加热及保温，碳钢防腐	台	4	
18	返料除砂罐	有效容积 1.0m^3，碳钢防腐，压力等级 PN10	台	2	
19	循环柱塞泵	80t/h，出口 DN200，25bar，液压驱动	台	4	
20	出料柱塞泵	15t/h，出口 DN200，64bar，液压驱动	台	4	
21	循环出料液压站	N = 132kW	台	4	
22	阀门液压站	阀门驱动装置，N = 5.5kW×2	台	2	
23	检修潜污泵	处理量 20m^3/h，H = 30m，N = 7.5kW	台	4	
24	正负压保护器	−0.4～3kPa，SUS304	台	4	
25	1#-A 螺压出渣螺旋	ϕ500mm，输送量 20t/h，L = 16765mm，N = 11kW	台	1	
26	1#-B 螺压出渣螺旋	ϕ500mm，输送量 20t/h，L = 16765mm，N = 11kW	台	1	
27	2#-A 螺压出渣螺旋	ϕ500mm，输送量 20t/h，L = 12700mm，N = 11kW	台	1	
28	2#-B 螺压出渣螺旋	ϕ500mm，输送量 20t/h，L = 12700mm，N = 11kW	台	1	
29	螺压出渣螺旋料斗	ϕ500mm，有效容积 = 5m^3，L = 5200mm，N = 7.5kW×2，工频	台	1	
30	螺压出渣插板阀	电动，规格 1120mm×540mm，N = 2.2kW	台	3	
31	螺压脱水机	处理能力 12～15m^3/h，N = 60kW	台	4	
32	缓冲罐	非标钢结构	台	4	
33	集水坑泵	处理量 10m^3/h，H = 20m，N = 2.2kW，配套浮球开关、出口阀组	台	1	

9.5.8 实际运行效果

该干式厌氧系统实际运行效果如表 9-33 所列。

表 9-33　二期干式厌氧系统实际运行效果

序号	项目	单位	数值
1	运行温度	℃	43
2	单罐罐内物料容积	m^3	2800
3	进罐物料含固率	%	30
4	进罐物料 VS 比例	%	83
5	罐内物料含固率	%	18
6	罐内物料 VS 比例	%	45
7	VS 降解率	%	73
8	甲烷浓度	%	58
9	吨进罐垃圾产气量	m^3/t	140
10	容积产气率	$m^3/(m^3\cdot d)$	3.25
11	罐内有机负荷	$kg\ VS/(m^3\cdot d)$	6.2
12	产气率	$m^3/kg\ VS$	0.55

参考文献

[1] 梁芳，包先斌，王海洋，等. 国内外干式厌氧发酵技术与工程现状[J]. 中国沼气，2013（03）:44-49，60.

[2] 黄燕冰. 餐厨垃圾高温干式厌氧消化工艺研究[D]. 北京：北京工商大学，2015.

[3] 贾志莉. 干式厌氧发酵技术研究综述[J]. 广州化工，2013，41（14）:40-42.

[4] 景全荣，黄希国，吴丽丽，等. 连续干式厌氧发酵中试系统设计与试验[J]. 农业机械学报，2012（S1）:186-189.

[5] 刘宝. 中国餐厨垃圾厌氧发酵技术综述[C]// 中华全国专利代理人协会.2015 年中华全国专利代理人协会年会第六届知识产权论坛论文集.国家知识产权局专利局专利审查协作北京中心，2015:1524-1533.

[6] 刘建伟，夏雪峰，葛振. 城市有机固体废弃物干式厌氧发酵技术研究和应用进展[J]. 中国沼气，2015，33（04）:10-17.

[7] 刘研萍，燕艳，方刚，等. 高温水解预处理对餐厨垃圾厌氧消化的影响[J]. 中国沼气，2014，32（01）:43-48.

[8] 潘云锋，李文哲.微量金属元素对牛粪厌氧发酵产气特性的影响[J].江苏环境科技，2006（04）:4-6.

[9] 任连海，黄燕冰，王攀，等. 含油率对餐厨垃圾干式厌氧发酵的影响[J]. 环境科学学报，2015，35（08）:2534-2539.

[10] 上海市住房和城乡建设管理委员会. 湿垃圾厌氧消化处理工程技术标准: DG/TJ 08—2423—2023[S/OL]. 上海:同济大学出版社，2023.

[11] 尚奕萱，梁立军，刘建国.发达国家垃圾分类得失及其对中国的镜鉴[J].环境卫生工程，2021，29（03）:1-11.

[12] 王攀，郭新愿，卢擎宇，等. 湿热预处理对餐厨垃圾高温干式厌氧消化的影响[J]. 重庆大学学报，2016，39（02）:64-70.

[13] 王毅琪，韩文彪，陈灏，等. 生活垃圾微生物强化两相干式厌氧发酵技术的研究及应用[J]. 安徽农业科学，2016，44（05）:100-102.

[14] 中华人民共和国住房和城乡建设部. 生活垃圾处理处置工程项目规范: GB 55012—2021[S/OL]. 北京:中国建筑工业出版社，2021.

[15] Liebetrau J, Pfeiffer D, Dittrich-Zechendorf M, et al. Collection of Measurement Methods for Biogas, Issue 07[J]. 2020. DOI: 10.13140/RG.2.2.24905.98405.

附录

相关标准节选

- 《生活垃圾处理处置工程项目规范》（GB 55012—2021）（节选）
- 《湿垃圾厌氧消化处理工程技术标准》（DG/TJ 08—2423—2023）（节选）

附录1 《生活垃圾处理处置工程项目规范》（GB 55012—2021）（节选）

5 厨余垃圾处理厂

5.1 一般规定

5.1.1 处理厂应配置接收及储存系统、预处理及输送系统、厌氧消化或好氧堆肥或饲料化系统、沼气利用系统或制肥系统、固渣与污泥处理系统、污水处理系统、臭气收集处理系统等，确保正常运行。

5.1.2 处理厂应对臭气进行收集，经处理达标后排放。

5.2 接收及储存系统

5.2.1 接收及储存系统应设置垃圾卸料间及平台、垃圾卸料门、垃圾储坑或料斗、输送设备、渗沥液导排、臭气控制等设施。

5.2.2 卸料间应封闭，卸料口、卸料斗应能关闭。

5.2.3 卸料间应设置地面和设备冲洗设施及冲洗水排放系统。

5.2.4 卸料场地和厂区道路表层应采用防腐耐磨的水泥混凝土、金刚砂、环氧树脂或等效材料，并应当天进行清理。

5.3 预处理及输送系统

5.3.1 预处理工艺应根据垃圾成分和主体工艺要求确定。预处理系统应配置分选、破碎处理等设备，分选后垃圾中不可降解杂物含量应符合后续设备运行要求。

5.3.2 预处理设备应具有防粘、防缠绕、耐腐蚀、耐负荷冲击等功能，易损部件应易于拆卸和更换，预处理设备的运行参数应可调节。

5.3.3 预处理及输送设备应设置渗沥液收集装置，且便于清洁。设备四周应留有维修需要的空间或通道。

5.3.4 预处理设备应采取防噪减振措施。

5.3.5 油脂分离工艺应根据厨余垃圾处理主体工艺的要求确定，分离出的油脂应进行有效处理或安全利用。

5.4 厌氧消化、好氧堆肥与饲料化处理系统

5.4.1 厌氧消化主工艺为湿式厌氧的，物料破碎粒度应小于10mm；主工艺为干式厌氧的，物料破碎粒度应小于25mm并应混合均匀。

5.4.2 厌氧消化工艺类型应根据垃圾的特性、当地条件经过技术经济比较后确定。

5.4.3 应对厌氧消化系统的物料温度进行控制。

5.4.4 厌氧消化反应器应符合下列规定：

1 应有良好的防渗、防腐、保温和密闭性，在室外布置的，还应具有耐老化、抗强风、雪等恶劣天气的性能；

2 结构应有利于物料的流动，避免产生滞流死角；

3 应具有良好的物料搅拌、匀化功能，防止物料在消化器中形成沉淀；

4 应有检修孔和观察窗；

5 应配置安全减压装置，安全减压装置应根据安全部门的规定定期检验。

5.4.5 厌氧消化产生的沼气，应设置发电、提纯等沼气利用设施或火炬系统，不得直接排入大气。

5.4.6 好氧堆肥处理工艺类型应根据原料组成、当地经济状况、产品要求和处理场地等条件确定。

5.4.7 好氧堆肥处理工艺应对垃圾进行水分调节、盐分调节、脱油、碳氮比调节等处理，物料粒径应控制在 50mm 以内。

5.4.8 好氧堆肥初级发酵设施设备应符合下列规定：

1 发酵仓数量及设计容积，应根据进料量和设计主发酵时间确定；

2 发酵仓应配置测试温度和氧浓度的装置，并应具有保温、防渗和防腐措施及水分调节、渗沥液和臭气收集功能；

3 发酵车间应配置通风和除臭设施。

5.4.9 好氧堆肥初级发酵堆层各测试点温度均应达到 55℃以上，且持续时间不应少于 5d；或达到 65℃以上，持续时间不应少于 3d。

5.4.10 强机械通风的静态堆肥工艺，好氧堆肥初级发酵，堆层高度不应超过 2.5m；当原料含水率较高时，堆层高度不应超过 2.0m。

5.4.11 好氧堆肥初级发酵的运行终止指标应符合下列规定：

1 耗氧速率上升至最大后逐步下降，与最大耗氧速率相比应下降 90%并趋于稳定；

2 发酵产物卫生指标蛔虫卵死亡率不应低于 95%，粪大肠菌值不应低于 10^{-2}，沙门氏菌不得检出。

5.4.12 好氧堆肥次级发酵工艺应符合下列规定：

1 当次级发酵在室内车间进行时，车间应具有良好的通风条件；

2 露天次级发酵的发酵区应具有雨水截流、收集和导排措施。

5.4.13 好氧堆肥次级发酵的终止指标应符合下列规定：

1 耗氧速率应小于 0.1% O_2/min；

2 种子发芽指数不应小于 80%。

5.4.14 制备生化腐殖酸应符合下列规定：

1 制备生化腐殖酸时，应加入腐殖酸转化剂和碳源调整材料，控制碳氮比；

2 工艺过程使用的微生物菌剂应符合相关标准要求，且应具有遗传稳定性和环境安全性；

3 发酵完成后，应将物料中大于 5mm 的杂物筛除。

5.4.15 饲料化处理的餐厨垃圾在处理前应严格控制存放时间，应确保存放和处理过程中不发生霉变。餐厨垃圾在进入饲料化处理系统前，应对其进行检测，发生霉变的餐厨垃圾及过期变质食品不得进入饲料化处理系统。

5.4.16 餐厨垃圾饲料化处理必须设置病原菌杀灭工艺。

5.4.17 对于含有动物蛋白成分的餐厨垃圾，其饲料化处理工艺应设置生物转化环节，不得生产反刍动物饲料。

5.4.18 加热去除餐厨垃圾水分时，加热温度应得到有效控制，避免产生焦化和生成有毒有害物质。

5.4.19 接触物料的设备停运后，应及时对残留的物料进行清理，防止残留物料霉变影响产品质量，便于设备再次启动。

5.5 沼气利用与制肥系统

5.5.1 湿式气柜、膜式气柜、带储气柜的厌氧消化反应器与厂内主要设施的防火间距应符合安全要求，干式气柜与厂内主要设施的防火间距应按湿式气柜的规定值增加 25%。

5.5.2 堆肥产品农用或林用时，主要指标应符合下列规定：

1 杂物含量不大于 3%；

2 粒度不大于 12mm；

3 蛔虫卵死亡率不低于 95%；

4 大肠菌值为 10^{-1} ~ 10^{-2}；

5 水分为 25% ~ 35%。

5.5.3 生化腐殖酸成品主要质量指标应符合下列规定：

1 有机质含量不低于 80%；

2 水分不大于 12%；

3 粪大肠菌群数不高于 100 个/g（mL）；

4 蛔虫卵死亡率不低于 95%。

5.6 残渣与沼渣处理系统

5.6.1 处理厂各工段分选出的残渣应按物质类别或最终出路分别存放。

5.6.2 处理厂残渣、沼渣、污泥经预处理后，最终应进行利用或无害化处置。

附录 2 《湿垃圾厌氧消化处理工程技术标准》（DG/TJ 08—2423—2023）（节选）

1 总 则

1.0.1 为规范和指导上海市湿垃圾厌氧消化处理工程的建设，做到技术先进、安全适用、节约资源、经济合理，制定本标准。

1.0.2 本标准适用于上海市新建、改建、扩建以湿垃圾厌氧消化为主体工艺的工程设计、施工、验收和运行管理。

1.0.3 湿垃圾厌氧消化处理工程的设计、施工和验收除应遵守本标准的规定外，尚应符合国家、行业和本市现行有关标准的规定。

2 术 语

2.0.1 湿垃圾 wet waste

湿垃圾按照源头分为餐厨垃圾和厨余垃圾。其中，餐厨垃圾来自餐馆、饭店、单位食堂等，厨余垃圾来自家庭、农贸市场等。

2.0.2 含固率 total solids（TS）

物料中含有的干物质的重量比率。

2.0.3 湿式厌氧消化 wet anaerobic digestion

罐内含固率在10%以下，对进料重质及轻飘杂质去除率要求较高的厌氧消化工艺。

2.0.4 干式厌氧消化 dry anaerobic digestion

罐内含固率在15%以上，对进料重质及轻杂质去除率要求较低的厌氧消化工艺。

2.0.5 半干式厌氧消化 semi-dry anaerobic digestion

罐内含固率在10%～15%，对进料重质或轻飘杂质去除率要求相对较高的厌氧消化工艺。

2.0.6 沼液 biogas slurry

沼液是厌氧消化液经脱水后剩余的液相物质。

2.0.7 沼渣 biogas residue

沼渣是厌氧消化液经脱水后剩余的固相物质。

2.0.8 沼渣干化 drying of biogas residue

利用外部热源对沼渣进行直接或间接加热，降低沼渣含水率的过程。

3 厂址选择

3.0.1 湿垃圾厌氧消化处理厂的选址应符合上海市城市总体规划、区域环境规划、城市环境卫生专业规划及相关规划的要求。

3.0.2 厂址选择应综合考虑湿垃圾厌氧消化处理厂的服务区域、垃圾收集运输能力、运输距离、预留发展等因素。

3.0.3 湿垃圾厌氧消化处理设施宜与其他固体废物处理设施或污水处理设施同址规划、建设和验收。

3.0.4 厂址选择应符合下列条件：

1 工程地质与水文地质条件应满足处理设施建设和运行的要求。

2 应有良好的交通、电力、给水和排水条件。

3 应避开环境敏感区、洪泛区、重点文物保护区等。

4 总体设计

4.1 规模与分类

4.1.1 湿垃圾处理工程规模应根据服务区域湿垃圾产生量和收集量现状及预测结果确定。

4.1.2 湿垃圾产生量应根据实际统计数据确定，可分别按人均日产生量按照公式（4.1.2）进行测算：

$$M_c = R\left(m_1 k_1 + m_2 k_2\right) \tag{4.1.2}$$

式中：M_c——某区湿垃圾日产生量（kg/d）；

R——项目规划服务年限内常住人口；

m_1——人均餐厨垃圾产生量基数[kg/（人·d）]，宜取该区前一年人均日餐厨垃圾收运量；

m_2——人均厨余垃圾产生量基数[kg/（人·d）]，宜取该区前一年人均日厨余垃圾收运量；

k_1——餐厨垃圾产量波动系数，宜取前一年餐厨垃圾最高月收运量/平均月收运量；

k_2——厨余垃圾产量波动系数，宜取前一年厨余垃圾最高月收运量/平均月收运量。

4.1.3 湿垃圾处理生产线的数量及规模应根据所选工艺特点、设备成熟度，经技术经济比较后确定。

4.1.4 湿垃圾厌氧消化处理厂宜按下列规定分类：

1 Ⅰ类湿垃圾厌氧消化处理厂：全厂总处理能力 500 t/d 以上（含 500 t/d）；

2 Ⅱ类湿垃圾厌氧消化处理厂：全厂总处理能力介于 100～500 t/d（含 100 t/d）；

3　Ⅲ类湿垃圾厌氧消化处理厂：全厂总处理能力 100 t/d 以下。

4.2　总图设计

4.2.1　湿垃圾厌氧消化处理厂各项用地指标应符合土地、规划等行政主管部门的要求，其中Ⅰ类湿垃圾处理厂宜预留沼渣、沼液资源化用地。

4.2.2　总图布置应满足湿垃圾处理工艺流程的要求，各工序衔接应顺畅，平面和竖向布置合理，建构筑物间距应符合安全要求。

4.2.3　湿垃圾厌氧消化处理厂应分别设置人流和物流出入口，两出入口不得相互影响，且应做到进出车辆畅通。

4.2.4　厂区道路的设置，应满足交通运输和消防的需求，并应与厂区竖向设计、绿化及管线敷设相协调。

4.2.5　厌氧消化反应器、沼气柜、火炬、毛油暂存罐及油脂深加工系统等主要设施防火间距应符合现行国家标准《建筑设计防火规范》（GB 50016）和《大中型沼气工程技术规范》（GB/T 51063）的有关规定。室外沼气预处理装置、提纯装置、室外发电机等装置间防火间距可按照现行国家标准《石油化工企业设计防火规范》（GB 50160）中设备平面布置防火间距要求执行。

4.2.6　总图布置应考虑重点臭气产生区域（包括物流出入口、卸料车间）对厂界大气环境的影响，并应结合区域主导风向，合理布局厂区除臭排气筒。

5　主体工艺

5.1　一般规定

5.1.1　主体工艺应根据湿垃圾成分，合理选取工艺路线，工艺流程应简洁、高效、环保。

5.1.2　餐厨垃圾应设置提油工序，厨余垃圾应根据原料含油率及后端厌氧油脂消化能力，合理设置提油工序。

5.1.3　湿垃圾固相输送宜采用无轴螺旋输送机；固液混合物的同步输送宜采用斗式提升机；经过除砂处理后的湿垃圾浆液宜采用螺杆泵、渣浆泵或气力输送等高含固输送设备。输送系统应全程密封、具有防硬物卡死的功能、自清洗功能以及滤液导排水措施，防止污水外溢。

5.1.4　厌氧消化反应器的选择应结合物料含水率、杂质含量、碳氮比等理化特性，并经过技术经济比选后确定。

5.1.5　沼液沼渣的后处理技术的选择，应遵守国家有关法律、法规及政策规定，并符合项目规划的要求。

5.1.6　浆液管道、沼液管道、毛油管道等主要工艺管道宜明管敷设。

5.2 计量与接收

5.2.1 湿垃圾厌氧消化处理厂应设置计量设施，计量设施应具有称重、记录、打印与数据处理、传输功能。Ⅱ类及以上湿垃圾厌氧消化处理厂宜单独设置进、出称重计量设施。

5.2.2 湿垃圾卸料间应封闭，垃圾车卸料间尺寸应满足最大湿垃圾运输车辆的卸料作业要求。

5.2.3 湿垃圾处理厂卸料口设置数量应根据总处理规模和高峰时段卸料车流量确定，Ⅱ类及以上湿垃圾处理厂卸料口分别不宜少于2个。

5.2.4 餐厨垃圾接料装置宜采用不锈钢卸料斗，容积应满足高峰期的卸料需求；厨余垃圾接料装置宜采用不锈钢料斗或混凝土料坑，料斗或料坑容积应满足高峰期的卸料需求。

5.2.5 湿垃圾卸料间应设置地面、料斗、卸料车辆的冲洗设施。

5.3 预处理系统

5.3.1 湿垃圾预处理设施应具有耐腐蚀、耐磨损、耐冲击负荷等性能，提油加热工序的缓存及处理设施还应具有耐高温性能，与物料接触部位均应采用不锈钢或其他耐腐蚀材质。

5.3.2 湿式厌氧预处理后的浆液中有机质含量不宜小于80%；半干式或干式厌氧预处理后的湿垃圾中有机质含量不宜小于75%。

5.3.3 湿垃圾的破碎或制浆应符合下列规定：

1 湿垃圾破碎或制浆工艺应根据湿垃圾输送工艺和后续厌氧处理工艺的要求确定，物料的含水率与后续厌氧工艺相适应。

2 湿式厌氧预处理应采取制浆工艺，物料破碎后的粒径宜小于8mm；半干式预处理后物料粒径宜小于20mm；干式厌氧预处理后物料粒径宜小于60mm。

3 破碎或制浆设备应具有防卡堵功能，设备选型及设备布置应便于清堵和维护。

5.3.4 湿式厌氧预处理应设置除砂工序，2mm以上沙砾去除率应大于98%。

5.3.5 湿垃圾提油工艺应符合下列规定：

1 提油后的液相浆料含油率不宜超过6000mg/L。

2 分离出的油相含水率宜结合后端处理或用户需求，通常不宜超过3%，且应对分离出的油脂进行妥善处理和利用。

5.4 厌氧消化及脱水系统

5.4.1 厌氧消化宜结合项目工艺控制和能量平衡，合理选取中温或高温厌氧，避免能源浪费；中温厌氧消化温度40℃±2℃为宜，高温厌氧消化温度55℃±2℃为宜。

5.4.2 均质罐和沼液罐停留时间宜取2d。

5.4.3 湿式厌氧消化反应器内含固率宜小于10%，半干式厌氧消化反应器内含固率宜为10%～15%，干式厌氧消化反应器内含固率宜为15%～20%左右。

5.4.4 湿式厌氧消化反应器内有机负荷宜在 2kgVS/（m^3·d）~3kgVS/（m^3·d），半干式厌氧消化反应器内有机负荷宜在 3kgVS/（m^3·d）~4kgVS/（m^3·d），干式厌氧消化反应器内有机负荷宜在 4kgVS/（m^3·d）~6kgVS/（m^3·d）。

5.4.5 厌氧消化反应器的设计应符合下列规定：

1 厌氧消化反应器应有良好的抗震、防渗、防腐、保温、密闭性和安全性，并应具有耐老化、抗强风雪及地震等恶劣天气和自然灾害的性能；其结构应有利于物料的进出，减少短流和滞流死角产生，并应具有良好的均匀搅拌功能，防止沉砂和浮渣在反应器中沉积而引起局部酸化。

2 厌氧消化反应器进料方式可采用连续进料或批次进料方式，根据小时进料量确定进料系统参数、加热系统功率以及出料系统参数等。

3 厌氧消化反应器应设置正负压保护装置和压力显示、报警装置。

4 对溢流出料的湿式厌氧消化罐，溢流器与大气联通的开口位置应远离人员的巡检操作区域，防止意外伤害事故。

5 厌氧消化反应器的其他设计规定应符合现行国家标准《大中型沼气工程技术规范》GB/T 51063 的有关规定。

5.4.6 厌氧消化反应器应设置加热保温装置。总需热量应考虑冬季最不利工况，并可按下式计算：

$$Q=Q_1+Q_2+Q_3+Q_4 \qquad (5.4.6)$$

式中：Q——总需热量（kJ/h）；

Q_1——加热料液到设计温度需要的热量（kJ/h）；

Q_2——保持消化器发酵温度需要的热量（kJ/h）；

Q_3——管道散热量（kJ/h）；

Q_4——沼气及饱和水蒸气带走的热量（kJ/h）。

换热装置的总换热面积应根据热平衡计算，并应留有 10%~20%的余量。

5.4.7 湿式厌氧消化后的沼液脱水宜采用离心脱水，半干式和干式厌氧消化后的沼液脱水宜采用多级组合脱水工艺，挤压脱水沼渣含水率不宜高于 60%，离心脱水后沼渣含水率不宜高于 80%。

5.5 沼气存储、净化及利用系统

5.5.1 沼气存储宜采用低压气柜，气柜的型式宜结合厂址地貌及气象条件合理选型。气柜的储气容积宜结合厂区产气、用气平衡计算确定，气柜工艺设计执行现行国家标准《大中型沼气工程技术规范》（GB/T 51063）的有关规定。

5.5.2 膜式气柜的支撑风机应采用防爆电机、变频控制，支撑风机应一用一备。气柜支撑风机应设置独立的备用电源，在厂区断电情况下能保证连续供电。气柜进风口、排风口设计应防止气流短路，排风口废气应经除臭后排放。

5.5.3　厌氧消化产生的沼气应经过脱硫、脱水、增压、除尘净化处理，净化工艺的选择应根据沼气用途、用气设备要求、烟气排放标准来确定。

5.5.4　沼气脱硫宜采用生物脱硫、湿法脱硫或干法脱硫。当一级脱硫后的沼气指标不能满足要求时，应采用两级脱硫，第二级宜采用干法脱硫。

5.5.5　脱硫工艺的设计应符合下列规定：

1　湿法脱硫宜采用氧化再生法，以减少废水排放量，并应采用硫容量大、副反应小、再生性能好、无毒的脱硫液。

2　生物脱硫所需的营养液应满足脱硫菌群生存的要求。

3　生物脱硫后沼气管路应设置氧含量在线检测仪，控制曝气量，沼气中余氧含量应控制在1%～2%。

4　干法脱硫塔应分组布置，并有备用。

5　干法脱硫的脱硫剂宜采用颗粒氧化铁，脱硫剂装填高度以1m～1.4m为宜；当床层高度过高时，应分层填装，每层脱硫剂厚度以1m为宜。

6　干法脱硫前端应设置脱水装置。

7　湿法脱硫、生物脱硫宜采用气-液逆流式接触，干法脱硫的进出气管宜采用下进上出。

8　脱硫塔应易于清理、维护、检修并应设观察口及检修人孔。

9　脱硫塔进、出口应设阀门及检修旁通。

10　生物脱硫宜有外排水pH中和装置。

11　脱硫区域各设备冷凝水排放应铺设密闭管路，与设备的接口处应配备视镜方便观察排水情况。

5.5.6　沼气利用系统的设计应符合下列规定：

1　沼气利用方式应结合项目特点、规模、周边用户等情况，经技术经济比较后确定。

2　沼气发电利用时，宜采用内燃式发电机。额定负荷下，Ⅲ类处理厂的发电效率不宜低于30%，Ⅱ类及以上处理厂的发电效率不宜低于40%；

3　沼气提纯时，产品技术指标根据要求可执行现行国家标准《车用压缩天然气》（GB 18047）、《天然气》（GB 17820）或《燃气工程项目规范》（GB 50494）的相关要求。

4　脱硫沼气送入用气设备前，应根据不同用气设备的供气要求设立针对性的监控仪表，方便监控沼气参数，例如沼气压力、湿度、甲烷含量、含氧量、硫化氢含量等。

5.5.7　应急火炬系统的设计应符合下列规定：

1　湿垃圾厌氧消化处理厂应设置应急火炬，宜采用封闭式火炬，火炬应设置在厂区全年主导风向的下风向。

2　火炬应满足沼气在10%～110%负荷范围充分燃烧，火炬应具有点火、熄火安全保护功能。

3　火炬进口宜设置截止型调节阀，以减少沼气放散时对全厂沼气压力波动的影响。

5.5.8 沼气管道附件的设计应符合下列规定：

1 埋地沼气管道宜采用聚乙烯燃气管，应符合现行国家标准《燃气用埋地聚乙烯（PE）管道系统 第一部分：管材》（GB 15558.1）的有关规定；架空沼气管道可采用不锈钢无缝钢管或不锈钢焊接钢管，应符合现行国家标准《流体输送用不锈钢无缝钢管》（GB/T 14976）、《低压流体输送用焊接钢管》（GB/T 3091）的有关规定。

2 沼气管道坡度不宜小于 0.3%，管道最低点应设置凝水器，凝水器宜间隔 200～250m 设置 1 处，沼气支管坡向干管，小口径管坡向大口径管。

3 聚乙烯燃气管道埋设的最小覆土深度（地面至管顶）应符合以下规定：埋设在车行道下，不得小于 0.9m；埋设在非车行道（含人行道）下，不得小于 0.6m；埋设在机动车不可能到达的地方时，不得小于 0.5m；当埋深达不到上述要求时，应采取保护措施。

4 架空沼气管道穿越车行道时，管底至路面的净高不宜小于 4.5m；穿越人行道时，管底至路面的净高不宜小于 2.2m。

5 沼气管道的流体计算、管材选择等应符合现行国家标准《燃气工程项目规范》（GB 50494）的有关规定。

6 进入室内的沼气总管应设置紧急切断阀，切断阀应布置在室外，并与室内可燃气体检测仪联锁。紧急切断阀前应设手动切断阀，紧急切断阀宜采用自动关闭、现场人工开启型。

7 至各用气设备前的管道上应设放散管、阻火器。

5. 6　沼液与沼渣处理系统

5.6.1 沼液沼渣后处理技术的选择，宜以提高其综合利用效益、避免环境二次污染、实现资源化利用为原则。

5.6.2 沼液作为液态肥，应取得相关部门许可，并满足现行行业标准《沼气工程沼液沼渣后处理技术规范》（NY/T 2374）的相关要求；沼液作为污水处理，宜选用“预处理＋生物处理＋深度处理”组合处理工艺，预处理、生化处理产生的污泥宜与沼渣一并处理。

5.6.3 沼渣利用前应进行无害化和稳定化处理，宜作为有机肥或其他产品原料。当作为有机肥料时，应满足现行行业标准《有机肥料》（NY/T 525）的要求，并取得相关部门许可；当用作绿化基质土时，应符合现行国家标准《绿化用有机基质》（GB/T 33891）的要求；当作为土壤调理剂时，应符合现行行业标准《土壤调理剂 通用要求》（NY/T 3034）的要求。

5.6.4 沼渣干化处理时，干化机内与沼渣接触部件材质宜采用不锈钢材质，干化机的蒸发强度不宜高于 6kg/（m^2·h），载气中氧气含量不宜高于 6%，载气需经除尘、冷凝脱水后排入除臭系统，冷凝后载气温度不宜高于 50℃。

5.6.5 沼渣采用炭化处理工艺时，其烟气排放应符合现行国家标准《生活垃圾焚烧污染控制标准》（GB 18485）的有关要求。

5.6.6 沼渣资源化产品的储存应根据产品产量、市场需求周期等因素，综合考虑存贮仓库的容量，且不应低于 15 天的周转。

5.7 臭气收集与净化

5.7.1 垃圾卸料、储存、输送、处理过程中产生的臭气，应采取气流阻隔、臭源密闭、抽吸排风等措施防止恶臭污染物扩散，臭气应集中处理后有组织排放。处理后气体的排放应符合现行国家标准《恶臭污染物排放标准》（GB 14554）和现行上海市地方标准《恶臭（异味）污染物排放标准》（DB 31/1025）的有关规定。

5.7.2 主要污染源产生的功能区域、工艺设备、水池的密封及臭气风量的计算应符合表 5.7.2 要求。

表 5.7.2 各功能区域换气次数参考值和密封措施

功能区域	换气次数/（次/h）	恶臭源浓度	是否进入作业	密封措施	备注
卸料大厅①	3～5	低浓度	进入作业	土建隔断	
预处理车间	3～5	低浓度	进入作业	土建隔断	
干化车间	3～5	低浓度	进入作业	土建隔断	
脱水机房	3～5	低浓度	进入作业	土建隔断	
沥水间	5～8	高浓度	进入作业	土建隔断	
出渣间	5～8	高浓度	进入作业	土建隔断	
人工分拣间	8～12	高浓度	进入作业	土建隔断	
料坑间②	/	高浓度	不进入作业	土建密封	控制微负压
工艺设备和输送设备	/	高浓度	不进入作业	设备密封	控制微负压
工艺储罐	/	高浓度	不进入作业	设备密封	控制微负压
污水池	/	高浓度	不进入作业	土建密封	控制微负压

注：①：卸料大厅包含车辆回转空间和臭气控制要求较高项目设置的卸料缓冲间。

②：料坑间包括土建直接用作卸料的储坑间和带工艺料斗的储坑间。

1）进入作业功能区域主动送风量宜为排风量的 30%～60%；不进入作业功能区域以排风为主，仅设少量送风或不送风。

5.7.3 全厂臭气宜根据各功能区域恶臭源浓度的不同分质收集，并按下列规定分质处理：

1 表 5.7.2 中“高浓度臭源”功能区域收集的臭气，宜采用洗涤+生物滤池为主的组合净化工艺；

2 表 5.7.2 中“低浓度臭源”功能区域收集臭气，宜采用洗涤为主的净化工艺；

3 当外排要求较高时，应增加吸附净化工艺等保障措施。

5.7.4 风机宜采用变频器调节风量。风机的壳体和叶轮材质应选用玻璃钢等耐腐蚀材料，室外放置的玻璃钢风机外壳表面应采用抗紫外线胶壳面。风机宜安装隔音箱。

5.7.5 除臭风管宜考虑母管分配制，每台风机入口宜设调节阀门，出口应设止回阀。

5.7.6 管道布置应简洁；输送含尘气体的风管宜在适当位置设置清扫孔；当风管内可能有冷凝水产生或者油脂聚集时，水平管道应有一定的坡度，坡向应有利于排水，坡度不宜小于 0.005，并应在风管的最低点设置排水或者集油装置。

5.7.7 臭气收集管道应选择抗腐蚀的材料，收集管道壁厚不应低于现行国家标准《通风与空调工程施工质量验收规范》（GB 50243）关于高压风管厚度的要求。

5.7.8 臭气收集管道的拼接缝处应采取密封措施，且不应设在管道底部。

5.7.9 高浓度臭气收集和控制用风机应设置备用，抽气风机应具有防腐性能。

5.7.10 用于收集可能含有可燃气体臭气的风机，应具有防爆性能。

5.7.11 除臭系统主除臭设备的配置数量不应少于 2 台。

5.7.12 各除臭区域支管宜设置调节阀门。

5.7.13 尾气排气管（筒）上废气监测点位置应符合下列要求：

1 应优先设置在垂直管段，应避开主风管弯头和断面急剧变化的部位。检测孔位置应设置在距弯头、阀门、变径管下游方向不小于 6 倍（当量）直径和距上述部件上游方向不小于 3 倍（当量）直径处。对于矩形主风管，其当量直径 $D = 2AB/(A+B)$，式中 A、B 为边长。监测断面的气流速度宜在 5m/s 以上。

2 监测孔因现场空间位置有限，难以满足上述要求时，可选择比较适宜的管段采样，检测孔位置应设置在距弯头、阀门、变径管下游方向不小于 1.5 倍（当量）直径和距上述部件上游方向不小于 1.5 倍（当量）直径处，并应适当增加测点的数量和采样频次。

3 对于气态污染物，由于混合比较均匀，当不测定气体流量时，其检测孔可不受上述规定限制，但应避开涡流区。

6 辅助工程

6.1 热 动

6.1.1 厂区热源的选择应结合工艺需求，经过技术经济比较后确定。

6.1.2 当采用自备沼气锅炉供热时，宜采用 $0^{\#}$柴油作为备用燃料。

6.1.3 锅炉房的设计、施工和运行应符合现行国家标准《锅炉房设计规范》（GB 50041）的有关规定，排气筒高度、锅炉烟气排放指标应符合现行国家标准《锅炉大气污染物排放标准》（GB 13271）和现行上海市地方标准《锅炉大气污染物排放标准》（DB 31/387）的要求。

6.1.4 锅炉系统总出力应能满足厂区最大小时用热需求，蒸汽参数应根据各工艺装置的用汽需求综合确定。

6.1.5 发电机应配备余热锅炉，回收烟气余热，锅炉排烟温度不宜高于 220℃。

6.2 电气系统

6.2.1 供配电系统应符合下列规定：

1 供配电系统应简单可靠，根据对供电可靠性的要求及中断供电所造成的损失或影响程度确定，重要设备应不低于二级负荷设计，宜采用两回线路供电。

2 变电所选址宜接近负荷中心；不宜设置在有腐蚀性物质的场所，当无法远离时，不应设在污染源盛行风向的下风侧，或应采取有效的防护措施；变电所、配电室和控制室应布置在爆炸性环境以外。

3 电压等级和容量应根据工艺设备的装机容量、运行情况及当地供电网络现状和发展规划等因素综合考虑确定。

4 供配电系统应采用并联电力电容器作为无功补偿装置，当经常使用的单机设备容量大于 300kW 且负荷平稳时，宜采用就地补偿装置。

5 工艺设备宜采用就地手动控制、控制器自动控制、控制室人工控制的三级控制模式。

6 设备操作平台及检修区域应设置局部照明，照度不宜低于 50lx，开关置于区域入口处。

7 工程中重要设备及需要经常维护的检修场地应设置检修电源箱，电源箱出线应配置漏电保护。

8 工程中电气设备选型、电缆敷设，还应符合现行国家规范标准。

9 主要工艺设备的电机能效能级不应低于二级。

6.2.2 防雷及接地应符合下列规定：

1 厌氧罐区内罐体顶部的放散管不应在雷雨天气打开排放。

2 有爆炸危险的露天金属罐顶壁厚和侧壁厚度不小于 4mm 时，宜利用罐体本身作为接闪器，不装设接闪器，罐顶的放散管及正负压保护器等重要设备应满足防雷相关保护要求。非金属罐根据被保护对象的特征设置必要的接闪器。

3 厌氧罐区罐体应设置不少于 2 处接地点，两接地点之间距离宜小于 30m，每处接地点冲击接地电阻应小于 30Ω。

4 防雷接地、电气设备工作接地、安全保护接地及信息系统的接地，宜共用接地装置，共用接地电阻不应大于 1Ω。

5 应符合现行国家标准《建筑物防雷设计规范》（GB 50057）等的有关规定。

6.2.3 防静电应符合下列规定：

1 爆炸和火灾危险环境内可能产生静电危害的区域，应采取静电接地措施。

2 处理工程中的作业场所，人员操作区域的入口处应设置消除人体静电装置。

3 防静电接地装置接地电阻不宜大于 100Ω。

6.2.4 防爆应符合下列规定：

1 电气装置和线路宜置于爆炸性环境以外；当需设在爆炸性环境内时，应布置在爆炸危险性较小的地点。

2 爆炸危险区域内电气设备宜采用隔爆型，防爆电气设备的类别等级不应低于ⅡA T1。

3 爆炸危险区域内电缆在架空、桥架敷设时宜采用阻燃电缆；当采用钢管配线时，应做好隔离密封。

4 爆炸性环境中应采用 TN 制式接地系统，并宜采用 TN-S 制式。

5 爆炸危险区域敷设的金属管道，每隔 30m 用金属线连接。如管道内输送可燃性介质，在始端、末端、分支处均应设置防雷电感应的接地装置，接地电阻不应大于 30 Ω。

6 应符合现行国家标准《爆炸危险环境电力装置设计规范》（GB 50058）等的有关规定。

6.3 发电并网系统

6.3.1 沼气发电并网系统宜采用自发自用，余电上网方式。继电保护、调度自动化、系统通讯、电能计量等应满足当地供电局要求。

6.3.2 沼气发电机组机端出线电压宜采用 10kV，单机容量较小的机组出线电压，应经技术经济比较后确定。采用 0.4kV 机端电压的机组，可根据并网需要设置升压变压器。

6.3.3 发电并网系统无升压变压器时，宜设置 10kV/10kV 隔离变压器，变压器容量需结合近远期厂区发电容量配置。

6.3.4 沼气发电机组的同期点宜置于发电机出口断路器处，解列点宜置于接在母线上的发电机并网断路器处。

6.3.5 发电机房宜靠近高配间，当置于不同位置时，机组需设置就地明显断开点，容量大于 1000kW 的宜采用断路器。

6.3.6 发电机组并网侧应配置电能计量表计。

6.3.7 发电机组长距离输送沼气管道应考虑保温或温度补偿措施，增压后的沼气管道应考虑埋地敷设或采用保温或伴热等措施。

6.4 仪控系统

6.4.1 过程检测仪表应符合下列规定：

1 全厂应设置自来水、污水、蒸汽、原料、残渣等输入或输出计量设备或仪表，各子系统应设置自来水、蒸汽、沼气、物料等计量仪表。

2 固体物料输送易发生堵料风险的部位，如破碎机、挤压机、制浆机进料口宜设置堵料检测开关，防止溢料。

3 浆液存储罐体、池体等处宜设置压力式液位传感器。

4 沼气流量计冷干机前宜采用超声波流量计，冷干机后可采用热质流量计；自来水、污水及浆液管道宜采用电磁流量计；蒸汽管道宜采用孔板或涡街流量计。

5 厌氧消化反应器应设置液位、温度、压力、沼气流量及沼气成分检测仪表。

6　脱硫装置进出口宜设置沼气甲烷、硫化氢浓度检测仪表，生物脱硫后的沼气应设置氧气检测仪表，发电及锅炉用气端宜设置湿度测量仪表。

7　气柜应设置压力、物位等检测仪表，气柜后设备应增加甲烷和硫化氢检测。

8　沼气增压风机后端应设置压力、温度、流量检测仪表。

9　放散火炬应设置自动点火、火焰检测及报警、压力检测及报警装置。

10　检测仪表应根据使用条件，满足防爆、防腐的环境要求。

6.4.2　气体检测报警系统应符合下列规定：

1　为保障生产安全和人身安全，对厂区生产、输送及储存中存在可燃气体或有毒气体泄漏并达到危险浓度的区域，应设置气体检测报警系统。

2　可能发生沼气泄漏并产生爆炸危险的地方应设置甲烷气体探测器。

3　通风不畅的地下空间、可下人的设备坑等处应配置固定式硫化氢气体探测器。

4　危险气体探测器的报警信号应动作于声光报警装置，声光报警装置应设置在危险区域入口处。

5　气体检测报警系统应与事故通风装置或除臭收集净化装置联锁。

6.4.3　安全防范系统应符合下列规定：

1　宜在卸料大厅、垃圾料坑、出渣间、沼气锅炉房、地下区域、各设备的敞开式进料口、厌氧罐顶部区域、毛油罐区、沼气气柜等重点生产区域设置视频监控装置。

2　宜在危险区域、重点管理区域的出入口处设置门禁装置。

6.4.4　自动化控制系统应符合下列规定：

1　厂区自控系统应分为中央控制层和现场控制层两个层级。

2　中央控制层应采用计算机监控系统实现对全厂生产进行监控和调度；现场控制层应按工艺段分别设置现场控制站，各现场控制站的控制器宜采用可编程序控制器（PLC）。

6.5　数字化平台

6.5.1　Ⅰ类湿垃圾处理厂应设置数字化运维管理平台，Ⅱ类湿垃圾处理厂宜设置数字化运维管理平台。

6.5.2　平台宜采用三层网络架构，网络安全等级不应低于二级等保；宜融合 BIM 、GIS、工业物联网等技术，完成设计、建设、交付及运维的全生命周期数字化管理。

6.5.3　平台宜具备生产运行监测模块、能耗管理模块、故障诊断分析模块、维修保养模块、资产管理模块、EHS 管理模块及 MIS 管理模块等功能。

6.5.4　水、电、气等介质应设置能耗计量装置，纳入能耗管理，计量装置的类型、精度及位置等应满足数字化运维管理要求。

6.5.5　视频信号、门禁信号宜接入数字化运维管理平台，与其 EHS 模块实现联动管理。

6.6 给排水

6.6.1 厂内给水应符合现行国家标准《室外给水设计标准》（GB 50013）、《建筑给水排水设计标准》（GB 50015）和《建筑给水排水与节水通用规范》（GB 55020）的规定。

6.6.2 厂内生活用水，应符合现行国家标准《生活饮用水卫生标准》（GB 5479）的水质要求，用水标准及定额应符合现行国家标准《建筑给水排水设计标准》（GB 50015）的有关规定。

6.6.3 厂内生产用水宜结合各用水点水质需求分质供水。

6.6.4 厂区排水应符合现行国家标准《室外排水设计标准》（GB 50014）、《建筑给水排水设计标准》（GB 50015）和《建筑给水排水与节水通用规范》（GB 55020）的规定。

6.6.5 厂区应雨污分流，存在污染风险的室外区域应设置初期雨水截流设施。初期雨水量可按照国家标准《石油化工污水处理设计规范》（GB 50747—2012）第 3.1.1 条进行计算：污染雨水储存设施的容积宜按污染区面积与降雨深度的乘积计算，降雨深度宜取 15～30mm。

6.6.6 厂区污水宜分高、低浓度分质收集、分质处理。

6.7 消 防

6.7.1 厂区消防给水系统应符合现行国家标准《建筑设计防火规范》（GB 50016）、《消防设施通用规范》（GB 55036）、《建筑防火通用规范》（GB 55037）、《消防给水及消火栓系统技术规范》（GB 50974）和《自动喷水灭火系统设计规范》（GB 50084）的有关规定。

6.7.2 厂区建筑物防火等级的确定应符合现行国家标准《建筑设计防火规范》（GB 50016）的有关规定。

6.7.3 厌氧及沼气系统的消防设计应符合现行国家标准《大中型沼气工程技术规范》（GB/T 51063）的有关规定。

6.7.4 锅炉房的消防设计应符合现行国家标准《锅炉房设计标准》（GB 50041）的有关规定。

6.7.5 毛油罐、柴油罐等可燃液体储罐的消防设计应符合现行国家标准《建筑设计防火规范》（GB 50016）和《石油化工企业设计防火标准》（GB 50160）的有关规定。

6.7.6 厂区灭火器的配置应符合现行国家标准《建筑灭火器配置设计规范》（GB 50140）和《消防设施通用规范》（GB 55036）的有关规定。

6.7.7 各建筑物的防排烟设计应符合现行国家标准《建筑设计防火规范》（GB 50016）、《消防设施通用规范》（GB 55036）、《建筑防火通用规范》（GB 55037）、《建筑防烟排烟系统技术标准》（GB 51251）中的有关规定。

6.7.8 湿垃圾处理厂的电气消防设计应符合现行国家标准《建筑设计防火规范》（GB 50016）、《建筑防火通用规范》（GB 55037）和《火灾自动报警系统设计规范》（GB

50116）中的有关规定。

6.8 供暖与通风

6.8.1 各建筑物的供暖与通风设计应符合现行国家标准《工业建筑供暖通风与空气调节设计规范》（GB 50019）中的有关规定。

6.8.2 可能产生爆炸危险的车间，其通风换气设备应具有防爆功能。

6.8.3 电气专用设备间应结合设备散热，设置可单独控制的通风或空调制冷系统。

6.9 防腐涂装

6.9.1 防腐蚀工程的设计寿命应在设计说明中予以明确。防腐材料应根据其对不同介质及工作环境的适应性合理选择。

6.9.2 腐蚀性等级的确定应符合下列要求：

1 腐蚀性介质按其存在形态可分为气态介质、液态介质和固态介质。各种介质应按其性质、含量和环境条件划分类别，生产部位的腐蚀性介质类别，应根据生产条件确定。

2 介质对罐体长期作用下的腐蚀性可分为强腐蚀、中腐蚀、弱腐蚀和微腐蚀四个等级。同一形态的多种介质同时作用同一部位时，腐蚀性等级应取最高者；同一介质依据不同方法判定的腐蚀性等级不同时，应取最高者。

3 常温下，气态、液态、固态介质对罐体的腐蚀性等级要求应符合现行国家标准《工业建筑防腐蚀标准》（GB/T 50046）相关规定。

6.9.3 钢结构构件及混凝土构件的表面防护要求应符合现行国家标准《工业建筑防腐蚀标准》（GB/T 50046）相关规定，钢制厌氧消化器的防腐施工要求应符合现行国家标准《大中型沼气工程技术规范》（GB/T 51063）的相关规定。

7 环境保护

7.0.1 入厂运输车辆车容车貌应整洁，不存在跑冒滴漏；湿垃圾的输送、处理各环节应做到密闭，并应设置臭气收集、处理设施，不能密闭的部位应设置局部集气除臭装置。

7.0.2 车间内有害气体浓度应符合现行国家标准《工业企业设计卫生标准》（GBZ 1）的有关规定。集中排放气体和厂界大气的恶臭气体排放应符合现行国家标准《恶臭污染物排放标准》（GB 14554）及现行上海市地方标准《恶臭（异味）污染物排放标准》（DB 31/1025）的有关规定。锅炉烟气排放应符合现行国家标准《锅炉大气污染物排放标准》（GB 13271）及现行上海市地方标准（DB 31/387）的有关规定。

7.0.3 湿垃圾处理过程中生产废水应得到有效收集并优先进入厌氧系统处理，与生活废水宜分开收集与处理。

7.0.4 湿垃圾处理过程中产生的预处理分选残渣、沼渣及污水处理产生的污泥应进行无害化处理，脱硫过程产生的废弃脱硫剂应委托有资质的企业处置。

7.0.5 对噪声大的设备应采取隔声、吸声、降噪等措施。作业区的噪声应符合现行国家标准《工业企业设计卫生标准》（GB Z1）的规定，厂界噪声应符合现行国家标准《工业企业厂界环境噪声排放标准》（GB 12348）的规定。

7.0.6 湿垃圾厌氧消化处理厂应配置常规的监测设施和设备，并应定期根据环评要求对工作场所和厂界进行环境监测。

8 职业卫生与劳动安全

8.0.1 按现行国家标准《工业企业设计卫生标准》（GB Z1）、《生产过程安全卫生要求总则》（GB/T 12801）的有关规定执行，并应结合作业特点采取有利于职业病防治和保护作业人员健康的措施。

8.0.2 应在湿垃圾处理工程现场设置劳动防护用品贮存室，定期进行盘库和补充；定期对使用过的劳动防护用品进行清洗和消毒；及时更换有破损的劳动防护用品。

8.0.3 湿垃圾处理工程应设道路行车指示、安全生产标志标识。

8.0.4 湿垃圾处理厂应设置危废暂存间，危险废物暂存应按照现行上海市地方标准《危险废物贮存污染控制标准》（GB 18597）相关规定执行。

8.0.5 接触刺激性或腐蚀性化学药品的操作场所，应配备供急救用的洗眼器。

8.0.6 室内封闭式沥水收集间、污水泵房等，应设置有毒气体监测和报警设施。

9 工程施工与验收

9.1 基本规定

9.1.1 工程质量验收过程中填写的记录应准确完整，并应符合现行国家标准《建设工程文件归档规范》（GB/T 50328）。

9.1.2 工程质量验收交工资料采用现行国家标准《城镇污水处理厂工程质量验收规范》（GB 50334）的相关表格。

9.2 施工与验收标准

9.2.1 土建验收应满足相应规范的要求。

9.2.2 机械设备安装应符合现行国家标准《机械设备安装工程施工及验收通用规范》（GB 50231）和《城镇污水处理厂工程质量验收规范》（GB 50334）中的有关规定。

9.2.3 特种设备安装工程验收应符合现行国家标准《起重设备安装工程施工及验收规范》（GB 50278）和《压力容器》（GB 150.1）、（GB 150.4）的有关规定。

9.2.4 钢制厌氧罐的制作与安装满足现行国家标准《立式圆筒钢制储罐验收规范》（GB 50128）的相关要求。

1 储罐施工完毕后，应进行充水试验，并应检查下列内容：

1）罐底严密性。

2）罐壁强度及严密性。

3）内部管道的严密性。

4）基础沉降观测。

2 充水试验应符合下列规定：

1）充水试验前所有附件及焊接工作均已完成。

2）充水试验宜采用洁净水，温度不低于5℃。

3）充水试验过程中应对基础进行沉降观测。

4）具体要求可参照现行国家标准《立式圆筒钢制储罐验收规范》（GB 50128）中的规定进行。

9.2.5 仪表及自控系统工程质量验收应符合现行国家标准《自动化仪表工程施工及质量验收规范》（GB 50093）的有关规定。

9.2.6 电气及自动化系统工程质量验收应符合现行国家标准《建筑电气施工质量验收规范》（GB 50303）的有关规定。

10 工程调试及运行

10.1 工程调试

10.1.1 单机调试应符合下列规定：

1 单机调试准备，相关机电设备、泵、工艺管线、仪表的设置与PID图逐一确认，且须满足设计文件的要求，电机转动方向无误，润滑油脂等加注完成，有关电气设备安装完毕、质量合格，仪表回路合格且经校验。

2 单机调试应逐台调试，试车程序按驱动装置单动、整机无负荷和整机带负荷三个阶段依次进行，带负荷介质一般为水或空气。

3 单机调试时应根据设备类型与功能，重点检查以下项目：有无异声、异状；轴承温度；操作压力、温度、转速和振动值；电机的电流、电压和温升等。

4 单机调试检查标准应符合制造厂提供并经建设单位确认的技术文件的要求。

10.1.2 电气仪表调试应符合下列规定：

1 仪表及其控制装置在调校前应进行外观、附件以及表内零件等检查，已达到仪表与工艺控制本身精度登记要求，并符合现场使用条件。

2 仪表和控制装置的校验点应在全刻度或全量程范围内均匀选取，其数目除有特殊规定外，不应少于5个点，且应包括常用点。

3 仪表校验时，其正反行程的基本误差不应超过仪表允许的基本误差，且符合国家仪表专业标准或仪表使用说明书的规定。

4 压力变送器应进行零点修正，并视实际安装位置对量程进行补偿迁移。

5 压力（压差）开关应根据工艺要求调整开关触发值。

10.1.3 联动调试应符合下列规定：

1 联动调试根据湿垃圾厌氧消化处理工程安装工艺流程与专业类型分联动空载调试、联动清水调试和联动负载调试，联动调试前应编制联动调试方案与应急预案。

2 联动调试前，应对各单机设备、仪表、阀门以及联锁控制单元进行检查，确认初始工艺参数。

3 联动调试启动时，应观察与记录设施设备的开启次序是否符合 PID 设置流程，各设备、仪表的电流、频率、温度、压力等参数数值是否满足设计要求。

4 联动调试过程中，应检查并确认系统运行状态，并根据工艺逻辑控制说明，适时调整过程控制参数，以验证设备、阀门、仪表的联锁、报警、保护、启停等传动试验是否按照正确的设计执行。

5 联动调试结束后，调试工作组填写联动空载调试质量验收表，并完成监理、建设、施工以及生产等单位签证验收。

10.2　运行及管理

10.2.1 运行管理应符合下列规定：

1 根据本标准建立运行管理组织架构，制定相应的运行维护规程与应急预案，并定期修订。

2 按照 6S 定置管理要求，结合实际情况设置工作看板、标识标牌，划定车间巡检路线，通过可视化手段理顺流程、提高效率、杜绝事故。

3 根据物料特性、工艺参数要求周期性的开展系统工艺运行指标检测和污水、臭气、固体残渣以及噪声等生产和环保指标检测，确保设施设备高效运行，避免二次污染。

4 建立生产运行管理台账，内容应涵盖垃圾处理、环保排放、资源化利用、设施设备运维、突发事件、生产管理、人员管理等台账记录，并配合接受上级主管部门的检查与监督。

5 从事湿垃圾收集、运输、处理的单位应辨别生产过程的危险因素及危险源，制定安全生产规章制度，对作业人员进行劳动安全与卫生防护专业培训。

10.2.2 维护保养管理应符合下列规定：

1 应建立一机一档的维修保养计划，包括护栏、爬梯、支架平台、照明和防雷等各方面设施，确保工艺设备及其附属设施完好，消除安全隐患。

2 针对主要生产设施设备，除日常巡检维护外，应加强维护保养，主要包括：

1）预处理非标设备及其电机、液压马达等应至少每季度进行一次针对润滑油脂、振动、轴温等事项的检测与维护；螺旋输送机、皮带输送机、泵及风机等标准设备应按照出厂设备维护要求进行定期检测与维护。

2）厌氧消化装置应至少每年进行一次检查与维护；搅拌机构及其电机应至少每季度进行一次针对润滑油脂、振动、轴温等事项的检测与维护；常开阀门应至少每月进行一次开闭操作；正负压保护器、安全阀、爆破片应至少每半个月进行一次检查与维护。

3）锅炉系统及其供热管道上附属的仪表、阀门应按标准及时送检、校正，根据设备操作规程和作业安全操作规程定期检测锅炉用水指标，定时排放空气、冷凝水及相关污水。

4）沼气储气柜和脱硫系统应定期进行气密性检测，严格按照相关规定将饱和干粉脱硫剂、硫磺膏等危险废弃物交由有危废处理资质的单位处理；沼气发电机组应根据具体厂商要求进行定期专业维护保养。

5）行车、叉车、起重机、锅炉等特种设备定期委托特检、安检等单位进行专业校验、检查与维护。

10.2.3　安全操作管理应符合下列规定：

1　安全卫生管理应符合现行国家标准《生产过程安全卫生要求总则》GB/T 12801 的要求。

2　操作人员在生产作业过程中，应穿戴好必要的劳保用品，做好安全防范。

3　厂区生产所需的酸、碱以及有毒有害药剂、药品应由专人负责管理、并做好台账。

10.2.4　应急预案应符合下列规定：

1　湿垃圾厌氧消化处理厂应针对突遇停电、突发暴雨或台风、人员触电、人员落水、中毒、火灾、爆炸等可能的突发事故编制应急预案。

2　应急预案编制应贯彻“安全第一，预防为主”的安全生产方针，落实安全生产责任制，预防重大生产安全事故发生，并能在事故发生后迅速有效控制处理。

10.2.5　特殊作业，如有限空间作业、登高作业、危险区域电焊和切割等动火作业等，须事先制定施工作业方案，报专职管理人员或相关负责人批准后，严格按照方案执行。

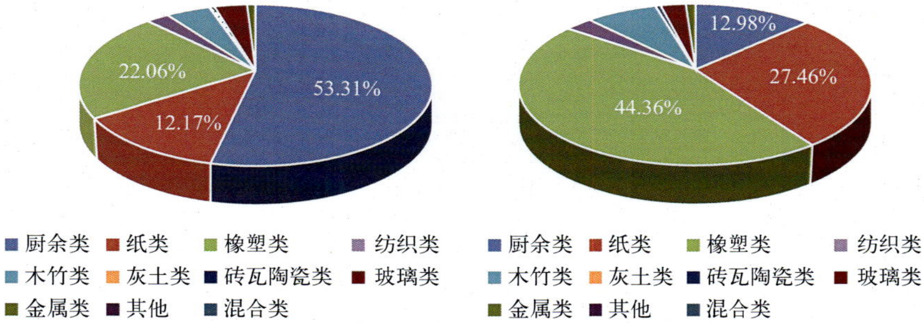

(a) 分类前　　(b) 分类后(干垃圾)

图 1-1　上海市分类前后生活垃圾 / 干垃圾组分变化

图 1-3　德国垃圾分类方式

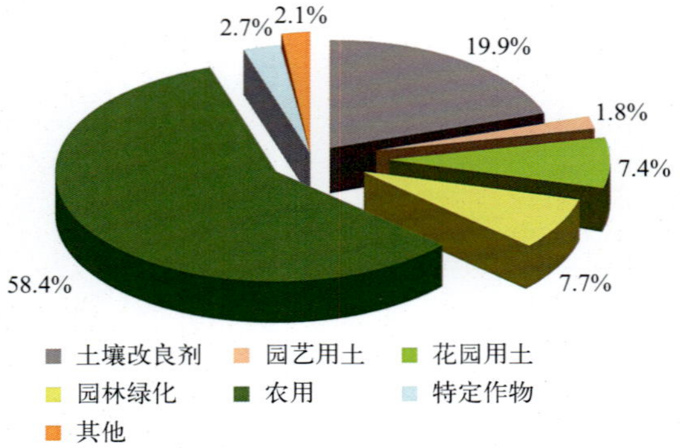

图 1-6　2018 年德国堆肥市场情况

图 1-9　美国垃圾分类方式

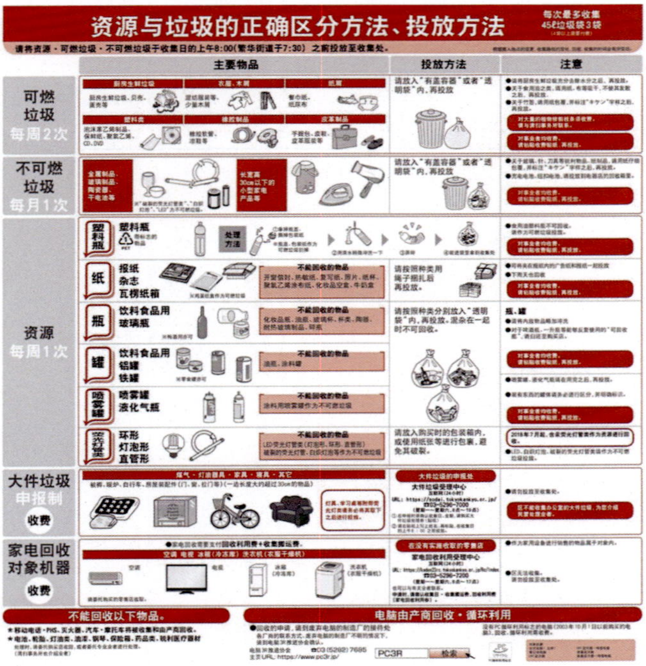

图 1-10　日本垃圾分类方式

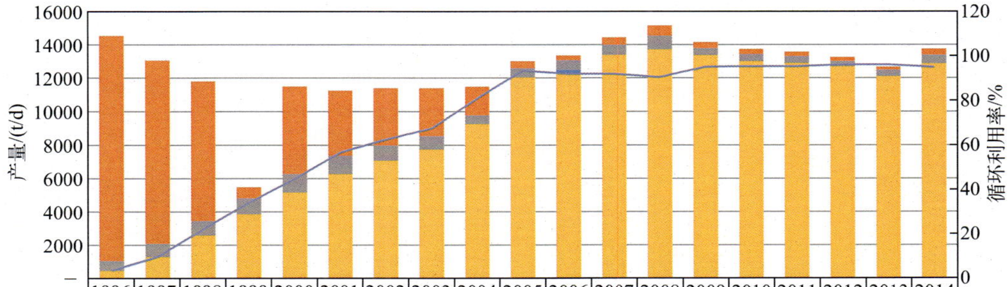

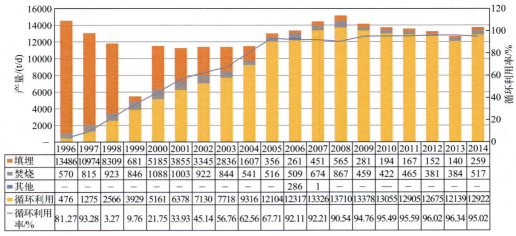

	1996	1997	1998	1999	2000	2001	2002	2003	2004	2005	2006	2007	2008	2009	2010	2011	2012	2013	2014
填埋	13486	10974	8309	681	5185	3855	3345	2836	1607	356	261	451	565	281	194	167	152	140	259
焚烧	570	815	923	846	1088	1003	922	844	541	516	509	674	867	459	422	465	381	384	517
其他	—	—	—	—	—	—	—	—	—	—	286	1	—	—	—	—	—	—	—
循环利用	476	1275	2566	3929	5161	6378	7130	7718	9316	12104	12317	13326	13710	13378	13055	12905	12675	12139	12922
循环利用率/%	81.27	93.28	3.27	9.76	21.75	33.93	45.14	56.76	62.56	67.71	92.11	92.21	90.54	94.76	95.49	95.59	96.02	96.34	95.02

数据来源：韩国垃圾数量和处理情况(韩国环境部)。

图 1-14　韩国厨余垃圾循环利用情况

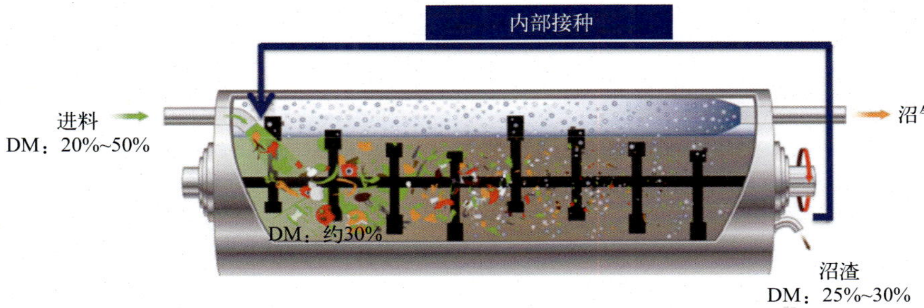

图 2-13　Kompogas 干式厌氧工艺物料流程

(a) 未分类垃圾　　(b) 简单分类垃圾　　(c) 精细分类垃圾

图 4-1　不同品质垃圾原料经过干式厌氧消化后的干化沼渣性状

(a) (b)

图 4-2　干式厌氧系统运行中发现的杂质异物

(a) 集贸市场　(b) 家庭垃圾

图 4-3　调试期间城市 A 某厂来料

图 4-4　城市 A 某厂转运车辆沥水

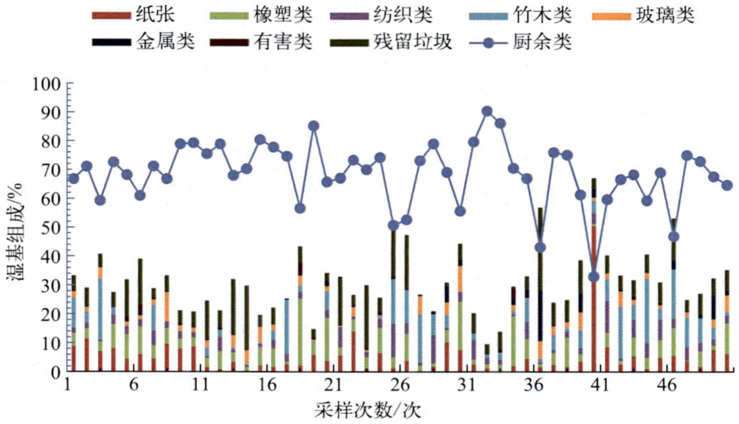

图 4-11　城市 D 某厂居民厨余垃圾组成分析

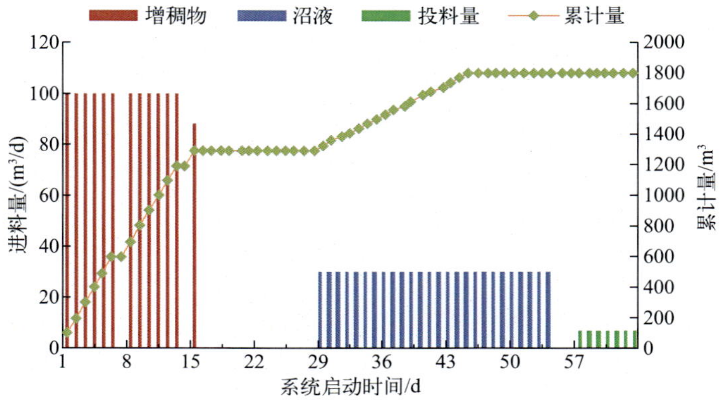

图 6-6　南京某 Kompogas1 号厌氧罐接种启动流程

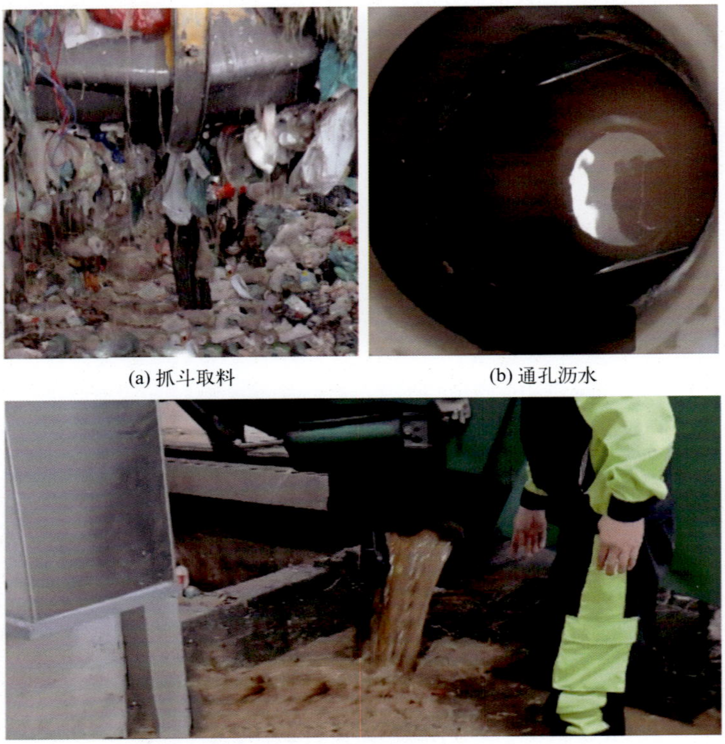

(a) 抓斗取料　　(b) 通孔沥水

(c) 直运车辆泄水

图 7-1　沥水现状

图 7-3　北方地区某厂进厂厨余物料